U0287718

架构设计

大型分布式系统架构方法论与实践

余春龙 / 著

电子工业出版社
Publishing House of Electronics Industry
北京·BEIJING

内 容 简 介

本书深刻总结了作者在大型互联网公司长期的实战经验，系统阐述了构建大型分布式系统所需要的技术架构与业务架构方法论，并进行了详尽的实践剖析。全书分为三大部分：第 1 部分完整讨论了分布式架构的几大核心问题，包括高并发、高可靠、高可用、数据一致性（包括分布式事务、Paxos/Raft 一致性算法）、跨城容灾与异地多活、CAP 理论；第 2 部分从业务架构思维、需求分析、业务建模、领域驱动设计与微服务等角度探讨业务架构；第 3 部分是案例实战，通过众多的业界实际案例对理论有更为直观的介绍。通过本书，读者可以对构建大型分布式系统的方法论有全局的认识，对软件架构的核心能力有深刻的理解，对个人的技术成长起到一定的借鉴作用，提升思维认知。

本书不仅适合工程师、架构师阅读，也适合包括企业系统开发人员在内的软件开发从业人员阅读。

图书在版编目（CIP）数据

架构设计 2.0：大型分布式系统架构方法论与实践 /余春龙著. —北京：电子工业出版社，2022.1

ISBN 978-7-121-42507-3

Ⅰ. ①架… Ⅱ. ①余… Ⅲ. ①分布式操作系统－系统设计 Ⅳ. ①TP316.4

中国版本图书馆 CIP 数据核字（2021）第 265601 号

责任编辑：宋亚东   特约编辑：田学清
印　　刷：北京七彩京通数码快印有限公司
装　　订：北京七彩京通数码快印有限公司
出版发行：电子工业出版社
　　　　　北京市海淀区万寿路 173 信箱　　　邮编：100036
开　　本：720×1000　　1/16　　印张：20　　字数：448 千字
版　　次：2022 年 1 月第 1 版
印　　次：2025 年 5 月第 7 次印刷
定　　价：105.00 元

凡所购买电子工业出版社图书有缺损问题，请向购买书店调换。若书店售缺，请与本社发行部联系，联系及邮购电话：（010）88254888，88258888。

质量投诉请发邮件至 zlts@phei.com.cn，盗版侵权举报请发邮件至 dbqq@phei.com.cn。

本书咨询联系方式：（010）51260888-819，faq@phei.com.cn。

前　言
Preface

　　本书是《软件架构设计：大型网站技术架构与业务架构融合之道》的进阶版本：和上一本书相比，本书省略了基础理论知识、计算机功底、技术管理的相关内容，更聚焦于分布式架构和业务架构这两个最重要的板块，在方法论上做更深入细致的探讨，同时补充了更为翔实的实战案例。

　　自始至终，作者最在意的还是"方法论"的建立。在《软件架构设计：大型网站技术架构与业务架构融合之道》中也是以"方法论"为主线的，但更偏重理论，没有详细展开讲实战案例。本书将一步步由浅入深地展开介绍很多详细的案例，同时在方法论层面进行更为细致的论述。

　　这里所讲的方法论，不是讨论解决问题的"具体技术或者框架"，而是真实解决"问题"本身。不是说解决问题的方案不重要，而是"定义问题，提出问题，往往比解决问题更加重要！"同样的问题，用 C++、Java 等不同语言和技术框架解决时，解决方案会有差异；在电商、广告、金融等不同业务场景中，解决方案也会有差异，但问题本身却是一样的。

　　比如分布式 ID 生成器，不管用什么语言写，也不管用在什么业务场景中，都有它本身固有的几个问题要解决。

　　比如消息中间件，要实现消息的不重不漏，也是一个无论在何种开发语言和业务场景中都需要解决的共性问题。

　　比如高可用切换导致的"脑裂"问题，无论在基础架构，还是在业务系统中，都会遇到。

　　比如高可用切换导致的数据一致性问题，无论在 Kafka、MySQL，还是在 Redis 等系统中也会遇到。

　　方法论的作用是建立"迁移学习"的思维。迁移学习指的是当遇到新业务、新技术时，可以把之前的分析和解决问题的方法，快速地用到新的领域，提升学习效率。

而实践是什么呢？实践只是针对这个问题，在某种特定的业务场景下的其中一种解决方案。本书会列举不少实践案例，但不管怎么列举，都没办法把所有业务场景或实践全部枚举出来。解决方案可能是无穷的，但问题本身却是有限的。只有明白了这一点，才能在新的业务场景和技术框架下，用同样的思考方式去解决问题：技术框架一直在变，业务场景也一直在变，解决问题的方案也随之在变，但那些"问题"却是永恒的。

本书结合作者多年在大型互联网公司的各种项目经验，将对于方法论的总结和思考贯穿于全书。希望读者最终收获的不仅是某个实战案例，还有理论的提升。

如何阅读本书？

对于刚入行的新人来说，建议先阅读《软件架构设计：大型网站技术架构与业务架构融合之道》，对架构的知识体系有一个全面认知，之后再重点阅读本书的相关章节。

对于有经验的从业者，可以选取自己感兴趣的章节阅读。

具体来说，全书分成了三大部分：

第 1 部分：分布式架构。这部分将介绍如何应对高并发、高可靠、高可用、一致性、跨城容灾等方面的问题。

第 2 部分：业务架构。这部分将介绍如何从技术延展到业务，如何做需求分析、建模、领域驱动设计和微服务拆分等。

第 3 部分：案例实战。结合作者在大型互联网公司的各种案例，把第 1 部分和第 2 部分综合在一起考虑，讲解分布式架构和业务架构的思维是如何在项目中运用的。

由于时间有限，书中不足之处在所难免，敬请广大读者批评指正！

作者

读者服务

微信扫码回复：42507

● 加入本书读者交流群，与更多读者互动。

● 获取【百场业界大咖直播合集】（持续更新），仅需 1 元。

目　录
Contents

第 2 部分　业务架构

第1部分　分布式架构

在《软件架构设计：大型网站技术架构与业务架构融合之道》中，作者就总结了一句话：软件架构是针对软件设计的所有"重要问题"做出的重要决策。那么对于一个大型在线系统来说，面临的"重要技术问题"主要包括 4 个：高并发、高可靠、数据一致性（分布式事务）、高可用与容灾（多副本一致性），这也正是分布式架构要解决的几大核心问题。接下来从不同角度来介绍分布式架构的核心特点。

1. 分布式架构与集中式架构的比较

与分布式架构相对应的是单体架构或集中式架构，如操作系统、各种 PC 客户端软件（Office、音视频播放器等）、各种手机应用程序（Android、iOS 软件等）。单体架构的特点是所有功能模块运行在一台机器上，以一个进程或者多个进程的形式出现。模块之间的交互，如果在一个进程内部，就是直接的函数调用；如果在多个进程之间，那么就利用操作系统本身提供的各种进程通信机制，如 Linux 共享内存。

而分布式架构的特点是不同的功能模块运行在不同的机器上，互相之间只能通过网络通信，而不是通过本地函数调用。分布式架构的好处显而易见，可以很容易实现水平扩展，也就是不断加机器，从而应对高并发的业务场景；单体架构只能垂直扩展，不断增加机器的 CPU、内存、磁盘，扩展性很有限。也正因为如此，海量的互联网在线服务，不管用什么语言编写、用什么技术框架开发，都是分布式的。

2．分布式架构与微服务架构的比较

在微服务架构大行其道的今天，非常有必要说一下二者的区别和联系。微服务架构其实是分布式架构的一种特例，微服务架构一定是分布式的，但不是所有的分布式架构都是微服务架构。对于大型互联网服务来说，最初就是分布式架构，然后又进化到微服务架构。

那么，微服务架构在分布式架构基础上，又做了哪些事情呢？主要是把那些常用的、共性的功能规范化、标准化了，这包括以下几个方面。

（1）网络层协议标准化。把过去分布式系统之间的 HTTP 协议、TCP、UDP 协议规范化为其中一种协议。

（2）数据层协议标准化。比如有的子系统之间用 ProtoBuf，有的用 JSON，有的自己定义各种私有协议，而微服务架构把数据层协议统一了。

（3）网络开发框架标准化。开发服务器程序必然要用到网络框架，管理 Socket 连接、网络读/写、编/解码等，如果没有微服务框架，那么各个团队或系统往往自行其是，重复造轮子。

（4）统一的服务注册与发现中心。所有服务公用同一个服务注册与发现中心，这样能确保所有服务之间都可以互相调用。

（5）统一的全链路追踪系统。当一个用户请求进来时，被访问的链路上所有微服务、数据库、分布式缓存，都可以在一个树状图上清晰地展示，方便排查问题。

（6）统一的限流、熔断措施、服务监控体系等。

通过上面这些举措，业务开发人员可专注于编写业务逻辑，而不用关注底层网络通信、服务互通问题，这正是微服务架构要达到的目的。当然，这主要适用于大型的业务系统，对于基础架构和各种中间件（如 RedisCluster、Kafka、HDFS 等），它们都是分布式架构，但并不适用于微服务架构。

另外，这里要重点说明的是，虽然微服务架构极大地降低了大型业务系统实施分布式的难度,但分布式架构面对的那些"典型问题"和"典型解决思路",在微服务架构中同样存在。也正因为如此,本书把重心放在了分布式架构上,而不是微服务架构。

这些"典型问题"和"典型解决思路"包括:

(1)解决高并发问题的数据分片、任务分片、异步化等。

(2)解决高稳定性问题的各种策略:容量规划、限流、熔断、降级等。

(3)数据并发更新的悲观锁、乐观锁、分布式锁。

(4)高可用架构中的网络超时、某个节点宕机的各种容错设计。

(5)分布式事务。

(6)多副本一致性问题。

第1章
高并发

构建分布式架构的主要目的之一就是解决海量用户访问的高并发问题，本章就对解决高并发问题的方法做一个全面的总结。

1.1　问题分类

要让各式各样的业务功能与逻辑最终在计算机系统里实现，只能通过两种操作实现——读和写。因此，本书对高并发问题的方法论分析也从这两个方面展开。

任何一个大型网站，不可能只有读，或者只有写，肯定是读和写混合在一起的。但具体到某种业务场景，站在 C 端用户角度来看，其高并发问题往往侧重于读或写，或读和写同时有。

下面列举几个具体的业务场景，读者会更容易理解。

1.1.1　侧重于"高并发读"的系统

1. 场景 1：搜索引擎

搜索引擎对大家来说很熟悉，用户在百度里输入关键词，百度输出网页列表，然后用户可以一页页地往下翻。在这个过程中，用户只是"浏览"，并没有编辑和修改网页内容。

如图 1-1 所示，对于搜索引擎来说，C 端用户是"读"，网页发布者（可能是组织或个人）是"写"。

图 1-1　搜索引擎架构

为什么说它是一个侧重于"读"的系统呢？让我们来对比读、写两端的差异。

（1）数量级。作为读的一端，C 端用户是亿或数十亿数量级的；作为写的一端，网页发布者可能是百万或千万数量级的。毕竟读网页的人比发布网页的人要多得多。

（2）响应时间。读的一端通常要求在毫秒级，最差情况为在 1～2s 内返回结果；写的一端可能需要几分钟或几天。例如，发布一篇博客，可能 5min 之后才会被搜索引擎检索到；再差一点，可能几个小时后；再差一点，可能永远都检索不到，搜索引擎并不保证发布的文章一定被检索到。

（3）频率。读的频率远比写的频率高。显而易见，对于一位 C 端用户来说，可能几分钟就搜索一次；但网页发布者可能几天才发布一篇博客。

2．场景 2：电商的商品搜索

如图 1-2 所示，电商的商品搜索和搜索引擎的网页搜索类似，一个商品类比一个网页。卖家发布商品，C 端买家搜索商品。

图 1-2　商品搜索架构

同样，读和写的差异，在其用户规模的数量级、响应时间、频率 3 个维度，和搜索引擎类似。

3．场景 3：电商系统的商品描述、图片和价格

电商系统的商品描述、图片和价格有一个显著特点：对于这些信息，C 端买家只会看，不会编辑；卖家会修改这些信息，但其修改频率远低于 C 端买家的查询频率。

如图 1-3 表示，读和写两端的用户在数量级、响应时间、频率方面，同样有上面类似的特征。

图 1-3　电商系统的商品描述、图片和价格的架构

1.1.2　侧重于"高并发写"的系统

以广告计费系统为例，广告作为互联网的三大变现模式（另外两个是游戏和电商）之一，对于普通用户来说并不陌生。百度的搜索结果中有广告，微博的 Feeds 流中有广告，淘宝的商品列表页中有广告，微信的朋友圈中也有广告。

这些广告通常要么按浏览付费，要么按点击付费（业界分别叫作 CPM 和 CPC）。具体来说，就是广告主在广告平台开通一个账户并充一笔钱，然后投放自己的广告。可能 C 端用户点击一次这个广告后，账户扣一块钱（CPC）；或者 C 端用户浏览 1000 次这个广告后，账户扣 10 块钱（CPM）。注意：这里只是打个比方，实际操作不是这个价格。

这种广告计费系统（扣费系统）就是一个典型的"高并发写"的系统，如图 1-4 所示。

图 1-4　广告计费系统架构

（1）C 端用户的每一次浏览或点击，都会对广告主的账户余额进行一次扣减。

（2）这种扣减要尽可能实时。如果扣慢了，广告主的账户里明明没有钱了，但广告仍然在线上播放，会造成平台流量的损失。

1.1.3　同时侧重于"高并发读"和"高并发写"的系统

1．场景 1：电商的库存系统和秒杀系统

如图 1-5 所示，电商的库存系统和秒杀系统的一个典型特征是：C 端用户要对数据同时进行高并发的读和写，这是它不同于商品描述、图片和价格等系统的重要之处。

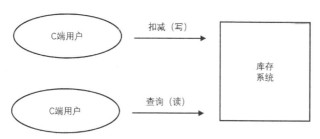

图 1-5　库存系统架构

某商品有 100 个，用户 A 买了 1 个，用户 B 买了 1 个……商品数量在实时地并发地被扣减，这个信息要近乎实时地更新，才能保证其他用户及时地看到信息。12306 网站的火车票售卖系统也是一个典型的例子，当然，它比库存的扣减更为复杂。因为在一条线路上，可能某个用户买了中间的某一段，剩下的部分还要分成两段或三段继续售卖。

2．场景 2：支付系统和微信红包

如图 1-6 所示，支付系统也是读和写的高并发都发生在 C 端用户的场景中，一方面用户要实时地查看自己的账户余额（这个值需要实时并且很准确），另一方面用户 A 向用户 B 转账时，A 账户的扣钱、B 账户的加钱也要尽可能快。钱一类的信息很敏感，其对数据一致性的要求要比商品信息、网页信息高很多。

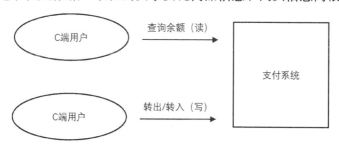

图 1-6　支付系统架构

从支付系统扩展到红包系统，业务场景会更复杂，一个用户发红包，多个人抢。一个人的账户发生扣减，多个人的账户加钱，并且在这个过程中还要查看哪些红包已经被抢了，哪些还没有。

3. 场景 3：IM、微博和朋友圈

如图 1-7 所示，对于 QQ、微信类的即时通信系统，C 端用户要进行消息的发送和接收；对于微博，C 端用户发微博、查看微博；对于朋友圈，C 端用户发朋友圈、查看朋友圈。

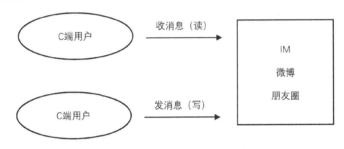

图 1-7 IM、微博和朋友圈的架构

所以无论在读的一端，还是写的一端，都面临着高并发的压力，用户规模在亿级，同时要求读和写的处理要非常及时。

通过上面一系列业务场景的举例，会发现针对不同的业务系统，有的可能在读的一端面临的压力大一些，有的可能在写的一端面临的压力大一些，还有些同时面临读和写的压力。

之所以要这样区分，是因为处理"高并发读"和"高并发写"的策略很不一样。下面分别展开介绍应对"高并发读"和"高并发写"的不同策略。

1.2 高并发读

1.2.1 策略 1：动静分离与 CDN 加速

在网站的开发中，有静态内容和动态内容两部分。

（1）静态内容。数据不变，并且对不同的用户来说，数据基本是一样的，如

图片、HTML、JS、CSS 文件；各种直播系统、内容生成端产生的视频内容，对于消费端来说，看到的都是一样的内容。

（2）动态内容。需要根据用户的信息或其他信息（如当前时间）实时地生成并返回给用户。

对于静态内容，一个最常用的处理策略就是 CDN。一个静态文件缓存到了全网的各个节点，当第一个用户访问时，离用户就近的节点还没有缓存数据，CDN 就去源系统抓取文件并缓存到该节点；当第二个用户访问时，只需要从这个节点访问即可，而不再需要去源系统抓取。

另外一个典型例子是：我们通常用微信发送图片、文件、视频资源，这些资源都是静态的，一旦发送则不可修改，如图 1-8 所示。

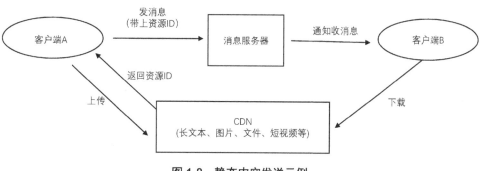

图 1-8　静态内容发送示例

1.2.2　策略 2：加缓存

如果流量"扛不住"了，相信很多人首先想到的策略就是"加缓存"。缓存几乎无处不在，它的本质是以空间换时间。下面列举几个缓存的典型案例。

1. 案例 1：本地缓存或 Memcached/Redis 集中式缓存

当数据库支持不住时，首先想到的就是为其加一层缓存。缓存通常有两种思路：一种是本地缓存；另一种是 Memcached/Redis 类的集中式缓存。

缓存的数据结构通常都是<K,V>（键值时）结构，V 是一个普通的对象。再复杂一点，有<K,List>或<K,Hash>结构。

<K,V>结构和关系数据库中的单表的一行行记录刚好对应，很容易缓存。

缓存的更新有两种：一种是主动更新，当数据库中的数据发生变更时，主动

地删除或更新缓存中的数据；另一种是被动更新，当用户的查询请求到来时，如果缓存过期，则再更新缓存。

对于缓存，需要考虑以下几个问题。

（1）缓存雪崩，即缓存的高可用问题。如果缓存宕机，是否会导致所有请求全部写入并压垮数据库呢？这个问题后面在谈高可用时会专门分析。

（2）缓存穿透。虽然缓存没有宕机，但是某些键（Key）发生了大量查询，并且这些 Key 都不在缓存中，导致短时间内大量请求写入并压垮数据库。

（3）大量的热 Key 过期。和第二个问题类似，也是因为某些 Key 失效，大量请求在短时间内写入并压垮数据库。

这些问题和缓存的回源策略有关：一种是不回源，只查询缓存，若没有缓存，则直接返回给客户端为空，这种方式肯定是主动更新缓存的，并且不设置缓存的过期时间，不会有缓存穿透、大量热 Key 过期问题；另一种是回源，若没有缓存，则需要再查询数据库更新缓存，这种需要考虑应对上面的问题。

2. 案例 2：MySQL 的 Master/Slave

上述的缓存策略很容易用来缓存各种结构相对简单的<K,V>数据。但对于某些场景，需要用到多张表的关联查询，如各种后端的 Admin 系统要操作复杂的业务数据，如果直接查询业务系统的数据库，则会影响 C 端用户的高并发访问。

对于这种查询，往往会为 MySQL 加一个或多个 Slave 来分担主库的读压力，这是一个简单又很有效的办法。

当然，也可以把多张表的关联结果缓存成<K,V>数据，但这会存在一个问题：在多张表中，任何一张表的内容发生了更新，缓存都需要更新。

1.2.3　策略 3：并发读与 Pipeline

无论读还是写，串行改并行都是一个常用策略。下面举几个典型的例子，来说明如何把串行改成并行。

1. 案例 1：异步 RPC

现在的 RPC 框架基本都支持异步 RPC，对于用户的一个请求，如果需要调用

3 个 RPC 接口，则耗时分别是 T_1、T_2、T_3。

如果是同步调用，则消耗的总时间 $T = T_1 + T_2 + T_3$；如果是异步调用，则消耗的总时间 $T = \text{Max}(T_1, T_2, T_3)$。

当然，这里有个前提条件：3 个调用之间没有耦合关系，可以并行。如果必须在得到第 1 个调用的结果之后，根据结果再调用第 2 个、第 3 个接口，就不能做异步调用了。

2. 案例 2：Google 公司的"冗余请求"

Google 公司的 Jeaf Dean 在 *The Tail at Scale* 一文中讲过这样一个案例：假设一个用户的请求需要 100 台服务器同时联合处理，每台服务器有 1%的概率发生调用延迟（假设定义响应时间大于 1s 为延迟），那么对于 C 端用户来说，响应时间大于 1s 的概率是 63%。

这个数字是怎么计算出来的呢？如果用户的请求响应时间小于 1s，那么意味着 100 台服务器的响应时间都小于 1s，这个概念是 100 个 99%相乘，即 $99\%^{100}$。

反过来，只要任意一台服务器的响应时间大于 1s，用户的请求就会延迟，这个概率是

$$1 - 99\%^{100} = 63\%$$

这意味着：虽然每一台服务器的延迟率只有 1%，但对于 C 端用户来说，延迟率却是 63%。服务器数越多，问题越严重。而越是大规模的分布式系统，服务越多，服务器越多，一个用户请求调动的服务器也就越多，问题就越严重。

The Tail at Scale 一文中给出了问题的解决方法是冗余请求。客户端同时向多台服务器发送请求，哪台返回得快就用哪台，其他的丢弃，但这会让整个系统的调用量翻倍。

把这个方法调整一下，就变成了：客户端首先给服务端发送一个请求，并等待服务端返回的响应；如果客户端在一定的时间内没有收到服务端的响应，则马上给另一台（或多台）服务器发送同样的请求；客户端等待第一个响应到达之后，终止其他请求的处理。上文"一定的时间"定义为 95%的请求的响应时间。

The Tail at Scale 一文中提到了 Google 公司的一个测试数据：采用这种方法，可以仅用 2%的额外请求将系统 99.9%的请求响应时间从 1800ms 降低到 74ms。

3．Pipeline 操作

对于<K,V>缓存或存储，单个的 Get/Set 之所以慢还有一个原因是：通常都是同步接口。上一个 Get 操作发出去之后，需要等待返回结果，才能发出下一个 Key；如果采用 Pipeline 方式，多个 Get 操作一个个发出去，不等返回结果，就像流入一个管道一样，结果从另外一个管道源源不断地流出。实际上这也是一种读/写的异步化。

1.2.4　策略 4：批量读

（1）<K,V>缓存或存储中的批读/批写接口（MultiGet/MultiSet），一次传多个 Key 进去。相比单个的 Get/Set 操作，少了网络传输次数。但是也不能传太多 Key，否则会超出以太网的 MTU 大小，在底层网络层面还是要多次传输。

（2）MySQL 的 select/insert，一次查询多条或插入多条或也是类似原理。

1.2.5　策略 5：重写轻读

1．案例 1：微博 Feeds 流

微博首页或微信朋友圈都存在类似的查询场景：用户关注了 n 个人（或者有 n 个好友），每个人都在不断地发微博，然后系统需要把这 n 个人的微博按时间排序成一个列表（也就是 Feeds 流），并展示给用户。同时，用户也需要查看自己发布的微博列表。

所以对于用户来说，最基本的需求有两个：查看关注的人的微博列表和查看自己发布的微博列表。

先考虑最原始的方案，如果这个数据存储在数据库里面，大概如表 1-1 和表 1-2 所示。

表 1-1　关注关系表（假设名字为 Following）

ID（自增主键）	user_id（关注者）	followings（被关注的人）

表 1-2　微博发布表（假设名字为 Msg）

ID（自增主键）	user_id（发布者）	msg_id（发布的微博 ID）

假设这里只存储微博 ID，而微博的内容、发布时间等信息被存储在另外一个专门的 NoSQL 数据库中。

针对上面的数据模型，假设要查询 user_id = 1 用户发布的微博列表（分页显示），直接查表 1-2 即可。

```
Select msg_ids from Msg where user_id = 1 limit offset, count
```

假设要查询 user_id = 1 用户的 Feeds 流，并且按时间排序、分页显示，需要两条 SQL 语句：

```
//查询 user_id = 1 用户关注的用户列表
select followings from Following where user_id = 1
//查询关注的所有用户的微博列表，按时间排序并分页
select msg_ids from Msg where user_id in (followings) limit offset, count
```

很显然这种模型无法满足高并发的查询请求，那么应该怎么处理呢？

改成重写轻读，不是在查询时再去聚合，而是提前为每个 user_id 准备一个 Feeds 流，或者收件箱。

如图 1-9 所示，每个用户都有一个发件箱和收件箱。假设某个用户有 1000 个粉丝，发布 1 条微博后，只写入自己的发件箱就返回成功。然后后台异步地把这条微博推送到 1000 个粉丝的收件箱，也就是"写扩散"。这样，每个用户读取 Feeds 流的时候不需要再实时地聚合了，直接读取各自的收件箱即可，这也就是"重写轻读"，把计算逻辑从"读"的一端移到了"写"的一端。

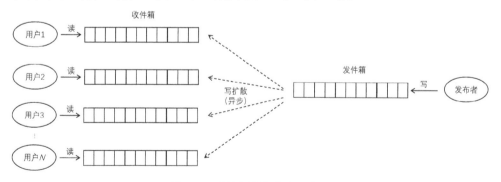

图 1-9　重写轻读的思路示意图

这里的关键问题是收件箱是如何实现的？因为从理论上来说，这是个无限长的列表。

假设用 Redis 的 <Key,List> 来实现，Key 是 user_id，List 是 msg_id 的列表。Redis 的值（Value）大小是有上限的，做不到无限制地增长。关于这个问题，将在第 3 部分案例实战的 Feeds 流系统中做深入的探讨。

2. 案例 2：多表的关联查询：宽表与搜索引擎

在策略 1 里提到了一个场景：后端需要对业务数据做多表关联查询，通过加 Slave 解决，但这种方法只适用于没有分库的场景。

如果数据库已经分了库，那么需要从多个库查询数据来聚合，无法使用数据的原生 join 功能，只能在程序中分别从两个库读取数据，再做聚合。

但存在一个问题：如果需要把聚合出来的数据按某个维度排序并分页显示，那么这个维度是一个临时计算出来的维度，而不是数据库本来就有的维度。

由于无法使用数据库的排序和分页功能，也无法在内存中通过实时计算来实现排序、分页（数据量太大），这时应该如何处理呢？

还是采用类似微博的重写轻读的思路：提前把关联数据计算好，保存在一个地方，读的时候直接去读聚合好的数据，而不是在读的时候再去执行 join 操作。

以具体实现来说，可以另外准备一张宽表：把要关联的表的数据算好后保存在宽表中。依据实际情况，可以定时算，也可能任何一张原始表发生变化之后就触发一次宽表数据的计算。

也可以用 ES 类的搜索引擎来实现：把多张表的 join 结果做成一个个的文档，放在搜索引擎里面，也可以灵活地实现排序和分页查询功能。

1.2.6 总结：读写分离（CQRS 架构）

无论加缓存、动静分离，还是重写轻读，其实本质上都是读写分离，这也就是微服务架构里经常提到的 CQRS（Command Query Responsibility Separation）架构。

图 1-10 总结了读写分离架构的典型模型，该模型有几个典型特征。

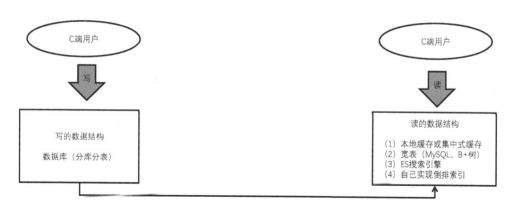

Binlog监听、Kafka消息或定时任务

图 1-10　读写分离架构的典型模型

（1）分别为读和写设计不同的数据结构。在 C 端同时面临读和写的高并发压力时，把系统分成读和写两个视角来设计，各自设计适合高并发读和写的数据结构或数据模型。

可以看到，缓存其实是读写分离的一个简化，或者说是特例：左边的写（业务数据库）和右边的读（缓存）用了基本一样的数据结构。

（2）写的一端，通常也就是在线的业务数据库，通过分库分表抵抗写的压力。读的一端为了抵抗高并发压力，针对业务场景，可能是<K,V>缓存，也可能是提前做好 join 的宽表，又或者是 ES 搜索引擎。如果 ES 搜索引擎的性能不足，则自己实现倒排索引和搜索引擎。

（3）读和写的串联。定时任务定期把业务数据库中的数据转换成适合高并发读的数据结构；或者是写的一端把数据的变更发送到消息中间件，然后读的一端消费消息；或者直接监听业务数据库中的 Binlog，监听数据库的变化来更新读的一端的数据。

（4）读比写有延迟。因为左边写的数据是在实时变化的，右边读的数据肯定会有延迟，读和写之间是最终一致性的，而不是强一致性的，但这并不影响业务的正常运行。

以库存系统为例，假设用户读到某商品的库存是 9 件，实际可能是 8 件（某个用户刚买走了 1 件），也可能是 10 件（某用户刚刚取消了 1 个订单），但等用户下单的一刻，会去实时地扣减数据库里面的库存，也就是左边的写是"实时、完全准确"的，即使右边的读有一定时间延迟也没有影响。

同样，以微博系统为例，一个用户发了微博后，并不要求其粉丝立即能看到。延迟几秒才看到微博也可以接受，因为粉丝并不会感知到自己看到的微博是几秒之前的。

这里需要做一个补充：对于用户自己的数据，自己写自己读（如账户里面的钱、用户下的订单），在用户体验上肯定要保证自己修改的数据马上能看到。

这种在实现上读和写可能是完全同步的（对一致性要求非常高，如涉及钱的场景）；也可能是异步的，但要控制读比写的延迟非常小，用户感知不到。

虽然读的数据可以比写的数据有延迟（最终一致性），但还是要保证数据不能丢失、不能乱序，这就要求读和写之间的数据传输通道要非常可靠。抽象地来看，数据传输通道传输的是日志流，消费日志的一端只是一个状态机。

1.3　高并发写

在解决了高并发读的问题后，下面讨论高并发写的各种应对策略。

1.3.1　策略 1：数据分片

数据分片也就是对要处理的数据或请求分成多份然后并行处理。在现实中，数据分片的例子比比皆是：

- 高速公路的 6 车道、8 车道；
- 银行的多个柜台并行地处理用户的业务办理请求；
- 一个城市一个火车站不够，再扩展成火车南站、火车北站、火车东站、火车西站；
- ……

到了计算机的世界，数据分片的例子也很多。

1. 案例 1：数据库的分库分表

数据库为了应对高并发读的压力，可以加缓存、Slave；为了应对高并发写的压力，就需要分库分表了。分表后，数据还在一个数据库、一台机器上，但可以更充分地利用 CPU、内存等资源；分库后，可以利用多台机器的资源。

2．案例 2：JDK 的 ConcurrentHashMap 实现

ConcurrentHashMap 在内部分成了若干槽（个数是 2 的整数次方，默认是 16 个槽），也就是若干子 HashMap。这些槽可以并发地读/写，槽与槽之间是独立的，不会发生数据互斥。

3．案例 3：Kafka 的 Partition

在 Kafka 中，一个 Topic 表示一个逻辑上的消息队列，具体到物理空间上，一个 Topic 被分成了多个 Partition，每个 Partition 对应磁盘中的一个日志文件。Partition 之间也是相互独立的，可以并发地读/写，也就提高了一个 Topic 的并发量。

4．案例 4：ES 搜索引擎的分布式索引

在 ES 搜索引擎中有一个基本策略是分布式索引。例如，有 10 亿个网页或商品，如果建在一个倒排索引中，则索引很大，也不能并发地查询。

可以把这 10 亿个网页或商品分成 n 份，建成 n 个小的索引。一个查询请求来了以后，并行地在 n 个索引上查询，再把查询结果进行合并。

1.3.2　策略 2：任务分片

数据分片是对要处理的数据（或请求）进行分片，任务分片是对处理程序本身进行分片。

在现实生活中，任务分片的典型例子是汽车生产流水线：把一辆汽车的生产过程拆分成多道工序，虽然对每辆汽车来说还是串行地经过每道工序，但工序与工序之间是并行的。

在计算机世界中，任务分片的思路也同样很多。

1．案例 1：CPU 的指令流水线

类似于汽车的生产流水线，把一条指令的执行过程分成"取指""译码""执行""回写"四个阶段。指令一条条地进来，每条指令落在这四个阶段的其中一个阶段，四个阶段是并行的，也就是同时在工作。

假设四个阶段的执行时间分别是 T_1、T_2、T_3、T_4，则相比串行，整个过程加

速了多少呢？

$$加速比=(T_1 + T_2 + T_3 + T_4)/Max(T_1, T_2, T_3, T_4)$$

式中，分子是一条指令的串行执行时间，分母是并行执行时间。

大家会发现，工序拆得越多，每个阶段的执行时间 T 越短，并发度越高。但单条指令的处理时间却变长了，因为从上一道工序到下一道工序，有上下文切换的开销。

2. 案例2：Map/Reduce

提到与大数据相关的技术，其中最基本的就是 Google 公司提出的 Map/Reduce，这是一种数据分片和任务分片相结合的典型案例。

举一个最简单的排序例子：在大学的教科书中，教过一种名为"归并排序"的排序算法。归并排序有两个步骤：子序列排序和归并。假设有 1 亿个数字要排序，如果串行执行，那么时间复杂度是 $O(N \times \lg N)$，其中 N=1 亿；现在把这 1 亿个数字拆成 100 份（数据分片），这 100 份可以在 100 台机器上并行地排序，排序完成后再进行归并，这两个步骤可以并行（任务分片），其时间复杂度是两个步骤的时间复杂度的较大者 $O(Max(M \times \lg M, N))$，其中 $M = 1$ 亿/100。

3. 案例3：Tomcat 的 1+N+M 网络模型

在服务器端的网络编程中，无论 Tomcat、Netty，还是 Linux 的 epoll，都有一个基本的网络模型，称之为 1+N+M，如图 1-11 所示。

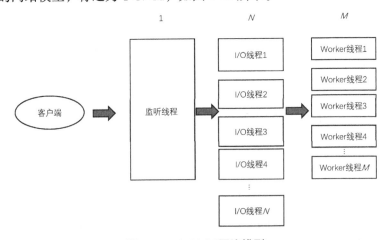

图 1-11　1+N+M 网络模型

把一个请求的处理分成了三个工序：监听、I/O、业务逻辑处理。1 个监听线程负责监听客户端的 Socket 连接；N 个 I/O 线程负责对 Socket 进行读/写，N 通常约等于 CPU 核数；M 个 Worker 线程负责对请求进行逻辑处理。

进一步来讲，Worker 线程还可能被拆分成解码、业务逻辑计算、编码等环节，进一步提高并发度。

1.3.3　策略 3：异步化与 Pipeline

"异步"一词在计算机的世界里几乎无处不在，在操作系统和上层应用的语境中，异步 I/O 的意思是有差异的。操作系统中的异步 I/O 是一个狭义的概念，特指某些技术，而上层应用中的"异步"的指代要更为宽泛。

表 1-3 总结了"异步"一词在不同语境中的意思，下面逐一进行解释。

表 1-3　"异步"一词在不同语境中的意思

层　　次	解　　释
业务层面	（1）轮询：同步接口+服务器后台任务+客户端轮询； （2）消息中间件：通知
接口层面	（1）异步 HTTP 接口； （2）异步 RPC 接口； （3）异步 MySQL 接口； （4）异步 Memcached、Redis 接口
Java JDK 层面	（1）BIO； （2）NIO； （3）AIO（NIO2，JDK7 开始）
Linux 层面	（1）同步阻塞 I/O； （2）同步非阻塞 I/O； （3）I/O 多路复用（select、poll、epoll）； （4）AIO

（1）Linux 层面。在《软件架构设计：大型网站技术架构与业务架构融合之道》介绍操作系统网络模型时已经详细解释，此处不再赘述。

（2）Java JDK 层面。有三套 API，最早的是 BIO，现在常用的是 Java NIO，有人称之为 New I/O 或 Non-Blocking I/O，在 Linux 系统上，底层基于 epoll 实现。AIO 是从 JDK7 开始引出的另外一套 API，使用不多，可能基于 Linux 系统的 epoll 实现，也可能基于 Linux AIO 实现，取决于具体平台实现。

（3）接口层面。当客户端在调用时，可以传入一个 callback 或返回一个 future 对象。

以 Apache 的 AsyncHttpClient 为例，代码如下。

```
CloseableHttpAsyncClient httpclient = HttpAsyncClients.
createDefault();
    httpclient.execute(request2, new FutureCallback<HttpResponse>() {…});
```

对于 RPC，不同的公司有自己的 RPC 框架，是否有异步接口，取决于其实现方式。

而对于 Redis、MySQL，常用同步接口，尤其在 Java 中，JDBC 没有异步接口。想要实现对 MySQL 的异步调用，需要自己实现 MySQL 的 C-S 协议，如 Vert.x 所用的 postresql-async-connector，或其他语言，比如 Node.js 异步调用 MySQL。

需要说明的是，接口的异步有两种实现方式：

- 假异步。在接口内部做一个线程池，把异步接口调用转化为同步接口调用。
- 真异步。在接口内部通过 NIO 实现真的异步，不需要开很多的线程。

（4）业务层面。客户端通过 HTTP、RPC 或消息中间件把请求发给服务器，服务器收到请求后不立即处理，先落盘（存到数据库或消息中间件），然后用后台任务定时处理，让客户端通过另外一个 HTTP 或 RPC 接口轮询结果，或者服务器通过接口或消息主动通知客户端。

在后面的讨论中，"异步 I/O" 指的就是 Java NIO（底层是 epoll），而不是 Linux 底层的 AIO；同时，在应用层面，也不再区分 "异步" 和 "阻塞" 的概念，因为表达的是同一个意思。

最后总结一下，对于 "异步" 而言，站在客户端的角度来讲，是请求服务器做一个事情，客户端不等结果返回，就去做其他的事情，回头再去轮询，或者让服务器回调通知。站在服务器的角度来讲，是接收到一个客户的请求之后不立即处理，也不立即返回结果，而是在后台 "慢慢地处理"，稍后返回结果。因为客户端不等上一个请求返回结果就可以发送一个请求，可以源源不断地发送请求，从而就形成了异步化。

HTTP 1.1 的异步化、HTTP/2 的二进制分帧都是 "异步" 的例子，客户端发送了一个 HTTP 请求后不等结果返回，立即发送第二个、第三个请求；数据库的内存事务提交与预写日志也是 "异步" 的例子。

下面通过几个不同的案例来看"异步"是如何应用在不同的使用场景中的。

1. 案例 1: 短信验证码注册或登录

通常在注册或登录 App 或小程序时, 采用的方式为短信验证码。短信的发送通常需要依赖第三方短信平台。如图 1-12 所示, 客户端请求发送验证码, 应用服务器收到请求后调用第三方短信平台。

图 1-12　短信验证码发送示意图

公网 HTTP 调用可能需要 1~2s, 如果采用同步调用, 则应用服务器会被阻塞。假设应用服务器是 Tomcat, 一台机器最多可以同时处理几百个请求, 如果同时有几百个请求, 那么 Tomcat 就会被卡死了。

改成异步调用就可以避免这个问题。如图 1-13 所示, 应用服务器收到客户端的请求后, 放入消息队列, 并立即返回。然后有一个后台任务, 从消息队列读取消息, 去调用第三方短信平台发送验证码。

图 1-13　异步调用发送短信验证码

应用服务器和消息队列之间采用内网通信, 不会被阻塞, 即使客户端并发量很大, 最多是消息堆积在消息队列里面; 同时如果消息消费任务调用第三方短信平台超时, 很容易发起重试。

对用户来说, 并不会感知到同步或者异步的差别, 反正都是按了"获取验证码"的按钮后等待接收短信。可能过了 60s 之后没有收到短信, 用户又会再次按按钮。

2. 案例 2: 电商的订单系统

有电商购物经验的人可能会发现, 假设在淘宝或者天猫上买了三个商品, 且来自三个卖家，虽然只下了一个订单、付了一次款，但在"我的订单"里去查看，却发现变成了三个订单，三个卖家分别发货，对应三个包裹。

从一个订单变为三个订单的过程是电商系统的一个典型处理环节，叫作"拆单"。而这个环节就是通过异步实现的，如图 1-14 所示。

图 1-14　异步拆单示意图

对于客户端来说，首先创建一个订单，写入订单系统的数据库，此时未支付。

然后去支付，支付完成后，服务器会立即返回成功，而不是等一个订单拆成三个订单之后再返回成功。

当然，实际的业务场景比这个模型复杂得多，用户付完钱之后，除了拆单，还需要做很多事情。

- 风控进行审单（发现这个订单有风险，如果是刷单操作，则会进行拦截）。
- 给用户发放优惠券。
- 修改用户的属性（支付之前是新用户，付完钱会变成老用户，新用户能享受的某些优惠就没有了）。

总之，凡是不阻碍主流程的业务逻辑都可以异步化，放到后台去做。

3. 案例 3：广告计费系统

本章提到过广告计费系统是一个侧重于"高并发写"的系统，C 端用户每点击一次广告，就需要对广告主的账户扣一次钱，如图 1-15 所示。

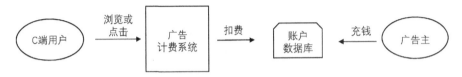

图 1-15　广告计费系统示意图

广告主向账户数据库里充钱；C 端用户每次浏览或点击后，广告主的钱就会被扣除。

如果 C 端用户每点击一次或浏览一次广告，都同步地调用账户数据库进行扣钱，账户数据库肯定支撑不住。

同时，对于 C 端用户的点击来说，在扣费之前其实还有一系列的业务逻辑要处理，如判断是否为机器人在刷单，这种点击要排除在外。

所以，实际上 C 端用户的点击或浏览请求首先会以日志的形式进行落盘。落盘之后，立即给客户端返回数据。后续的所有处理，当然也包括扣费，全部是异步化的。

如图 1-16 所示，C 端用户的浏览或点击请求被落盘到持久化消息队列之后，立即就返回了。之后，消息队列中的每一条请求都会被一系列的逻辑模块处理，其中包括扣费模块，这些模块属于典型的流式计算模型。

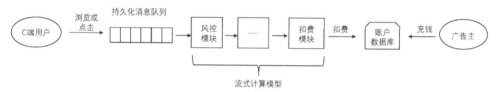

图 1-16　广告计费系统异步处理示意图

4．案例 4：LSM 树（写内存+预写日志）

为了提高磁盘 I/O 的写性能，可以使用预写（Write-Ahead）日志。其实除数据库的 B+树外，LSM 树也采用了同样的原理。

LSM 树（Log Structured Merged Tree）用到的一个核心思想就是"异步写"。LSM 树支撑的是<K,V>存储，当插入时，Key 是无序的；但是在磁盘上又需要按 Key 的大小顺序存储，也就是说要在磁盘上实现一个 Sorted HashMap。按 Key 的大小顺序存储是为了方便检索。但不可能在插入的同时对磁盘上的数据进行排序。

LSM 树是怎么解决这个问题的呢？

首先，既然磁盘写入速度很慢，就不写磁盘，而是在内存中维护一个 Sorted HashMap，这样写的性能就提高了；但数据都在内存中，如果系统宕机，则数据就会丢失，于是再写一条日志。日志有一个关键的优点是顺序写入，即只会在日志尾部追加，而不会随机地写入。

有了日志的顺序写入，加上一个内存的 Sorted HashMap，再有一个后台任务定期地把内存中的 Sorted HashMap 合并到磁盘文件。后台任务会执行磁盘数据的合并排序。所以可以发现这个思路和数据库的实现原理有异曲同工之妙。

如图 1-17 所示，当客户端写入一个<K,V>数据时，只写了一条日志，再加上一个内存操作，即可告诉客户端写入成功了，实际上这时数据并没有正式落盘。

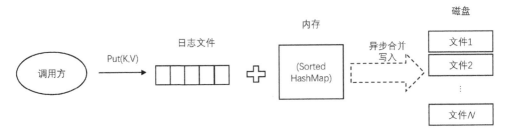

图 1-17　LSM 树异步写入的原理

通过异步落盘（延迟写入）的策略，大幅度提升了写入的性能。

当然，因为是<K,V>存储，所以使用了 LSM 树，而没有使用 B+树。关系数据库之所以使用 B+树，是因为关系数据库除做等值查询外，还要支持两个关键的特性：范围查询；排序和分页。

写内存+预写日志的这种思路不仅在数据库和<K,V>存储领域使用，在上层业务领域中同样可以使用，如高并发地扣减 MySQL 中的账户余额，或者电商系统中扣库存，如果直接在数据库中扣，数据库会宕机，那么可以在 Redis 中扣，同时落一条日志（日志可以在一个高可靠的消息中间件或数据库中插入一条条的日志，数据库可以分库分表）。当 Redis 宕机时，把所有日志重放完毕，再用数据库中的数据初始化 Redis 中的数据。当然，数据库中的数据不能比 Redis 中的数据落后太多，否则积压大量日志未处理，宕机恢复的时间会很长。

5. 案例 5：Kafka 的 Pipeline

Kafka 为了高可用，会为每个 Topic 的每个 Partition 准备多个副本。如图 1-18 所示，假设一个 Partition 有三个副本，其中一个被选举为 Leader，则另外两个是 Follower。

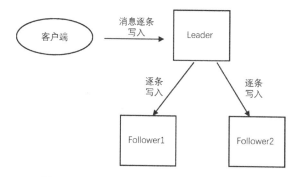

图 1-18　一个 Partition 的多个副本示意图

对于同步发送，客户端每发送一条消息，Leader 要把这条消息同步到 Follower1 和 Follower2 之后，才会对客户端返回成功。

要实现这一点，最朴素的想法是假设客户端给 Leader 发送消息 msg1、msg2、msg3。

（1）Leader 接收 msg1，然后把 msg1 同步给 Follower1 和 Follower2，再对客户端返回成功。

（2）Leader 接收 msg2，然后把 msg2 同步给 Follower1 和 Follower2，再对客户端返回成功。

（3）Leader 接收 msg3，然后把 msg3 同步给 Follower1 和 Follower2，再对客户端返回成功。

这种想法很直接，但显然效率不够。对于该问题，Kafka 用了一个典型的策略来解决，也就是 Pipeline，它也是异步化的一种。

如图 1-19 所示，Leader 并不会主动给两个 Follower 同步数据，而是等 Follower 主动拉取，并且是批量拉取。

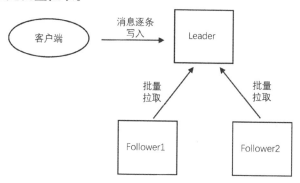

图 1-19　Kafka Pipeline 示意图

当 Leader 收到客户端的消息 msg1 并把它存到本地文件后，就去做其他事情。比如接收下一个消息 msg2，此时客户端还处于阻塞状态。只有等两个 Follower 把消息 msg1 拖过去后，Leader 才会返回客户端。

为什么叫作 Pipeline 呢？因为 Leader 并不是一个个地处理消息，而是一批批地处理消息。Leader 和 Follower1、Follower2 像是组成了一个管道，消息像水一样流过管道。

Pipeline 是异步化的一个典型例子，也是策略 2 所讲的任务分片的典型例子。因为对于 Leader 来说，Pipeline 把两个任务分离了，一个是接收和存储客户端消息的任务，另一个是将消息同步到两个 Follower 的任务，这两个任务并行了。

同时 Pipeline 也是下面将要介绍的策略 4（批量）的一个典型例子。

1.3.4　策略 4：批量

1. 案例 1：Kafka 的百万 QPS 写入

说到 Kafka，大家通常会提到一个词"快"，如其客户端的写入可以达到百万 QPS。Kafka 为什么快呢？

其中一个策略是 Partition 分片，另外一个策略是磁盘的顺序写入（没有随机写入），这里将介绍导致其"快"的另外一个策略——"批量"。

"批量"的含义通俗易懂，既然一条条地写入慢，那就把多条合并成一条，一次性写入。

如图 1-20 所示，Kafka 客户端在内存中为每个 Partition 准备了一个队列，称为 RecordAccumulator。Producer 线程一条条地发送消息，这些消息都进入内存队列。然后 Sender 线程从这些队列中批量地提取消息发送给 Kafka 集群。

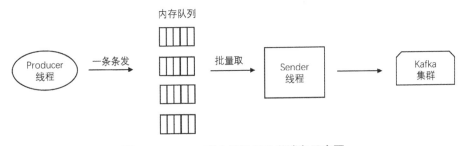

图 1-20　Kafka 客户端批量发送消息示意图

如果采用同步发送，那么 Producer 向队列中放入一条消息后会阻塞，等待 Sender 线程取走该条消息并发出去后，Producer 才会返回，这时没有批量操作。

如果采用异步发送，那么 Producer 把消息放入队列后就返回了，Sender 线程会把队列中的消息打包，一次发送多条消息，这时就会用到批量操作。

对于具体的批量策略，Kafka 提供了几种参数进行配置，可以按 Batch 的大小或等待时间来批量操作。

2．案例 2：广告计费系统的合并扣费

在策略 3 中提到广告计费系统使用了异步化的策略。在异步化的基础上，可以实现合并扣费。

假设有 10 个用户，对于同一个广告，每个用户都点击了 1 次，也就意味着同一个广告主的账户要扣 10 次钱，每次扣 1 块钱（假设点击 1 次扣 1 块钱）。如果改成合并扣费，就是 1 次扣 10 块钱。

如图 1-21 所示，扣费模块一次性地从持久化消息队列中取多条消息，按广告主的账户 ID 进行分组，同一个组内的消息的扣费金额累加合并，然后从账户数据库里扣除。

图 1-21　广告计费系统的合并扣费

3．案例 3：MySQL 的小事务合并机制

把案例 2 的策略应用到 MySQL 的内核，就成了 MySQL 的小事务合并机制。

比如扣库存，对同一个 SKU，本来是扣 10 次、每次扣 1 个，也就是 10 个事务；在 MySQL 内核中合并成 1 次扣 10 个，也就是 10 个事务变成了 1 个事务。

同样，在多机房的数据库多活（跨数据中心的数据库复制）场景中，事务合并也是加速数据库复制的一个重要策略。

1.3.5　策略 5：串行化+多进程单线程+异步 I/O

在 Java 中，为了提高并发度，经常喜欢使用多线程。但多线程有两大问题：

一是锁竞争；二是线程切换开销大，导致无法开很多线程。

Nginx、Redis 都是单线程模型，因为有了异步 I/O 后，可以把请求串行化处理。第一，没有了锁的竞争；第二，没有了 I/O 的阻塞，这样单线程也非常高效。既然要利用多核优势，那就开多个实例。

再复杂一些，开多个进程，每个进程专职负责一个业务模块，进程之间通过各种 IPC 机制实现通信，这种方法在 C++中广泛使用。这种做法综合了任务分片、异步化、串行化三种思路。

第 2 章
高可靠

如果"高并发"是为了让系统变得"有效率"，可以支撑大规模用户的高并发访问，那么本章所讲的"高可靠"就是为了让系统变得"更靠谱"，尽可能地减少故障的发生次数，尤其是在流量突增的情况下，如电商的大促秒杀、春节发红包等。而"高可用"是为了让故障发生之后的修复时间尽可能的短。

2.1 容量评估与规划

2.1.1 理论基础：吞吐量、响应时间与并发数三者关系

在正式展开分析之前，需要先介绍三个最基本的概念：吞吐量、响应时间与并发数。

吞吐量：单位时间内处理的请求数。通常所说的 QPS、TPS，其实都是吞吐量的一种衡量方式。

响应时间：处理每个请求所需的时间。

并发数：服务器同时并行处理的请求个数。

1. 三个指标的数学关系

$$吞吐量 \times 响应时间 = 并发数$$

举例来说，对于一个单机单线程的系统，假设处理每个请求的时间是 1ms，也就是响应时间是 1ms，意味着 1s 可以处理 1000 个请求，即 QPS 为 1000 个/s。

$$并发数 = 1000 \text{ 个/s} \times 0.001\text{s} = 1 \text{ 个}$$

也就是说，同时处理的请求数是 1，响应时间与吞吐量严格成反比。

2. 响应时间与 QPS 的关系

对于串行系统，吞吐量与响应时间成反比，这很容易理解：处理一个请求的时间越短，单位时间内能处理的请求数越多。

但对于一个并发系统（多机多进程或者多线程），却不符合这个规律：往往看到的情况是 QPS 越大，响应时间也越长。

举一个现实生活中的例子：原来一家理发店只有一个理发师，洗剪吹都是理发师一个人做。以前去理发，从洗到剪再到吹，中间没有间隔，只有一个人全程服务；现在生意变好了，又雇了两个人，三个人分别负责洗、剪、吹三道工序。先是第一个人洗；洗完之后，再等一小会儿开始剪；剪完之后，再等一小会儿开始吹。

从理发店的角度来说，同时服务的人变多了，也就是吞吐量变大了；但从顾客的角度来说，服务时间也变长了（体验下降了）。这就是典型的吞吐量和响应时间同时变大的场景。

对于计算机系统来说，也有类似的原理。请求的处理被分成了多个环节（任务分片），每个环节又都是多线程（数据分片）的，请求与请求之间是并行处理的，多个环节之间也是并行的。在这种情况下，响应时间与吞吐量之间的关系不是一个简单的数学公式可以描述的，只能大致知道两者之间的变化曲线，如图 2-1 所示。

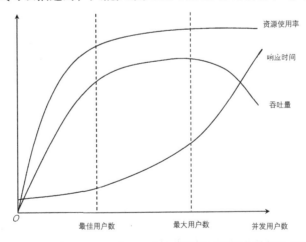

图 2-1　资源使用率、吞吐量、响应时间随并发用户数变化示意图

图 2-1 中的三条曲线分别表示资源使用率、吞吐量和响应时间随着并发用户数增长的变化关系。随着并发用户数的增长，资源使用率（主要是 CPU）肯定一直增长，增长到某个点之后基本不再变化，达到系统的极限；响应时间肯定一直增加；吞吐量开始一直升高，增到了某个极限后，系统不堪重负，吞吐量会开始大幅度下降。

图 2-1 中标识了两个阈值点：最佳用户数和最大用户数。可以看到，在最佳用户数处，系统的资源基本使用充分，吞吐量也基本达到一个最高水准，同时响应时间没有大幅度增加；超过了这个点，虽然吞吐量还有小幅度升高，但是响应时间却在大幅度增加，系统在这个阶段满负荷运行，用户体验大幅度下降；当超过最大用户数时，超出了系统的处理极限，吞吐量开始大幅度下降，同时响应时间却急剧增加。

这里需要特别说明的是，图 2-1 只是一个概念模型，大致反映了一个系统的吞吐量和响应时间的关系。具体到不同类型的业务系统上，只有通过实际的各种测试，才能知道合理的吞吐量、响应时间的阈值到底为多少。

3. 指标的测算方法

现在的监控系统已经很成熟，无论大公司自研的系统，还是开源的系统，都可以在监控面板上直接看到每台机器的每个接口的 QPS、平均响应时间、最大响应时间、95 线、99 线等指标。

关于 QPS、95 线、99 线具体是如何计算的，本书不做深究。有兴趣的读者可以参考监控系统相关的书籍和文章。

至于并发数，通常是一个"隐形指标"。通过 QPS 和响应时间，大致可以推算出并发数是多少。

> ⚠ **注意**：这里有一个关键点需要说明：当谈论 QPS 时，一定需要知道对应的响应时间是多少。随着 QPS 的增加，响应时间也在增加，虽然 QPS 提高了，但用户端的响应时间却变长了，客户端的超时率增加，用户体验变差。所以这两者需要权衡，不能一味地提高 QPS，而不顾及响应时间。

2.1.2　容量规划

容量规划，其实就是要找出"现实"与"理想"的差距，或者说"现状"与"目标"的差距，找到差距之后，才能明确应对策略，包括扩容机器、限流。

现实：通俗地讲就是"家底"有多少，即有多少台机器，每台机器的 CPU、内存、磁盘、带宽是多少。这些资源决定了 QPS 和响应时间的上限；而这个上限又决定了能同时服务多少用户请求。

最理想的，是可以同时服务无限多的用户，但这不可能。所以实际做法是根据历史的流量曲线，来估算未来的流量。例如，电商双十一大促，知道这个系统去年双十一的 QPS 是 20 万个/s，预计今年涨 1 倍，就是 40 万个/s，那机器数量就按 40 万个/s 扩容，若超过这个数字，那就需要限流了。

那么，怎么知道是按涨 1.5 倍，还是 2 倍、3 倍来算呢？入口处的流量通常由业务团队综合各种商业因素给一个经验值。更严谨的，会有专门的 BI 团队预测今年会在去年基础上涨多少；之后，入口流量经过网关、各级微服务层层往下传递，各级之间存在放大系数，这个放大系数是确定的，结合链路追踪和梳理业务逻辑来确定。如此，也就基本知道了每个微服务的预估 QPS。

这里特别要说明的是，需要用峰值测算，而不能用均值。对于很多系统来说，峰值通常是均值的好几倍。虽然峰值持续的时间很短，但没有办法，的确需要准备这么多台机器。所以，实际上有很多机器大部分时间都是闲置的，就是为了抵抗短暂的峰值，又不能去掉。这也正是云计算（弹性计算）要解决的问题，通过动态地加机器、减机器，来减少资源浪费。

知道了预估 QPS，也知道了单机最大 QPS，就能算出来总共需要多少台机器了。

$$单个微服务的机器数=预估 QPS/单机最大 QPS$$

在监控系统中看到的单机 QPS，只是当前 QPS，并不是单机最大 QPS，因为日常流量不够，机器并没"吃饱"。那怎么知道单机最大 QPS 是多少呢？

2.1.3　单机最大 QPS 估算方法 1：CPU 密集型与 I/O 密集型的区分

先看一个评估单机最大 QPS 的简单方法：假设系统处理一个请求的响应时间是 100ms，则 1s 可以处理 10 个请求，因为 CPU 是 24 核的，所以 QPS = 10 个/s × 24 = 240 个/s。

请问，这个评估方法正确吗？如果是一个纯粹的 CPU 密集型应用，只读/写内存，无任何磁盘 I/O、网络 I/O（RPC 调用、数据库访问、缓存读/写），则这个评估方法基本是正确的。

但实际上，对于大部分的 Web 应用来说，虽然请求处理时间是 100ms，但不代表 CPU 就运行了 100ms。那怎么知道，这 100ms 哪些用于 CPU 计算，哪些用于数据库访问，哪些用于缓存读/写呢？一个办法是对代码做打点（profiling），统计 100ms 的耗时分布。假设最终发现：

100ms=10ms(CPU 计算)+ 70ms(数据库访问)+ 20ms(缓存读/写)

这意味着 CPU 只运行了 10ms，另外 90ms 都是空闲的，在等待 I/O。在这种情况下，1s 应该可以处理 100 个请求，QPS=100 个/s × 24 = 2400 个/s。

当然，要达到 2400 个/s，得充分利用 CPU，不等待 I/O，那在技术上如何实现呢？

1．开多线程

线程数=CPU 核数 ×(线程等待时间+线程 CPU 时间)/线程 CPU 时间

在上式中，就是 24 × 100 个/10=240 个线程。当然，线程多了，线程切换也需要耗费一定的 CPU 时间，所以实际数值可能比 2400 个/s 略小。

2．使用异步 I/O

不等待 I/O，每个 CPU 只需要一个线程，线程数=CPU 数。最典型的例子就是 Redis 和 Nginx，前者是单线程程序，后者是单进程程序，运行一个 CPU。有多少个 CPU，就部署多少个实例。

2.1.4　单机最大 QPS 估算方法 2：压力测试

上面讨论的方法是一个理论模型：主要从 CPU 的角度，根据代码执行的耗时占比估算每台机器的 QPS，但并未考虑内存、磁盘、带宽等约束因素。根据木桶效应，机器的 QPS 应该是由 4 个约束条件中，最先到达瓶颈的资源决定的。而压力测试就是一个实际试验方法，直接测算出单机 QPS 能达到多少，同时发现资源瓶颈在哪儿。

压力测试方法并没有一个标准答案，通常需要因时、因地制宜。一些大公司都会有测试工程师制订详细的压力测试方案。下面大致介绍压力测试涉及的各种策略。

1．线上压力测试与测试环境压力测试

对于压力测试，首先涉及的一个问题是在线上真实环境中测试，还是在测试环境中测试。如果在测试环境中测试，即使机器宕机了也没有关系。

但在测试环境中测试有个最大的问题就是搭建麻烦。尤其当服务调用了很多其他团队的服务，里面又涉及缓存和数据库，要搭建一个与线上基本一样的测试环境，花费的精力很大。并且即使搭建好了，功能要快速迭代，频繁地发新版本，也很难持续。

所以将重点讨论线上压力测试。

2．读接口压力测试与写接口压力测试

如果完全是读接口，则可以对线上流量进行重放，这没有问题。如果是写接口，则会对线上数据库造成大量测试数据，怎么解决呢？

一种是通过摘流量的方式，也就是不重放流量，只是把线上的真实流量划一部分出来集中导入集群的几台机器中。需要说明的是，这种方法也只能测试应用服务器，对于 Redis 或数据库，只能大致估算。

另一种是在线上部署一个与真实数据库一样的"影子数据库"，对测试数据打标签，测试数据不进入线上数据库，而是进入"影子数据库"。通常会由数据库的中间件实现，如果判断是测试数据，则进入"影子数据库"。

3．单机压力测试与全链路压力测试

单机压力测试相对简单，比如一个服务没有调用其他的服务，背后就是 Redis 或数据库，通过单机压力测试容易客观地得出服务的容量。

但如果服务存在层层调用，整个调用链路像树状一样展开，即使测算出了单个服务的容量，也不能代表整个系统的容量，这时就需要全链路压力测试。

全链路压力测试涉及多个团队开发的服务，需要团队之间密切协作，制订完备的压力测试方案。

至此，已经介绍了容量评估和规划的基本方法，最后做个总结：通过代码打点和压力测试两个办法，知道了在单机资源制约下的最大 QPS；通过经验和大数据预测，也知道了未来的流量。将这两个数据相结合，也就知道了要扩容的机器数量。

2.2　过载保护：限流与熔断

2.2.1　限流的两种限制维度

经过容量规划之后，根据未来的预测流量进行扩容，但没有人敢保证系统可以 100%处理所有用户请求。预测做得再好，实际流量还是可能会大于预测流量，这就需要系统有过载保护功能。如果没有过载保护，系统发生雪崩，则对所有用户都不能提供服务；做了过载保护，拒绝了少部分用户，确保为大多数用户提供正常服务。

限流在日常生活中也很常见，如在节假日期间浏览一个旅游景点，为了防止人流量过大，管理部门通常会在外面设置拦截，限制进入景点的人数，等有游客出来后，再放新的游客进去。对应到计算机中，如要办活动等，通常会限流。

限流通常有两种限制维度，一个是限制系统的最大资源使用数，如 Nginx 的 limit_conn 限制并发连接数；如在秒杀系统中，某商品的库存只有 100 件，现在有 2 万个人抢购，没有必要放 2 万个人进来，只需要放前 500 个人进来，后面的人直接返回"已售完"即可。针对这种业务场景，可以做一个限流系统，或者售卖的资格系统（票据系统），票据系统里面存放了 500 张票据，每来一个人，领一张票据。领到票据的人再进入后面的业务系统进行抢购；对于领不到票据的人，则返回"已售完"。

另外一个限制维度是限制速率，也就是限制系统的 QPS，这个在日常生活也更为常用。速率限流分为单机限流和中央限流，单机限流就是设置每台机器的最大 QPS，所有机器的设置值一般都是一样的，除非机型有差异。一般成熟的 RPC框架都有相应的限流配置，可以对每个接口进行限流，不需要业务人员自己开发。另外，Guava 的 RateLimiter、Nginx 的 limit_req 模块，都是单机限流的工具。

中央限流需要一个总的中央限流系统，在上面设置一个总的 QPS，然后将总的 QPS 动态地均摊到每台机器。

2.2.2　单机限流的算法

限制速率的常用算法有漏桶算法和令牌桶算法，这两个算法容易混淆。漏桶算法如图 2-2 所示。

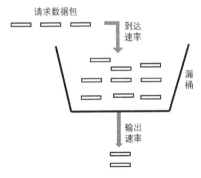

图 2-2　漏桶算法

漏桶算法的特点如下。

- 漏桶的容量是固定的，数据包流出漏桶的速率是恒定的；
- 数据包流入漏桶的速率是任意的；
- 如果漏桶是空的，则不需流出；
- 如果流入的数据包超出了漏桶的容量，则流入的数据包溢出了（被丢弃），
  而漏桶的容量不变。

令牌桶算法如图 2-3 所示。

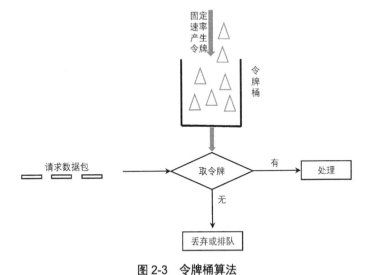

图 2-3　令牌桶算法

令牌桶算法的特点如下。

- 令牌桶的容量也是固定的，数据包流入令牌桶的速率是恒定的；
- 当令牌桶满时，新加入的令牌会被丢弃；

- 当一个请求到达之后，从令牌桶中取出一个令牌。如果能取到令牌，则该请求将被处理；
- 如果取不到令牌，则该请求要么被丢弃，要么排队。

对比这两个算法会发现，二者的原理刚好相反，一个是流出速率保持恒定，另一个是流入速率保持恒定。二者的用途有一定差别：令牌桶算法限制的是平均流入速率，而不是瞬时速率，因为可能一段时间没有请求进来，令牌桶里塞满了令牌，然后短时间内突发流量过来，一瞬间（可以认为是同时）从令牌桶里取几个令牌出来；漏桶算法有点像消息队列，起到了削峰的作用，平滑了突发流入速率。

2.2.3　单机限流的实现

1. 限制请求队列的长度

无论是 Tomcat 等 Web 服务器，还是 RPC 框架（如阿里巴巴开源的 Dubbo），在网络框架层面都是类似如图 2-4 所示的多线程请求处理模型，也就是 $1+N+M$ 的网络模型。

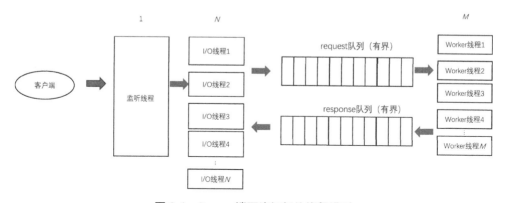

图 2-4　Server 端网络框架的线程模型

I/O 线程收到请求之后，放入 request 队列，Worker 线程从队列中取出请求，进行业务逻辑处理，把处理结果放入 response 队列，再由 I/O 线程返回给客户端。通过设置请求队列的长度，可以达到限流的目的，即当 I/O 线程放入请求时，如果发现队列已满，则直接丢弃请求，然后告诉客户拒绝服务。这种实现技术，也就是漏桶算法的一种实现。

但有个问题：队列的长度设置多长合理呢？

这与超时时间的设置有关，也与 Worker 线程处理每个请求的耗时有关。如果队列设置得过长，Worker 线程从队列中取出请求时，I/O 线程已经给客户端返回超时，那接着处理这个请求就没意义了。大致估算公式如下：

队列长度=(请求的超时时间/Worker 线程处理一个请求的时间)×Worker 线程数

另外，还可以进一步优化：给每个请求加上入队时间，当请求出队时检查一下，如果出队时间−入队时间>超时时间，那么 Worker 线程就没处理的必要了，直接丢弃。

解决了队列长度设置问题之后，接着又会面对新的问题：请求的超时时间设置多长合理呢？接下来将详细讨论。

2．RateLimiter

Google Guava 库的 RateLimiter 是一个很方便的限流工具，实现了令牌桶算法。RateLimiter 的使用方式也很简单，比如要实现每秒产生 100 个令牌，则代码如下所示。

```
//每秒产生 100 个令牌
RateLimiter limiter = RateLimiter.create(100);
//获取 1 个令牌，如果获取到，则立马返回；否则阻塞（内部调用了 sleep 函数），
//等待新的令牌产生
limiter.acquire(1);
//或者获取不到令牌，调用方不阻塞，直接返回
limiter.tryAcquire(1);
```

每秒产生 100 个令牌，按通常的想法是在 RateLimiter 内部有个后台线程，默默地每秒产生 100 个令牌，但在高并发场景下，这种做法显然不靠谱，因为每个业务方都可能新建一个 RateLimiter 对象，系统中存在很多后台线程，线程宕机也无法知道。

RateLimiter 的巧妙之处就在于它只需要记录当前请求的时间 t，就可以知道下次请求应该什么时候进来，也就是$(t+1)$/QPS。以上面的例子为例，1s 产生 100 个令牌，也就是 2 个令牌之间的时间间隔是 10ms，记住了上次请求的时间 t，下一次请求的进入时间如果大于或等于 $t+10$，则成功取得令牌；如果小于 $t+10$，则取不到令牌。

但这里有个问题，假设很长时间没有请求进入，令牌一直累积，1s 产生 100

个令牌，1min 就是 6000 个令牌，然后此时有大流量突然涌入，1s 以内消耗掉了 6000 个令牌，那就达不到限流 QPS=100 个/s 的效果了。所以，在 RateLimiter 内部只会累积 1s 的令牌个数，而不会一直无限制地累积，也就是它的"记忆"只有 1s。

但即使如此，只累计 1s 的令牌，共 100 个令牌，然后同时新进来一批请求，是允许它们在"一瞬间"抢走 100 个令牌呢，还是必须每隔一小段时间才能获取 1 个令牌呢?

在上面的代码中，其对应的实现类是 SmoothBursty，也就是允许突发流量，可以"一瞬间"取走累积的令牌；还有一个实现类是 SmoothWarmingUp，其接口对应的参数多了两个，可以设置一个预热时间，也就是慢慢消耗掉累积的这些令牌，代码如下所示。

```
RateLimiter limiter = RateLimiter.create(double permitsPerSecond, long
warmupPeriod, TimeUnit unit);
```

3. 基于时间窗口的统计

基于时间窗口的统计就是统计每个时间窗口的请求量，单位可以是 1s、1min、5min 等，然后把统计值和设置的阈值做比较，如果统计值>阈值，以秒级限流为例:

（1）请求进来，获取当前时间，单位为 ns。

（2）记录两个变量:当前时间窗口 currentWindowTime（单位为 s），统计计数 count。

（3）把当前时间的单位 ns 转换成 s，如果当前时间=currentWindowTime，则将 count 累加;如果当前时间大于 currentWindowTime，则将 count 清零再开始累加，同时 currentWindowTime 赋值为当前时间。

如果是分钟级限流，就准备 60 个槽，组成一个循环数组（60 个 count 值），统计最近的 60s 内的请求数。用当前时间减去 currentWindowTime，然后对 60 取模，落到 60 个槽中，累加或者清零后累加。因为统计了最近的 60s 内的 60 个 count 值，所以可以把限流策略设置成每 2s、每 5s、每 1min 请求数不能超过多少，而不是只设置 QPS。

另外，这里需要多线程对 count 值进行累加，如果只是简单地加锁，性能会有损耗，而限流这种场景又对性能很敏感。在 JDK JUC 库里面，提供了 AtomicLong

原子类；而在 JDK8 以后，提供了 LongAdder，对这种业务场景进行进一步优化，其原理是对一个 Long 型的值进行分片，分成多个 Long 型的值，并发地累加。

2.2.4　中央限流

单机限流的好处的是性能高，稳定性强，机器之间互相独立，每台机器只考虑自己进入的流量。但单机限流有个假设的前提，就是每台机器的流量均衡。假设单机限流 QPS=1000 个/s，第一台机器流量是 800 个/s，第二台机器流量是 1200 个/s，第一台机器会没"吃饱"，而第二台机器多出来的 200 个/s 会被限流。

而中央限流用来解决这种流量不均衡的问题。因为流量不均衡，每台机器的限流 QPS 应该设置不同，但我们事前又无法知道哪台机器流量大，哪台机器流量小，因此只能在系统运行过程中，动态地为每台机器分配限流的阈值，这就是中央限流的思路。假设每台机器单机限流 QPS=1000 个/s，共有 20 台机器，总限流QPS=2 万个/s，那就在中央限流系统设置一个阈值 2 万个/s。最终要达到的效果是，有些机器没达到 1000 个/s，有些超过了，但只要总量没有超过 2 万个/s，就不会触发限流。

但中央限流的缺陷显而易见：每个请求都经过中央限流，这会成为全局最脆弱的点，一旦中央限流系统宕机，所有服务器都受影响。

如果每个请求都经过中央限流，那么中央限流的流量也扛不住。因此，通常采用单机限流与中央限流相结合的手段：中央限流一旦宕机，或者返回超时，降级为单机限流。

并不需要每个请求都经过中央限流。比如单机限流 1000 个/s，在流量未达到70%之前（一个假设的数字），并未触发单机限流，直接就通过了，不需经过中央限流系统。

当流量达到 70%之后，从中央限流系统中批量地取一定额度，用单机限流。

每次取一定份额回来时，也把之前已经用掉的份额上报到中央限流系统，中央限流系统也会统计 QPS，只不过这个统计不是来一个请求统计一次，而是在本地限流系统触发阈值之后，批量上报一次。

本地限流额度用到 70%之后，后面的 30%流量逐步在中央限流系统中分多次取回来。正因为这种特性，有的机器分摊到的额度少一点，有的额度多一点，从而应对流量的不均衡。

这样做的最终效果是，单机限流是 1000 个/s，有的机器是 800 个/s，有的机器是 1200 个/s，虽然 1200 个/s 超过了单机限流额度，但没有超过中央限流额度，因此不会限流。

当然，这里要补充说明的是，系统之间的流量不均衡需要在一定误差范围之内，否则中央限流系统就会把过多的额度分给一台机器，超过了这台机器的最大 QPS，那就有问题了。

2.2.5　熔断

限流是服务端对自己的一个保护措施，而熔断则是调用端对自己的保护，这也正是 "Fail Fast" 原则。一个调用端会调用很多服务，当其中某个服务响应很慢时，调用端的所有 Worker 线程都在等待这个服务返回，所有请求的响应时间都会变慢，最终可能会把调用方 "拖死"。在生活中也有类似的场景，当电路发生短路、温度升高，可能烧毁整个电路时，熔断器会自动熔断，切断电路，从而保护整个电路系统。

熔断有两种策略：一种是根据请求失败率做熔断；另一种是根据请求响应时间做熔断。

（1）根据请求失败率做熔断。对于客户端调用的某个服务，如果服务在短时间内大量超时或抛错，则客户端直接开启熔断，也就是不再调用此服务。然后过一段时间，再把熔断解除，如果还不行，则继续开启熔断。

以 Hystrix 为例，采用几个参数配置熔断器的策略。

```
circuitBreaker.requestVolumeThreshold        //滑动窗口的大小，默认为 20
circuitBreaker.sleepWindowInMilliseconds     //过多长时间，熔断器再次检测是否
                                             //开启，默认为 5000，即 5s
circuitBreaker.errorThresholdPercentage      //失败率，默认为 50%
```

三个参数放在一起，所表达的意思是：每 20 个请求中，当有 50% 失败时，熔断器就会开启，此时再调用此服务，将会直接返回失败，不再调用远程服务。直到 5s 之后，重新检测该触发条件，判断是否把熔断器关闭，或者继续开启。

（2）根据请求响应时间做熔断。除了根据请求失败率做熔断，阿里巴巴的 Sentinel 还提供了另外一种思路：根据请求响应时间做熔断。当资源的平均响应时间超过阈值后，资源进入准降级状态。接下来如果持续收到 5 个请求，且它们的

RT 持续超过该阈值，那么在接下来的时间窗口内，对这个方法的调用都会自动地返回。代码样例如下：

```
DegradeRule rule = new DegradeRule();
rule.setResource("xxx");
rule.setCount(50);
rule.setGrade(RuleConstant.DEGRADE_GRADE_RT);
rule.setTimeWindow(5000);
```

样例中的时间单位是 ms，意思是当平均响应时间大于 50ms，并且接下来持续 5 个请求的 RT 都超过 50ms 时，熔断器将开启；5000ms 之后，熔断器将关闭。

2.3 超时与重试

超时时间设置太长，违反 "Fail Fast" 原则，可能导致调用方的 Worker 线程都被拖住，处理性能极速下降；超时时间设置太短，服务端稍微处理得慢一点，或者网络稍微抖动一下就会超时，失败率增加。因此，超时时间的设置有不少工程经验在里面，下面是一些常用的原则：

调用方的超时时间 ≥ 服务方的超时时间

如果调用方的超时时间为 500ms，服务方的超时时间为 1s，多出来的那 500ms 完全没有意义，等服务端把请求处理完了，客户端早已超时。

在整个调用链路上，超时时间应该逐级递减。比如入口的地方，超时时间是 500ms，经过 1 级微服务耗掉了 30ms，那接下来最多设置 470ms；经过 2 级微服务耗掉了 50ms，那接下来最多设置 420ms……

对于内部服务，一般写超时时间设置在 500ms 左右，读超时时间设置在 200ms 左右。对于外部服务，超时时间可以设置在 1s，甚至更大。

即使超时时间设置合理了，但因为网络抖动造成偶尔超时也是很常见的，此时就需要重试机制，调用不成功重试 3 次以内也就够了。但重试要注意一个问题：不要在整个调用链路上层层重试，这会导致底层的服务压力增大。这就需要梳理清楚整个调用链路，尽可能在上游重试。

另外，重试要考虑超时时间的设置，如果调用一次耗时 20ms，而超时时间就只剩下 15ms 了，重试也没有意义。

2.4　隔离

隔离是指将系统或资源分隔开，在系统发生故障时能限定传播范围和影响范围，即发生故障后不会出现滚雪球效应，从而把故障的影响限定在一个范围内。隔离的手段很多，不同业务场景下的做法多变，本节将列举一些典型的隔离策略。

（1）数据隔离。从数据的重要性程度来说，一家公司或业务部门数据肯定有非常重要、次重要、不重要之分，在数据库的存储中，把这些数据所在的物理库彻底分开。当然，这往往也对应着业务的拆分和分库。从这个角度来看，业务的拆库和数据的隔离，其实是从不同角度说同一件事情。

（2）机器隔离（调用者隔离）。对一个服务来说，有很多调用者。这些调用者也有一个重要性等级排序。对于最核心的几个调用者，可以为其专门准备一组机器，这样其他的调用者不会影响该调用者的服务。

又或者，本来是一个核心服务，因为某种原因在上面加了一个新功能（新接口），这个新功能只是为某个调用方使用，可以把调用方隔离出来，不影响现有的功能。

成熟的 RPC 框架往往有隔离功能，根据调用方的标识（ID），把来自某个调用方的请求都发送到一组固定的机器中，无须业务人员写代码，用一个简单的配置即可搞定。

（3）线程池隔离。在 Netflix 的开源项目 Hystrix 中，提到过这样一个典型场景：假设应用服务器是 Tomcat，开启 500 个线程，最多也只能同时处理 500 个请求。Tomcat 背后调用了很多的 RPC 服务，在这 500 个线程中同步调用。现在假设某个服务的延迟突然变得很大，而这个服务的调用量又很大，很可能会导致 500 个线程都卡在 RPC 服务上，整个服务器也就卡死了。对于这种场景，首先要注意设置客户端的超时时间，如果超时时间设置过长（如几十秒，甚至一两分钟），一旦某个服务延迟很大，很容易会阻塞 500 个线程。如果延迟时间设置得过短（如 200ms），该问题会减弱很多，但在瞬间的高并发流量下仍存在问题。为此，可以使用线程池隔离，为每个 RPC 服务调用单独准备一个线程池（一般 2～10 个线程），而不是在 500 个线程中同步调用。当线程池中没有空闲线程，并且线程池内部的队列也已满的情况下，线程池会直接抛出异常，拒绝新的请求，从而确保调用线程不会被阻塞。

再举一个典型场景，如果一个 RPC 服务对外提供了很多接口，绝大部分接口都处理得很快，有极个别接口的业务逻辑很复杂，处理得很慢，则在 RPC 服务内部可以为其单独准备一个线程池。这样一来，虽然这个接口很慢，但只是它自己慢，不会影响其他接口。

（4）信号量隔离。信号量隔离是 Hystrix 提出的另外一种隔离方法，它比线程池隔离要轻量。一台机器能开的线程数是有限的，线程池太多会导致线程太多，线程切换的开销会很大。而使用信号量隔离不会额外增加线程池，只在调用线程内部执行。信号量在本质上是一个数字，记录了当前访问某个资源的并发线程数。在线程访问资源之前获取该信号量，当访问结束时，释放该信号量。一旦信号量达到最大阈值，线程获取不到该信号量，会丢弃请求，而不是阻塞在那里等待信号量。

同样，阿里巴巴的 Sentinel 也提供了并发线程数模式的限流，其实也是一种隔离手段，其原理和 Hystrix 的信号量类似，同时还可以结合基于响应时间的熔断降级。

（5）降级。降级是一种兜底方案，是在系统出现故障之后的一个尽力而为的措施。相比于限流、熔断两个偏向技术性的词汇，降级则是一个更加偏向业务的词汇。

因为在现实中，虽然任何一个业务或系统都有很多功能，但并不要求这些功能一定 100%可用，或者完全不可用，其中存在一个灰度空间。

通过这些例子会发现，降级不是一个纯粹的技术手段，而是要根据业务场景具体分析，看哪些功能可以降级，降级到什么程度，哪些宁愿不可用也不能降级。

2.5 有损服务与降级

有损服务有两种：一种是特殊情况下的有损服务；另一种是常态情况下的有损服务，下面分别来讨论。

1. 特殊情况下的有损服务

比如微信或者 QQ，有文字通信、语音通信、视频通信功能，对带宽的要求依次递增。当网络发生故障时，视频通信不能使用，但可以保证语音通信、文字通信可以使用；如果语音通信也不能使用了，则保证文字通信可以使用。总之，会尽最大努力提供服务，哪怕是有损服务，也比完全不提供服务要强。

再比如电商的商品展示页面，有图片、文字描述、价格、库存、优惠活动等信息，当优惠活动的服务宕机时，其他信息可以正常展示，并不影响用户的下单行为。

再比如电商首页的商品列表的千人千面，可能靠的是推荐系统。当推荐系统宕机时，是否首页就显示 502 呢？可以做得更好一些，如为首页准备一个非个性化的商品列表，甚至一个静态的商品列表。这个列表存在于另外一个非常简单可靠的后备系统中，或者缓存在客户端。当推荐系统宕机时，可以把这个非个性化的列表输出。虽然没有了个性化，但至少用户能看到东西，还可以购买商品。

2. 常态情况下的有损服务

在常态情况下做有损，往往是因为 CAP 理论。分布式系统的高可用和强一致性、高性能和强一致性往往是冲突的，在高并发场景下，通常会确保高可用、高性能，牺牲一定的数据一致性，下面举几个例子：

（1）在秒杀系统中，一次库存的扣减至少要涉及两条 SQL 语句——库存扣减+插入流式。把这两条语句放入一个事务和不放入一个事务，性能可以差一倍。然后，数据库使用异步复制和使用同步复制，性能又差一倍。那最终选择异步复制、不用事务，虽然可能导致数据不一致，但可以通过事后对账把数据补齐。

（2）转账的最终一致性。用手机银行 App 时，可能偶尔会发现，当你转出一笔钱，或者朋友告诉你收到一笔钱时，显示的余额还没来得及更新。这很可能是为了应对高并发的查询，从缓存中取出的值，但最终总是会显示正确。

所以，判断是否可以有损，主要是看业务场景，发生数据不一致的概率有多大，这个概率是否会给用户体验带来严重伤害。

2.6　灰度发布、备份与回滚

如果一个系统的线上代码不动，不发布更新，理论上可以稳定地一直运行下去（在没有资源泄露的 Bug、前端流量没有大的变化的情况下），但实际是不可能的。尤其对于互联网公司要求快速迭代的文化，新功能一直在发布，旧系统也在被不断地重构。

频繁的系统变更是导致系统不稳定的一个直接因素。既然无法避免系统变更，能做的就是让这个过程尽可能平滑、受控，这就是灰度与回滚策略。

1．新功能上线的灰度

当一个新的功能上线时，可以先将一部分流量导入新功能，如果验证功能没有问题，再一点点地增加流量，最终让所有流量都切换过去。

具体办法有很多，如可以按 user_id 划分流量，按 user_id 的最后几位数字对用户进行分片，一片片的灰度把流量导入新功能；用户有很多属性、标签，可以按其中的标签设置用户白名单，再一点点地导入流量。

2．旧系统重构的灰度

如果旧系统被重构了，我们不可能在一瞬间把旧系统下线，完全变成新系统。一般会持续用一段时间旧系统，新旧系统同时共存。这时就需要在入口处增加一个流量分配机制，让部分流量仍然进入旧系统，部分流量切换到新系统。比如最初旧系统的流量为 90%，新系统的流量为 10%；然后旧系统的流量为 60%，新系统的流量为 40%……逐步转移，最终把所有流量都切换到新系统，将旧系统下线。具体流量如何划分，与上述的新功能上线类似，也是根据实际业务场景，选取某个字段或者属性，对流量进行划分。

3．回滚

有了灰度，还要考虑的一个问题就是回滚。当一部分实现了灰度之后，发现新的功能或新的系统有问题，这时要回滚应该怎么做呢？

一种是安装包回滚，这种办法最简单，不需要开发额外代码，发现线上系统有问题，统一重新部署之前的安装版本；另一种是功能回滚，在开发新功能时，也开发了相应的配置开关，一旦发现新功能有问题，则关闭开关，让所有流量都进入旧系统。

功能回滚相对简单，难的是数据的回滚。为了数据的安全，DBA 都会定期地对数据库做快照，以防数据库被删，或者数据出现严重脏数据的情况下，可以从备份恢复；但对于其他地方的数据，如缓存或者<K,V>存储，如果数据很重要，就需要业务开发人员开发快照+备份恢复系统，包括全量快照、增量快照等。

2.7 监控体系与日志报警

1. 监控体系

要打造一个高可用、高稳定的系统，监控体系是其中非常关键的一个环节。监控体系之所以如此重要，是因为它为系统提供了一把尺子，让我们对系统的认识不只停留在感性层面，而是理性的数据层面。有了这把尺子，可以做异常信息的报警，也可以依靠它去不断地优化系统。也正因为如此，规模稍大的公司都会在监控系统的打造上耗费很多工夫。

监控是全方位、立体化的，从大的方面来说，自底向上可以分为以下几个层次。

（1）资源监控。例如，当 CPU 负载超过某个赋值时，发出警报；当磁盘快满时，发出警报；当内存快耗光时，发出警报……

资源监控是一件相对标准化的事情，开源的软件有 Zabbix 等，大一些的公司会有运维团队或基础架构团队搭建专门的系统来实现资源监控。

（2）系统监控。系统监控没有资源监控那么标准化，但很多指标也是通用的，不同公司的系统监控都会涉及：

- 最前端 URL 访问的失败率及具体某次访问的失败链路；
- RPC 接口的失败率及具体某次请求的失败链路；
- RPC 接口的平均响应时间、最大响应时间、95 线、99 线；
- 数据库的 Long SQL；
- 如果使用的是 Java，则 JVM 有 young GC、full GC 的回收频率、回收时间。

（3）业务监控。不同于系统监控、资源监控的通用指标，业务监控到底要监控哪些业务指标，只能根据具体业务具体分析。

比如订单系统，假设定义了一个关键业务指标——订单支付成功率，那么怎么知道这个指标是否发生了异常呢？一种方法是与历史数据比较。例如，知道昨天 24h 内该指标的分布曲线，如果今天的曲线在某个点与昨天相比发生了剧烈波动，很可能是某个地方出现了问题。

另外一种方法是基于业务规则。例如，外卖的调度系统，用户付钱下单后，假设规定最多 1min 之内这个订单要下发给商家，商家在 5min 之内要做出响应；商家响应完成后，系统要在 1min 之内计算出调度的外卖小哥。这个订单的履约过程涉及的时间点都是一个个的阈值，都可能成为业务监控的指标。

把业务监控再扩展就变成了对账系统。因为从数据角度来看，数据库的同一张表或者不同表的字段之间，往往暗含着一些关联和业务规则，甚至它们之间存在着某些数学等式。基于这些数学等式，就可以做数据的对账，从而发现问题。

2. 日志报警

如果业务指标的监控是基于统计数据的一个监控，日志报警则是对某一次具体的请求的处理过程进行监控。

日志的作用之一是当有人发现线上出现问题后，可以通过查找日志快速地定位问题，但这是一个被动解决问题的过程。日志更重要的作用是主动报警、主动解决，也就是说，不是等别人来通报系统出了问题再去查，而是在写代码时，对于那些可以预见的问题，提前就写好日志。

众所周知，ASSERT 语句有 Undefined 行为，也就是说自己写的代码自己最清楚哪个地方可能有问题，哪个异常的分支语句没有处理。对于异常场景，导致的原因可能是程序的 Bug，也可能是上游系统传进来的脏数据，也可能是调用下游系统返回了脏数据。

针对这些有问题的地方，提前写好错误日志，然后对日志进行监控，就可以主动报警、主动解决。

在输出日志的过程中，最容易出现的问题如下 。

（1）日志等级不分。日志一般有 DEBUG、INFO、WARNING、ERROR 几个等级，有第三库打印出来的日志，还有自己的代码打印出来的日志。容易出现的问题是等级没有严格区分，到处是 ERROR 日志，一旦真出了问题，也被埋没在大量的错误日志中；或者把 ERROR 当成了 WARNING，出现问题也没有引起足够的重视。

一个日志到底是 WARNING，还是 ERROR，往往需要根据自己的业务决定。WARNING 意味着要引起我们的注意，ERROR 意味着必须马上解决。可能一个日志最开始的时候是 WARNING，后来它的重要性提高了，就变成了 ERROR，或者反过来也有可能。

（2）关键日志漏打。一种是关键的异常分支流程没有打印日志；还有一种是虽然打印了日志，但缺乏足够的详细信息，没有把关键参数打印出来；或者只打印了错误结果，中间环节涉及的一系列关键步骤没有打印，只知道出了问题，不知道问题出在哪一个环节，这时又要补日志。

日志不是摆设，而是专门用于解决问题的。所以在打印日志之前，要想一下如果出了问题，依靠这些日志能否快速地定位问题。

第 3 章
分布式事务

在介绍了高并发、高可靠之后，接下来讨论第 3 个关键问题——数据一致性。

本书把一致性问题分为了两大类：分布式事务一致性和高可用的多副本一致性。这两类一致性问题基本涵盖了实践中所遇到的绝大部分场景，本章和接下来的第 4 章将分别针对这两类一致性问题进行详细的探讨。

在讨论之前，先举一些数据不一致的常见例子。

比如在更新数据时，先更新数据库，再更新缓存，一旦缓存更新失败，此时数据库和缓存中的数据会不一致。反过来，如果先更新缓存，再更新数据库，一旦缓存更新成功，数据库更新失败，两者的数据也会不一致。

比如数据库中的参照完整性，从表引用了主表的主键，对从表来说，也就是外键。对于删除记录的场景，当主表的记录被删除后，从表有两种选择，外键字段置空或者整条记录级联删除。对于创建记录的场景，当要创建从表的记录时，也有两个选择，先创建主表的记录再创建对应的从表的记录，或者直接创建从表的记录，但记录对应的外键字段置为空。

比如数据库中的原子性：同时修改两条记录，一条记录修改成功了，另一条记录没有修改成功，数据就会不一致，此时必须回滚，否则会出现脏数据。

比如数据库的 Master-Slave 异步复制，Master 宕机后切换到 Slave，导致部分数据丢失，因此数据会不一致。

比如发送方发送了消息 1、2、3、4、5，因为消息中间件的不稳定，丢了消息 4，接收方只收到了消息 1、2、3、5，发送方和接收方的数据会不一致。

从以上例子可以看出，数据一致性问题几乎无处不在。

3.1 随处可见的分布式事务问题

在"集中式"的架构中，很多系统用的是 Oracle 等大型数据库，把整个业务数据放在这种强大的数据库里，利用数据库的事务机制保证数据一致性。这正是数据库叫作"数据库"而不是"存储"的一个重要原因，也是数据库强大的事务保证。

但到了分布式时代，人们对数据库进行了分库分表，同时在上面架起一个个的服务。到了微服务时代，服务的粒度拆得更细，导致一个无法避免的问题——数据库的事务机制不管用了。因为数据库本身只能保证单机事务，对于分布式事务，只能靠业务系统解决。

下面总结了常用的几类分布式事务场景。

3.1.1 缓存和数据库的一致性问题

一个服务要同时更新缓存和数据库，涉及两次网络调用，无论怎么做，都不可能做到在一次请求处理的同步调用中，两次网络调用全部成功。

3.1.2 消息中间件和数据库的一致性问题

在一次请求处理中，有两个操作：往消息中间件发一个消息，再更新数据库，这也是两次网络调用，无论怎么做，都不可能保证在一次请求处理中，两个操作同时成功。

3.1.3 两个数据库的一致性问题

一个微服务，最初其底下只有一个数据库，通过数据库本身的事务保证数据一致性。随着数据量增长到一定规模，进行了分库，这时数据库的事务就不管用了。一次请求、一个服务同时更新两个数据库，也无法保证同时更新成功。

3.1.4 服务和数据库的一致性问题

以电商系统为例，比如有两个服务：一个是订单服务，其背后是订单数据库；

另一个是库存服务，其背后是库存数据库。下订单时，订单服务要更新自己的数据库，同时调用库存服务扣库存。订单服务无法保证更新订单数据库和调用库存服务能同时成功。

3.1.5　两个服务的一致性问题

在画时序图或者泳道图时，经常能看到多个服务之间的复杂调用图。一个服务同时调用多个其他服务，如果是读操作，则没有一致性问题；如果是多个更新操作，则无法同时更新成功。

3.1.6　两个文件的一致性问题

将上面的场景总结一下，也就是：在一次请求的处理过程中，一个服务同时做了两次及以上的网络调用，并且这些网络调用都是写操作，就无法保证这两次及以上的写操作同时成功，这也就是分布式事务问题。

更极端一点，不要说两次网络调用，就算是两次磁盘 I/O 操作，写两个文件，也无法保证两个写操作一定能同时成功，有可能写到一半机器宕机，就会出现两个文件的数据不一致。就像在《软件架构设计：大型网站技术架构与业务架构融合之道》中介绍 MySQL 内部原理时提到的 Redo Log 和 Binlog 的一致性问题，虽然看起来是单机版 MySQL，但同样有分布式事务问题。

分布式事务问题如此常见，在日常开发过程中，稍不注意就会出现问题。接下来就对解决分布式事务问题的各种思路做一个全面讨论。

3.2　分布式事务解决方案汇总

3.2.1　2PC

1. 2PC 理论

在讲 MySQL 的 Binlog 和 Redo Log 的一致性问题时，已经用到了 2PC。当然，那个场景只是内部的分布式事务问题，只涉及单机的两个日志文件之间的数据一致性；接下来讲的 2PC 主要应用在两个数据库之间。

2PC 有两个角色——协调者和参与者。具体到数据库的实现来说，每一个数据库就是一个参与者，调用方（通常是一个微服务）也就是协调者。2PC 是指将事务的提交分为两个阶段，如图 3-1 所示。

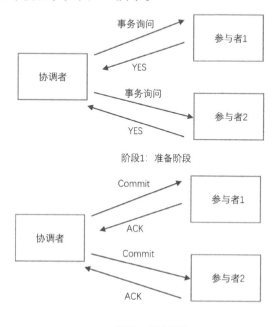

图 3-1　2PC 事务提交示意图

阶段 1：准备阶段。协调者向各个参与者发起询问，说要执行一个事务，各参与者可能回复 YES、NO 或者超时。

阶段 2：提交阶段。如果所有参与者都回复的是 YES，则协调者向所有参与者发起事务提交操作，即 Commit 操作，所有参与者各自执行事务，然后发送确认消息（ACK）。

如果有一个参与者在阶段 1 回复的是 NO 或者超时，则协调者向所有参与者发起事务回滚操作，即 Rollback 操作，所有参与者各自回滚事务，然后发送 ACK，如图 3-2 所示。

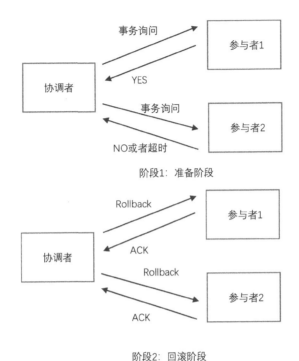

阶段1：准备阶段

阶段2：回滚阶段

图 3-2　2PC 事务回滚示意图

所以，无论事务最终是提交还是回滚，都经过了两个阶段。

2．2PC 的实现

Open Group 组织在文章 *Distributed Transaction Processing:The XA Specification* 中定义了 2PC XA 规范，主流的数据库都实现了 XA 协议。以 MySQL 为例，定义了如下 5 个操作原语：

```
XA START xid
XA END xid
XA PREPARE   //2PC 的第 1 个阶段
XA COMMIT    //2PC 的第 2 个阶段，提交
XA ROLLBACK  //2PC 的第 2 个阶段，回滚
```

以支付转账场景为例，假设有两个数据库：DB1 和 DB2，里面都有一张用户余额表 user_balance，用户 a、b 分别处于 DB1、DB2 中（因为做了分库分表），现在用户 a 转账 100 元给用户 b，要实现 DB1 和 DB2 的分布式事务，MySQL XA 的伪代码大致如下：

```
Try{
    • XA_START xid
        update user_balance set balance - 100 where user_id = a
    • XA_END xid

    • XA_START xid
        update user_balance set balance +100 where user_id = b
    • XA_END xid

    • XA PREPARE        //2PC 的第 1 个阶段——准备
    • XA COMMIT         //2PC 的第 2 个阶段——提交
}catch(Exception e){
    • XA ROLLBACK       //2PC 的第 2 个阶段——回滚
}
```

（1）xid 是应用程序生成的全局唯一事务 ID，是一个字符串。

（2）通过 XA_START 和 XA_END 这两个原语，把要执行的 SQL 语句夹在中间，目的是告诉数据库，这两条 SQL 语句是一个 XA 事务的一部分。

（3）执行 2PC 第 1 个阶段——准备。

（4）执行 2PC 第 2 个阶段——提交。

另外，MySQL 还提供了一个 XA_RECOVER 原语，用于查询 2PC 失败的悬停事务，然后开发者通过后台任务重新提交，从而实现 2PC。

在 Java 中，XA 协议对应的接口是 javax.transaction.xa.XAResource，开源的 Atomikos 也基于该协议提供了 2PC 的解决方案，有兴趣的读者可以进一步研究。

3. 2PC 的问题

2PC 在数据库领域非常常见，但它存在以下几个问题。

问题 1：性能问题。在阶段 1，在锁定资源之后，要等所有节点返回，然后才能一起进入阶段 2，不能很好地应对高并发场景。

问题 2：阶段 1 完成之后，如果在阶段 2，协调者宕机，则所有参与者接收不到提交或加滚指令，将处于"悬而不决"状态，需要应用程序自己做后台任务，调用 XA_RECOVER 做事务补偿。

问题 3：阶段 1 完成之后，在阶段 2，协调者向所有参与者发送提交指令，如果其中一个参与者超时或出错了（没有正确地返回 ACK），则其他参与者提交还是回滚呢？也不能确定。

为了解决 2PC 的问题，又引入了 3PC。3PC 存在类似宕机如何解决的问题，因此还是没能彻底解决问题，此处不再详述。

问题 4：除本身的算法局限外，2PC 还有一个使用上的限制，就是它主要用在两个数据库之间（数据库实现了 XA 协议）。但通常我们面对的都是两个微服务之间的分布式事务问题，而不是一个微服务直连两个数据库，所以无法使用 2PC。

正因为 2PC 有诸多问题和不便，在实践中一般很少使用，而是采用下面要讲的各种方案。

接下来，以一个典型的分布式事务问题——"转账"为例，详细探讨分布式事务的各种解决方案。

以支付宝为例，要把一笔钱从支付宝的余额转账到余额宝，支付宝的余额在系统 A，背后有对应的 DB1；余额宝在系统 B，背后有对应的 DB2。所谓"转账"，就是转出方系统的账户要扣钱，转入方系统的账户要加钱，如何保证两个操作在两个系统中同时成功呢？

3.2.2　最终一致性：第一种实现方案

如图 3-3 所示，系统 A 收到用户的转账请求，系统 A 先自己扣钱，也就是更新 DB1；然后通过消息中间件给系统 B 发送一条加钱的消息，系统 B 收到此消息，对自己的账户加钱，也就是更新 DB2。

这里面有一个关键的技术问题：

系统 A 给消息中间件发消息，是一次网络交互；更新 DB1，也是一次网络交互。系统 A 是先更新 DB1，后发送消息，还是先发送消息，后更新 DB1？

假设先更新 DB1 成功，发送消息失败，重发又失败，怎么办？又假设先发送消息成功，更新 DB1 失败。消息已经发出去了，又不能撤回，怎么办？或者消息中间件提供了消息撤回的接口，但是又调用失败怎么办？

因为这是两次网络调用，两个操作不是原子性的，所以无论谁先谁后，都是有问题的。

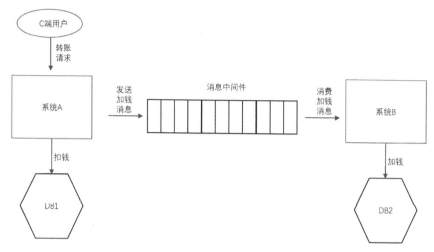

图 3-3　消息中间件实现最终一致性

下面来看最终一致性的几种具体实现思路。

1. 错误的方案

有人可能会想，可以把"发送加钱消息"网络调用和更新 DB1 放在同一个事务中，如果发送消息失败，更新数据库自动回滚。这样不就可以保证两个操作的原子性了吗？

这个方案看似正确，其实是错误的，原因有以下两点。

（1）网络的两将军问题：发送消息失败，发送方并不知道是消息中间件没有收到消息，还是消息已经收到了，只是返回 response 时失败了。

如果已经收到消息了，而发送端认为没有收到，执行更新数据库的回滚操作，则会导致系统 A 的钱没有扣，系统 B 的钱却被加了。

（2）把网络调用放在数据库事务中，可能会因为网络的延时导致数据库长事务。严重的会阻塞整个数据库，风险很大。

2. 第一种实现方案（业务方自己实现）

假设消息中间件没有提供"事务消息"功能，比如用的是 Kafka，该如何解决这个问题呢？

消息中间件实现最终一致性示意图如图 3-4 所示。

（1）系统 A 增加一张消息表，系统 A 不再直接给消息中间件发送消息，而是把消息写入这张消息表中。把 DB1 的扣钱操作（表 1）和写消息表（表 2）这两个操作放在一个数据库事务中，保证两者的原子性。

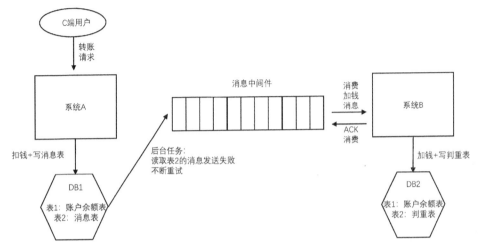

图 3-4　消息中间件实现最终一致性示意图

（2）系统 A 准备一个后台程序，源源不断地把消息表中的消息传送给消息中间件。如果失败了，也不断尝试重传。因为网络的两将军问题，系统 A 发送给消息中间件的消息网络超时了，消息中间件可能已经收到了消息，也可能没有收到。系统 A 会再次发送该消息，直到消息中间件返回成功。所以，系统 A 允许消息重复，但消息不会丢失，顺序也不会打乱。

（3）通过上面的两个步骤，系统 A 保证了消息不丢失，但消息可能重复。系统 B 对消息的消费要解决下面两个问题。

问题 1：丢失消费。系统 B 从消息中间件取出消息（此时还在内存中），如果处理了一半，系统 B 宕机并再次重启，此时这条消息未处理成功，怎么办？

答案是通过消息中间件的 ACK 机制，凡是发送 ACK 的消息，系统 B 重启之后消息中间件不会再次推送；凡是没有发送 ACK 的消息，系统 B 重启之后消息中间件会再次推送。

但这又会引发一个新问题，就是下面问题 2 的重复消费：即使系统 B 把消息处理成功了，但是在正要发送 ACK 时宕机了，消息中间件以为这条消息没有处理成功，系统 B 再次重启时又会收到这条消息，系统 B 就会重复消费这条消息（对应加钱类的场景，账户里面的钱就会加两次）。

问题 2：重复消费。系统 A 的后台任务也可能给消息中间件重复发送消息。

为了解决重复消息的问题，系统 B 增加一个判重表。判重表记录了处理成功的消息 ID 和消息中间件对应的 offset（以 Kafka 为例），系统 B 宕机重启，可以定位到 offset 位置，从这之后开始继续消费。

每次接收到新消息，先通过判重表进行判重，实现业务的幂等操作。同样，DB2 的加钱操作和写判重表两个操作要在一个数据库事务中完成。

这里要补充的是，消息的判重不止判重表一种方法。如果业务本身就有业务数据，可以判断出消息是否重复了，就不需要判重表了。

通过上面三个步骤，实现了消息在发送方的不丢失、在接收方的不重复，联合起来就是消息的不漏不重，严格地实现了系统 A 和系统 B 的最终一致性。

但这种方案有一个缺点：系统 A 需要增加消息表，同时还需要一个后台任务，不断地扫描此消息表，会导致消息的处理和业务逻辑耦合，额外增加业务方的开发负担。

3.2.3 最终一致性：第二种实现方案（基于事务消息）

为了能通过消息中间件解决最终一致性问题，同时又不和业务逻辑耦合，阿里巴巴的 RocketMQ 提出了"事务消息"的概念，如图 3-5 所示。

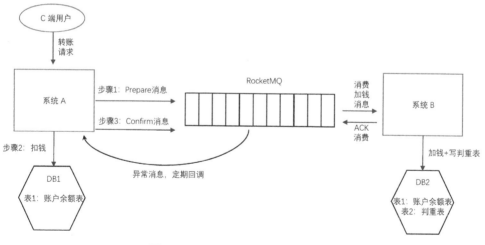

图 3-5 RocketMQ 事务消息示意图

RocketMQ 不是提供一个单一的"发送"接口，而是把消息的发送拆成了两个阶段，Prepare 阶段（预发送消息）和 Confirm 阶段（确认发送消息）。具体步骤如下。

步骤 1：系统 A 调用 Prepare 接口，预发送消息。此时消息保存在消息中间件中，但消息中间件不会把消息给消费方进行消费，消息只是暂存在那。

步骤 2：系统 A 更新数据库，进行扣钱操作。

步骤 3：系统 A 调用 Confirm 接口，确认发送消息。此时消息中间件才会把消息给消费方进行消费。

显然，这里有以下两种异常场景。

场景 1：步骤 1 成功，步骤 2 成功，步骤 3 失败或超时。

场景 2：步骤 1 成功，步骤 2 失败或超时，步骤 3 不会执行。

这就涉及 RocketMQ 的关键点：RocketMQ 会定期（默认是 1min）扫描所有的预发送但还没有确认的消息，回调给发送方，询问这条消息是要发出去，还是要取消。发送方根据自己的业务数据，知道这条消息是应该发出去（数据库更新成功），还是应该取消（数据库更新失败）。

对比最终一致性的两种实现方案会发现，RocketMQ 最大的改变其实是把"扫描消息表"这件事不让业务方做，而是让消息中间件完成。

至于消息表，其实还是没有省掉。因为消息中间件要询问发送方事务是否执行成功，还需要一个"变相的本地消息表"，记录事务执行状态和消息发送状态。

同时对于消费方，还是没有解决系统重启可能导致的重复消费问题，这只能由消费方解决。因此，需要设计判重机制，实现消息消费的幂等性。

无论方案 1，还是方案 2，发送方把消息成功放入了队列中，但如果消费方消费失败怎么办？

如果消费失败了，则可以重试，但还一直失败怎么办？是否要自动回滚整个流程？

答案是人工介入。从工程实践角度来讲，这种整个流程自动回滚的代价是巨大的，不但实现起来很复杂，还会引入新的问题。比如自动回滚失败，又该如何处理？

对于这种发生概率极低的事件，采取人工处理会比实现一个高复杂的自动化回滚系统更加可靠，也更加简单。

3.2.4　TCC

2PC 通常用来解决两个数据库之间的分布式事务问题，比较局限。现在企业采用的是各式各样的 SOA 服务，需要解决两个服务之间的分布式事务问题。

为了解决 SOA 系统中的分布式事务问题，支付宝提出了 TCC。TCC 是"Try""Confirm""Cancel"三个单词的缩写，其实是一个应用层面的 2PC 协议，Confirm 对应 2PC 中的事务提交操作，Cancel 对应 2PC 中的事务回滚操作，如图 3-6 所示。

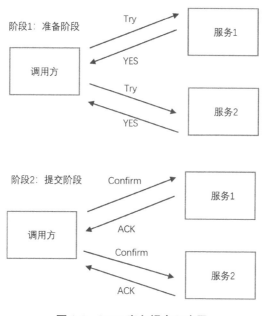

图 3-6　TCC 事务提交示意图

（1）准备阶段。调用方调用所有服务方提供的 Try 接口，该阶段各调用方做资源检查和资源锁定，为接下来的阶段 2 做准备。

（2）提交阶段。如果所有服务方都返回 YES，则进入提交阶段，调用方调用各服务方的 Confirm 接口，各服务方提交事务。如果有一个服务方在阶段 1 返回 NO 或者超时，则调用方调用各服务方的 Cancel 接口，如图 3-7 所示。

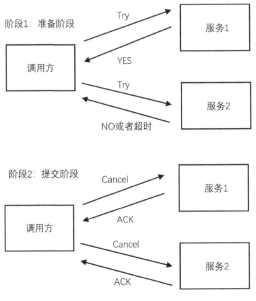

图 3-7 TCC 事务回滚示意图

这里有一个关键问题：TCC 既然也借鉴了 2PC 的思路，那么它是如何解决 2PC 的问题的呢？也就是说，在阶段 2，调用方发生宕机，或者某个服务超时了，如何处理呢？

答案是不断重试。不管是 Confirm 失败了，还是 Cancel 失败了，都不断重试。这就要求 Confirm 和 Cancel 都必须是幂等操作。注意，这里的重试是由 TCC 的框架来执行的，而不是让业务方自己去做。

下面以一个转账的事件为例，来说明 TCC 的过程。假设有三个账户 A、B、C，通过 SOA 提供的转账服务进行操作。账户 A、B 同时分别要向账户 C 转 30 元、50 元，最后账户 C 增加 80 元，账户 A、B 各减少 30 元、50 元。

阶段 1：分别对账户 A、B、C 执行 Try 操作，A、B、C 三个账户在三个不同的 SOA 服务中，也就是分别调用三个服务的 Try 接口。具体来说，就是账户 A 锁定 30 元，账户 B 锁定 50 元，检查账户 C 的合法性，如账户 C 是否违法被冻结、账户 C 是否已注销。

所以，在这个场景里面，对应的"扣钱"的 Try 操作就是"锁定"，对应的"加钱"的 Try 操作就是检查账户的合法性，为的是保证接下来的阶段 2 扣钱可扣、加钱可加。

阶段 2：账户 A、B、C 的 Try 操作都成功，执行 Confirm 操作，即分别调用三个 SOA 服务的 Confirm 接口。账户 A、B 扣钱，账户 C 加钱。如果任意一个失败，则不断重试，直到成功为止。

从该案例可以看出，Try 操作主要是为了"保证业务操作的前置条件都得到满足"，然后在 Confirm 阶段，因为前置条件都满足了，所以可以不断重试保证成功。

3.2.5 事务状态表+事务补偿

同样以转账为例，介绍一种类似 TCC 的方法。TCC 的方法通过 TCC 框架内部实现，下面介绍的方法是由业务方自己实现的。

调用方维护一张事务状态表（或者事务日志、日志流水），在每次调用之前，将一条事务流水落盘，生成一个全局的事务 ID。事务状态表的结构如表 3-1 所示。

表 3-1 事务状态表的结构

事务 ID	事 务 内 容	事务状态（枚举类型）
ID1	操作 1：账户 A 减少 30 元 操作 2：账户 B 减少 50 元 操作 3：账户 C 增加 80 元	状态 1：初始 状态 2：操作 1 成功 状态 3：操作 1、2 成功 状态 4：操作 1、2、3 成功

初始是状态 1，每调用成功一个服务则更新一次状态，最后所有系统调用成功，状态更新到状态 4，状态 2、3 是中间状态。当然，也可以不保存中间状态，只设置两个状态——Begin 和 End。事务开始之前的状态是 Begin，全部结束之后的状态是 End。如果某个事务一直停留在 Begin 状态，则说明该事务没有执行完毕。

然后有一个后台任务，扫描事务状态表，在过了某段时间后（假设一次事务执行成功通常最多花费 30s），状态没有变为最终的状态 4，说明这个事务没有执行成功。于是重新调用系统 A、B、C。保证这条流水的最终状态是状态 4（或 End 状态）。当然，系统 A、B、C 根据全局的事务 ID 做幂等操作，所以即使重复调用也没有关系。

补充说明：

（1）如果后台任务重试多次仍然不能成功，那么要为事务状态表加一个 Error 状态，通过人工介入干预。

（2）对于调用方的同步调用，如果部分成功，那么此时给客户端返回什么呢？

答案不确定，或者说暂时未知。只能告诉用户该笔钱转账超时，请稍后再来确认。

（3）对于同步调用，当调用方调用 A 或 B 失败时，可以重试三次。如果重试三次还不成功，则放弃操作，再交由后台任务后续处理。

3.2.6　同步双写（多写）+异步对账

把 3.2.5 节的方案扩展一下，岂止事务有状态，系统中的各种数据对象都有状态，或者说都有各自完整的生命周期，同时数据之间存在关联关系。我们可以很好地利用这种完整的生命周期和数据之间的关联关系，实现系统的一致性，这就是对账。

在前面，我们把注意力都放在了"过程"中，而在对账的思路中，将把注意力转移到"结果"中。

在前面的方案中，无论最终一致性，还是 TCC、事务状态表，都是为了保证"过程的原子性"，也就是多个系统操作（或系统调用），要么全部成功，要么全部失败。

但所有"过程"都必然产生"结果"，过程是我们所说的"事务"，结果就是业务数据。一个过程如果部分执行成功、部分执行失败，则意味着结果是不完整的。从结果也可以反推出过程出了问题，从而对数据进行修补，这就是对账的思路。

下面举几个对账的案例。

案例 1：微博的关注关系，需要存两张表，一张是关注表，一张是粉丝表，这两张表各自都是分库分表的。假设 A 关注了 B，需要先以 A 为主键进行分库，存入关注表；再以 B 为主键进行分库，存入粉丝表。也就是说，一次业务操作，要向两个数据库中写入两条数据，那如何保证原子性呢？

案例 2：电商的订单系统也是分库分表的。订单通常有两个常用的查询维度，一个是买家，一个是卖家。如果按买家分库，按卖家查询就不好实现；如果按卖家分库，按买家查询也不好实现。这种通常会把订单数据冗余一份，按买家进行分库分表存一份，按卖家再分库分表存一份。和案例 1 存在同样的问题：一个订单要向两个数据库写入两条数据，那如何保证原子性呢？

案例 3：案例 2 中，除两个数据库的数据一致性外，为了查询性能，可能还会为订单系统加上<K,V>缓存。那两个数据库+ 一个<K,V>缓存，如何保证数据一致性呢？

上面这些例子，合适的解决办法就是对账。对账有个关键点：要有对账的基准，也就是说，需要知道用谁去对谁。通过对比两个数据库，发现数据不一致，但如果只知道不一致，不知道哪个数据库是正确的，也无法自动补平。所以业务双写/多写时，采取的策略就是：其中一个数据库写成功了，另外的数据库、缓存不管是否写成功，都给客户端返回成功，然后以该数据库为基准校对另外一个数据库和缓存。

在实现层面，对账有以下几种实现方式。

（1）异步消息对账：每一次业务采用双写操作，如果部分写成功，就抛出一条消息到消息中间件，然后由一个消费者消费这条消息，对两个数据库中的数据进行比对，用正确的那一方补齐缺的那一方。当然，消息可能丢失，无法百分之百地保证，需要下面的全量后台任务对账兜底。

（2）全量后台任务对账。例如，每天晚上运作一个定时任务，比对两个数据库。

（3）增量后台任务对账。基于数据库的更新时间，每隔一段时间只对账增量的数据。

除上面介绍的比对两份数据外，还有一些更"隐性"的场景，也可以用对账解决。

以电商网站的订单履约系统为例，一张订单经历从"已支付"到"下发给仓库"再到"出仓完成"的过程。假定从"已支付"到"下发给仓库"最多用 1h；从"下发给仓库"到"出仓完成"最多用 8h。这意味着只要发现订单的状态过了1h 之后还处于"已支付"状态，就认为订单下发没有成功，需要重新下发，也就是"重试"。同样，只要发现订单过了 8h 还未出仓，这时可能会发出警报。

这个案例跟事务的状态很类似：一旦发现系统中的某个数据对象超过了一个限定时间而生命周期没有结束，仍然处在某个中间状态，就说明系统不一致了，要进行某种补偿操作（如重试或发出警报）。

更复杂一点，订单有状态，库存系统的库存也有状态，优惠系统的优惠券也有状态。根据业务规则，将这些状态进行比对，就能发现系统某个地方不一致，做相应的补偿。

总之，对账的关键是要找出"数据背后的规律"。有些规律比较明显，如案例 1、案例 2 的冗余数据库，直接进行数据比对；有些规律比较隐晦，如订单履约的状态。找到了规律就可以基于规律进行数据比对，发现问题，然后补偿。

3.2.7 妥协方案：弱一致性+基于状态的事后补偿

可以发现：

- 最终一致性是一种异步的方法，数据有一定延迟；
- TCC 是一种同步的方法，但 TCC 需要两个阶段，性能损耗较大；
- 事务状态表也是一种同步的方法，但每次要记事务流水、更新事务状态，很烦琐，性能也有损耗；
- 对账也是一个事后过程。

如果需要一个同步的方法，既要让系统之间保持一致性，又要有很高的性能，支持高并发，应该怎么处理呢？

如图 3-8 所示，电商网站的下单至少需要两种操作——创建订单和扣库存。订单系统有订单数据库和订单服务，库存系统有库存数据库和库存服务。先创建订单，后扣库存，可能会创建订单成功，扣库存失败；反过来，先扣库存，后创建订单，可能会扣库存成功，创建订单失败。如何保证创建订单+扣库存两个操作的原子性，同时还要能抵抗高并发流量？

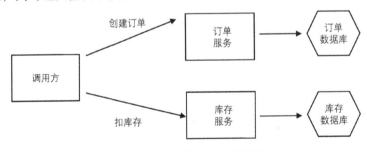

图 3-8　电商系统的下单场景

如果用最终一致性方案，因为是异步的操作，若库存扣减不及时，则会导致超卖，因此最终一致性方案不可行；如果用 TCC 方案，则意味着一个用户请求要调用两次（Try 和 Confirm）订单服务、两次（Try 和 Confirm）库存服务，性能又达不到要求。如果用事务状态表方案，则需要写事务状态，也存在性能问题。

既要满足高并发，又要达到一致性，鱼和熊掌不可兼得，因此可以利用业务的特性，采用一种弱一致性的方案。

在此场景中，有一个关键特性：对于电商的购物系统来讲，允许少卖，但不能超卖。比如有 100 件商品，卖给 99 个人，有 1 件没有卖出去，这是可以接受的；但如果卖给了 101 个人，其中 1 个人收不到货，平台违约，就不能接受。而这里就利用了这个特性，具体做法如下。

1. 方案 1：先扣库存，后创建订单

如表 3-2 所示，有以下三种情况。

（1）扣库存成功，创建订单成功，返回结果成功。

（2）扣库存成功，创建订单失败，返回结果失败，调用方重试（此处可能会多扣库存）。

（3）扣库存失败，不再创建订单，返回结果失败，调用方重试（此处可能会多扣库存）。

表 3-2　先扣库存，后创建订单的三种情况

情　况	扣　库　存	创建订单	返　回　结　果
Case1	成功	成功	成功
Case2	成功	失败	失败
Case3	失败	无	失败

2. 方案 2：先创建订单，后扣库存

如表 3-3 所示，有以下三种情况。

（1）创建订单成功，扣库存成功，返回结果成功。

（2）创建订单成功，扣库存失败，返回结果失败，调用方重试（此处可能会多扣库存）。

（3）创建订单失败，不再扣库存，调用方重试。

表 3-3　先创建订单，后扣库存的三种情况

情　况	创建订单	扣　库　存	返　回　结　果
Case1	成功	成功	成功
Case2	成功	失败	失败
Case3	失败	无	失败

无论方案 1，还是方案 2，只要最终保证库存可以多扣，不能少扣即可。

但是，库存多扣了，数据不一致，应该怎么补偿呢？

库存每扣一次，都会生成一条流水记录。这条记录的初始状态是"占用"，等订单支付成功后，状态会被改成"释放"。

对于那些过了很长时间一直占用，而不释放的库存，要么是因为前面多扣造成的，要么是因为用户下了单但没有支付造成的。

通过比对，得到库存系统的"占用又没有释放的库存流水"与订单系统的未支付的订单，就可以回收这些库存，同时把对应的订单取消。类似 12306 网站，过了一定时间不支付，订单会取消，库存会释放。

3.2.8 妥协方案：重试+回滚+报警+人工修复

前文介绍了基于订单的状态+库存流水的状态做补偿（对账）。如果业务很复杂，状态的维护也很复杂，就可以采用更加妥协而简单的方法。

按 3.2.7 节的方案 1，先扣库存，后创建订单。不做状态补偿，为库存系统提供一个回滚接口。如果创建订单失败了，则先重试。如果重试还不成功，则回滚库存的扣减。如果回滚也失败，则发出警报，进行人工干预修复。

总之，根据业务逻辑，通过三次重试或回滚的方法，最大限度地保证一致。实在不一致，就发出警报，让人工干预。只要日志流水记录得完整，人工就可以修复。通常只要业务逻辑本身没问题，重试、回滚之后还失败的概率会比较低，所以这种方法虽然"丑陋"，但很实用。

3.2.9 阿里云 Seata 框架

从前文可以看出，无论是 2PC，还是 TCC 的方案，都很复杂，业界一直没有成熟的分布式事务框架。为此，2016 年，阿里云发布了 GTS（Global Transaction Service），然后在 2019 年，GTS 团队发起了开源项目 Seata。

Seata 提出了 AT、TCC、XA 等不同的分布式事务模式，这些模式本质上都是 2PC 的实现，下面来逐一分析这些模式都是具体怎么实现的。

1. AT 模式

如图 3-9 所示，用户购物下单，涉及 4 个微服务，背后有 3 个数据库。

Business 微服务：下单的逻辑服务，无数据库，无状态。

Order 微服务：创建订单，背后有 Order 数据库。

Storage 微服务：扣库存，背后有 Storage 数据库。

Account 微服务：扣用户账户余额（假设用户采用余额支付），背后有 Account 数据库。

Business 微服务调用 Storage 微服务、Order 微服务，Order 微服务内部又调用了 Account 微服务。一次下单操作，涉及 3 个数据库的更新，那么应如何保证 3 个数据库的更新同时成功呢？下单操作微服务调用链路图如图 3-9 所示。

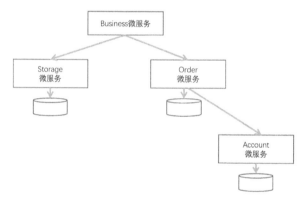

图 3-9　下单操作微服务调用链路图

所谓的 AT（Automatic Transaction）模式，顾名思义，业务什么代码都不写，Seata 框架实现分布式事务，具体来说，如图 3-10 所示。

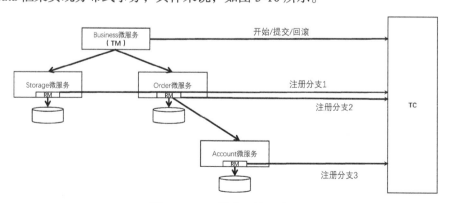

图 3-10　AT 模式运作示意图

Seata 的 3 个组件：TC（Transaction Coordinator）是一个独立部署的 Server，TC 有独立的数据库，TC 记录了每个全局事务的流水、事务执行的中间状态数据；TM（Transaction Manager）是图 3-10 中的 Businsess 微服务；RM（Resource Manager）对应图 3-10 中的 3 个微服务+3 个数据库。

AT 模式的运作过程如下。

在 2PC 的第 1 个阶段，TM 向 TC 申请一个全局的分布式事务 ID——XID。TM 用 XID 调用微服务，XID 随着微服务调用链一直往下传；每个 RM 拦截 JDBC 写入数据库的操作，向 TC 注册分支事务，然后数据库提交；加全局锁。

在 2PC 的第 2 个阶段，事务提交。如果 TM 知道每个 RM 都成功提交，则向 TC 发起全局提交；全局提交主要是释放全局锁+异步清理 Undo Log。

在 2PC 的第 3 个阶段，事务回滚。如果 TM 发现某个 RM 提交失败，则向 TC 发起全局回滚。

下面剖析 AT 模式用到的几个关键技术点。

（1）如何实现数据库回滚？

我们知道，对于单机数据库事务来说，一旦调用了提交，就无法再调用 Rollback。而我们看 AT 模式，在 2PC 的第 1 个阶段，分支事务已经提交了。那到了 2PC 的第 2 个阶段，全局事务要回滚，但单机数据库事务已经提交了，那么应该如何回滚？

答案：在 1PC 阶段，针对每条 SQL 语句，自动生成逆向 SQL 语句并保存。所谓逆向 SQL 语句，是指如果是 insert 语句，就生成 delete 语句；如果是 delete 语句，就生成 insert 语句；如果是 update 语句，就把更新之前的旧值保存下来，再逆向更新回去。这些逆向 SQL 语句存放在每个业务数据库中，所以在每个业务数据库中，需要手动建一张 Undo Log 表。如果第 2 个阶段需要回滚，则调用逆向 SQL 语句。

也就是说，数据库回滚不是利用单机数据库的 Rollback 机制来回滚，而是在业务层面执行反向 SQL 语句来回滚。

（2）如何实现自动化？

必须使用 Seata 提供的 JDBC 数据源，在内部，对 SQL 语句做拦截，发现其是一个分布式事务，于是向 TC 注册。

（3）如何实现分布式事务的写隔离？即 ACID 中的"I"如何实现？

所谓"写隔离"，就是分布式事务整体未提交之前，不能允许其他事务修改该事务修改的数据。

在 2PC 的第 1 个阶段，TM 申请了一把全局锁，这个全局锁存在于 TC Server 的数据库里面，也就是一个分布式锁。

（4）2PC 的各种异常处理机制，如事务悬停，如何解决？

TC 内部通过后台任务扫描全局事务流水的状态，做事务补偿，保证每个事务最终的状态都是"完成"。

2. XA 模式

XA 模式的基本结构和 AT 模式一样，不过它是利用了 MySQL 数据库对 XA 模式的支持来实现的，如图 3-11 所示。

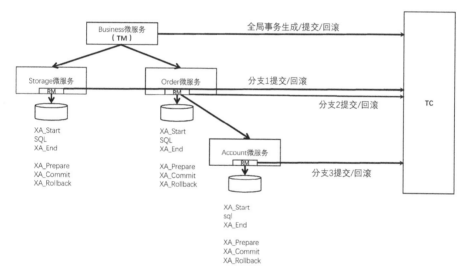

图 3-11　XA 模式运作示意图

在 2PC 的第 1 个阶段，TM 生成全局事务 ID——XID，即向 TC 注册全局事务。XID 随着调用链路往下传，每个 RM 拦截 JDBC SQL 语句，调用 XA_Start XID、XA_End XID、XA_Prepare。

在 2PC 的第 2 个阶段，TM 通知所有 RM 提交事务；每个 RM 调用 XA_Commit，事务提交。

如果在第 1 个阶段出现失败，则在第 2 个阶段，每个 RM 调用 XA_Rollback，事务回滚。

对比会发现，XA 模式和 AT 模式在实现事务回滚层面用了完全不同的机制，那除此之外，XA 模式还有什么特别之处呢？

答案是实现了事务的"读隔离"。在 AT 模式中，事务在第 1 个阶段已经提交了，所以此时其他事务已经可以读到此事务的数据，但到了第 2 个阶段，事务可能回滚，所以其他事务读了脏数据，也就是它的隔离级别其实是 RU，即读取了未提交的事务；而在 XA 模式中，XA_Commit 发生在第 2 个阶段，所以在第 1 个阶段，其他事务读取不到还未提交的数据，相当于隔离级别增强了，达到了 RC。

3. TCC 模式

TCC 模式和 XA 模式很类似，如图 3-12 所示，每个微服务分别实现 Try、Confirm、Cancel 3 个接口，Try 就相当于 XA 模式中的 XA_Prepare，Confirm 相当于 XA_Commit，Cancel 相当于 XA_Rollback。

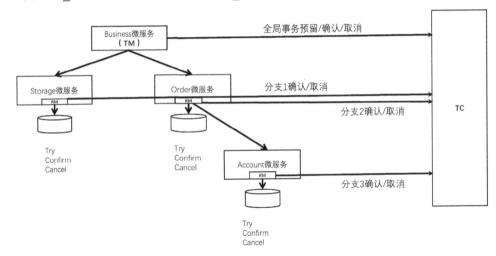

图 3-12　TCC 模式运作示意图

最后要说明的是，因为 AT、XA、TCC 都是 2PC，所以它们只能用在并发量不那么高，对性能要求没有那么苛刻的业务场景；另外，TC 本身也需要高可用、强一致性的数据库来支持，否则 TC 宕机，所有依赖的微服务都会被影响。

3.2.10　总结

到目前为止，基本枚举了分布式事务的所有解决思路，看似很多，最后抽象出来就两种思维：2PC 和 1PC。2PC 有"回滚"机会，做到一半，做失败了，可以回撤；1PC 没有回撤机会，一旦开始做了，就要"硬着头皮"做完，做不完，后台任务不断重试直至最终成功。如果多次重试还不行，最后就只能人工介入。

最后，用表 3-4 对所有方案做一个对比。

表 3-4　2PC 和 1PC 的对比

实现思路	方　案	解决的问题场景
2PC	1. 数据库 2PC-XA	1. 并发没有那么高； 2. 业务要求接入简单，标准化开发，开发门槛低
	2. TCC	
	3. AT、XA、TCC	
1PC	1. 异步：最终一致性	1. 高并发； 2. 开发门槛高：自己维护各种数据状态，做异步对账，补齐； 3. 第 3 个方案在实践中用得尤其多，如缓存和数据库的数据一致性场景
	2. 同步：事务状态表+事务补偿	
	3. 同步：同步双写+异步对账	
	4. 妥协方案：同步双写+各种补偿	

第4章

高可用

4.1 高可用架构的思维框架

既然"高可靠"是为了减少故障的发生次数,"高可用"是为了减少故障发生之后的恢复时间,那么要想快速恢复故障,就要避免单点,做到任何一个服务都有多个副本。当这台机器宕机之后,可以切换到某个副本,也就是 Failover。要做到 Failover,有几个共性问题要解决。下面以 MySQL 的 Failover 为例详细讲解。

如图 4-1 所示,MySQL 是一个 Master 和多个 Slave 的架构。当 Master 宕机后,从多个 Slave 中选择一个 Slave 作为新 Master,然后其他 Salve 再连接到这个新 Master,最后,客户端从旧 Master 切换到新 Master。要完成 Failover 过程,需要解决下面几个核心问题。

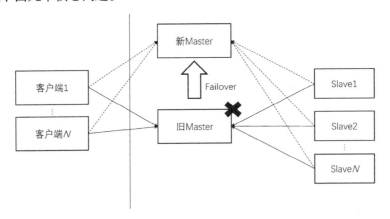

图 4-1 MySQL 主从切换示意图

4.1.1　如何实现故障探测

如何实现故障探测？也就是说，怎么知道 Master 宕机？机器或进程宕机，它是不会自己通知别人它宕机的。只能通过间接的方式探测 Master 是不是宕机，具体来说，就是通过其他模块和 Master 之间"心跳"来周期性探测。

周期性探测有以下几个可能的场景。

场景 1：Master 进程宕机。

场景 2：Master 所在机器宕机。

场景 3：Master 进程暂时"僵死"，导致 Master 和其他模块之间没了心跳。

场景 4：Master 进程正常运行，只是网络发生故障或网络抖动，没有心跳。

前两种场景是 Master 真的宕机，后两种场景会发生错误决策、误报。而高可用切换，必须解决后两种场景误探测的情况。

4.1.2　如何解决脑裂问题

在发生误报的情况下，旧 Master 还存活，这个时候切换到新 Master，新旧 Master 同时存活。有的客户端还连在旧 Master，有的客户端已经切换到新 Master，同时写数据，数据将发生错乱。这就是分布式系统中典型的脑裂问题。

解决脑裂问题有以下 3 个思路。

思路 1：隔离（Fencing）。对旧 Master 进行隔离，杀死服务或者不提供服务。具体的隔离技术，不同系统不一样。

思路 2：每次新 Master 上位会产生新的纪元（epoch）。旧 Master 发现自己的纪元是旧的，自己"主动退位"。

思路 3：租约机制。租约是一个约定了有效期的契约，由 Master 和协调器签订，租约到期之后，要么续约，要么过期，旧 Master 就会失效；新 Master 上位时，可以保证旧 Master 的租约一定失效。

后面在实际案例中，将会具体看到这些思路是如何实现的。

4.1.3 如何做到数据一致性

如果 Master 和 Slave 之间是异步复制的，Slave 的数据比 Master 有一定延迟，那么立即切换之后必定会丢一部分数据。那如何解决呢？

数据一致性的方案，取决于业务场景对数据一致性有多高的要求。要求不同，技术实现难度也不同。

（1）弱一致性。切换之后，允许部分数据丢失，如分布式缓存。

（2）最终一致性。切换之后，部分数据暂时读不到，但最终会读到。

（3）强一致性。切换之后，数据没有丢失，并且必须马上可以读到。

对于强一致性，也就是需要同步复制，这会涉及非常复杂的数据一致性算法问题，后面会详细介绍。

4.1.4 如何做到对客户端透明

这里，又分为以下 3 个子问题。

子问题 1：如果客户端连的是 Master 的 IP，切换之后，客户端如何感知到改变，并且切换到新的 IP？ 这里有几种办法：

（1）VIP（虚 IP 漂移，不支持跨网段、跨机房切换）。

（2）DNS。

（3）客户端维护 IP 列表（自己做健康探测，客户端自己切换）。

（4）名字服务（如微服务的注册中心，DNS 本质也是一个名字服务）。

（5）增加服务代理层（在代理层统一处理切换）。

子问题 2：客户端和旧 Master 之间如果是长连接，并且客户端采用了连接池。当 Master 发生主从切换之后，所有长连接都要失效，客户端要和新 Master 建立新的连接池。对于这个工作，每个业务系统都要自己实现一遍，还是说封装成了公共的 SDK？

子问题 3：切换时间有多长？秒级还是分钟级？在这个过程中服务是不可用的，客户端处理策略是什么？

4.1.5 如何解决高可用依赖的连环套问题

这里要解决 Master 的高可用，实现 Master 的故障探测和自动切换，就必然会引入新的组件或新的子系统，新的子系统又如何实现高可用？

为了解决新的子系统 A 的高可用，又引入新的子系统 B，那又如何解决新引入的子系统 B 的高可用问题？

如此层层依赖，像是一个没有终点的连环套，将是无解的。

下面以 MySQL 的 MIIA（Master High Availability）为例，看它是如何解决高可用架构的 5 个核心问题的。

MHA 目前在 MySQL 高可用方面是一个相对成熟的解决方案，它由日本 DeNA 公司开发，MHA 的运作过程如图 4-2 所示。

（1）MHA 在每台 MySQL 机器上都安装了一个 Agent，它是一个独立运行的进程，称为 MHA Node。这个进程会监听自己机器上运行的 Master 或者 Slave 是否宕机了。

（2）每个 Agent 都把自己监听的信息上报给 MHA Manager。

（3）由 MHA Manager 去决定是否要发生高可用切换。

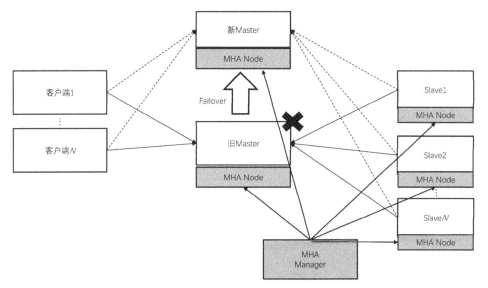

图 4-2 MHA 的运作过程

那 MHA 是如何解决高可用架构的 5 个核心问题的呢？

（1）如何实现故障探测？

加强探测的链路，减少误探测的概率。不仅 MHA 和 Master 之间有心跳，MHA 到 Slave 再到 Master 也有心跳，这两个心跳链路一起探测 Master 是否宕机了。当然，这样做还是不可能 100% 精准探测。

（2）如何解决脑裂问题？

即使出现了误探测，在新 Master "上位" 之前，会对旧 Master 执行隔离操作，确保旧 Master 一定 "死" 了。具体做法是：通过 SSH 登录 Master，执行 shutdown 脚本，对旧 Master 进行强杀。但有可能 SSH 登录不成功，强杀命令执行失败。

（3）如何做到数据一致性？

数据一致性通过 MySQL 本身的数据同步机制实现。如果允许数据丢失，就用异步复制，然后 Master 宕机之后立即切换；如果不允许数据丢失，就用半同步复制，Master 宕机之后，要让 Slave 上的 Binlog 全部重放完毕，然后把 Slave 设置成新 Master。

（4）如何做到对客户端透明？

MHA 不负责解决该问题。客户端可以通过另外搭建 VIP 或者 DNS 系统，来连接 Master。另外，Master 宕机之后，需要客户端自己探测到 Master 宕机，然后切换到新 Master。使用 DNS 也需要注意，DNS 有层层缓存，新 Master IP 的生效，也需要秒级到分钟级。

（5）如何解决高可用依赖的连环套问题？

MHA Node 是和 MySQL 运行在同一台机器上的进程，可以通过 crontab 脚本定期探测，如果出现宕机则自动拉起；而 MHA Manager 是单点，并没有解决其高可用问题。

经过上面的讨论，可以发现 MHA 还是有一定缺陷的，所以很多公司的 DBA 团队对 MHA 又做了各种改造和加强。

4.2　接入层高可用

理解了高可用架构的 5 个核心问题之后，下面从一个通用的互联网架构模式：接入层—业务逻辑层—存储层，分别看这 3 层是怎么处理这 5 个核心问题的。

先讨论接入层，接入层本身是无状态的，不涉及切换带来的数据一致性问题，也基本没有脑裂问题，这里主要关注其他 3 个问题。

接入层本身又细分为好几层，下面来分别讨论。

4.2.1　DNS 层高可用：广域网负载均衡

广域网负载均衡（GSLB）就是指 DNS 层。如图 4-3 所示，假设系统部署在北京和上海两个 IDC 机房中，各有一个公网入口 IP，然后把两个公网 IP 配置到同一个 DNS 域名，客户端使用 DNS 域名访问服务器。

GSLB 可以实现：北方用户通过 DNS 域名访问时，获取到的是北京 IDC 入口 IP；南方用户通过 DNS 域名访问时，获取到的是上海 IDC 入口 IP。DNS 系统本身是层层缓存的，可以保证高可用。

当某个机房彻底宕机了，人工修改 GSLB 映射，去掉其中一个 IP，这样所有流量就流向同一个 IDC 机房了。这也是跨城容灾的基础，后面针对此问题会详细展开。

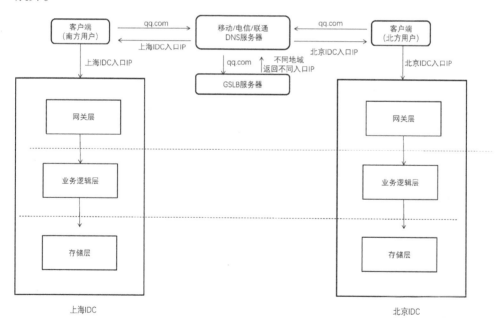

图 4-3　GSLB 原理图

4.2.2　接入网关高可用：局域网负载均衡

请求通过公网入口 IP 进入某个 IDC 之后，接下来就需要接入网关，把来自公网 IP 的流量分摊到 IDC 内网多台机器。把图 4-3 展开，就得到图 4-4，接下来的接入层高可用问题就围绕这张图展开。

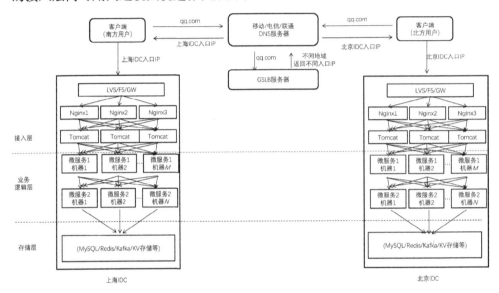

图 4-4　接入层—业务逻辑层—存储层物理部署示意图

对于中小型公司，可能会使用 LVS 实现接入层。LVS 是一台高性能的 4 层负载均衡器，其本身也需要高可用，通常通过 Keepalived+VIP 技术，搭建一主一备 LVS，主机宕机之后，切换到备机。但若流量太大，单台 LVS 性能也支撑不住，有以下的解决办法。

在 LVS 前面再搭建一台硬件负载均衡器 F5，让硬件去分担超大流量，同时硬件保证可靠性，但是硬件的成本比较高。

搭建多组 LVS 集群（一主一备），需要多个公网 IP，然后把多个公网 IP 都配置到 DNS，通过 GSLB 实现路由。但这种办法控制性不够，因为流量控制和路由切换全部交给了 DNS 服务来实现了，如果后续要做一些定制化的特性，则不容易实现。

对于大型公司，通常会自己研发网关，如美团的 MGW（Meituan Gate Way）、腾讯的 TGW（Tencent Gate Way），其性能和扩展性比 LVS 更强，这通常要用到

DPDK 技术。

另外，随着云计算的发展，腾讯云、阿里云已经提供了强大的网关功能，企业上云不用再担心接入层的实现问题。

4.2.3　Nginx 高可用

请求经网关，进入内网，接下来可能接入 Nginx。Nginx 有多台机器，那么如何实现接入网关连接多台 Nginx 呢？

一个办法是把 Nginx 的 IP 列表逐个配置到接入网关，如果某台 Nginx 宕机，网关需要探测到这台 Nginx 宕机，并把后续流量不再路由到这台机器。但 Nginx 每次扩/缩容，都要更改网关的路由配置，既不方便，也容易出错。所以一般会有另外的一个名字服务，或者负载均衡器，把一组 Nginx 的 IP 地址绑定到一个名字服务，然后在网关上只用配置这个名字服务，而不用配置一组 IP。

对于简单应用，如果没有接入网关，就直接从公网请求进入 Nginx，如果只有一个公网 IP，不可能只有一台 Nginx，那么怎么处理呢？和 LVS 类似，采用两台 Nginx，用 Keepalived + VIP 技术实现。

4.2.4　Tomcat 高可用

请求经过 Nginx 之后，接下来可能就是 Web 应用服务器，对于 Java 来说，通常是 Tomcat。

这里要解决以下两个问题。

（1）Tomcat 需要是无状态的。具体来说，就是不能把 session 登录状态存储在单机的 Tomcat，要么有一个公共的<K,V>存储集群，存储所有 Tomcat 的 session 状态；要么把有登录状态的 Web 应用转换成无状态的 Web 应用，也就是登录之后给客户端颁发 Token，之后的请求用 Token 在专门的验证中心进行验证。

（2）多台 Nginx 会和多台 Tomcat 形成网状调用链路，每台 Nginx 都调用下面每台 Tomcat。

Nginx 需要探测到某台 Tomcat 宕机，然后摘除掉这台 Tomcat，这通常怎么实现呢？

一个是被动探测，就是有请求进来之后，根据请求的失败率判断某台 Tomcat

是否宕机了，如果一直没有请求进来，就触发不了 Tomcat 的探测。

另一个是主动探测，就是 Nginx 定期向 Tomcat 发起心跳，若超过一定次数无心跳，则认为 Tomcat 宕机。

另外，需要把 Tomcat 的 IP 列表配置到每台 Nginx。当 Tomcat 扩/缩容之后，每台 Nginx 的配置都需要修改，然后 Nginx 重新加载配置或者重启。如果有名字服务或者负载均衡器，可以把 Tomcat 的 IP 列表绑定到一个名字服务，然后把名字服务配置到 Nginx。

4.3 业务逻辑层（微服务层）高可用

业务逻辑层通常使用微服务框架来实现，对于 Java，有 SpringCloud、阿里巴巴开源的 Dubbo 等，和接入层一样，也是需要无状态的。

一个微服务有多台机器，要调用下游的微服务的多台机器，某台机器宕机之后上游可以感知，并自动摘除，这个通常是由微服务的服务注册与服务发现中心实现的，如图 4-5 所示。

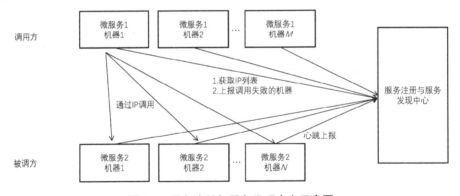

图 4-5 服务注册与服务发现中心示意图

被调方的每台机器通过心跳向服务注册中心注册。服务注册中心在一定时间内收不到心跳，就会认为这台机器宕机，把它从列表里面剔除。

调用方根据服务名字，到服务注册中心调取所有服务方机器的 IP 列表。然后根据某种负载均衡策略，如随机、轮询、一致性 Hash，选择其中一台机器发起请求。

这里有一个关键点：因为心跳是有一定延迟的，所以在客户端获取的 IP 列表中，可能有部分机器已经宕机，这时客户端通过自己的请求失败率决定对这台机器进行摘除。并且，客户端还可以上报服务注册中心，帮助服务注册中心更快地知道某台机器宕机。

服务注册与服务发现中心解决了各个微服务的高可用问题，但其自身的高可用又如何保证呢？这里有一个关键问题：当服务注册与服务发现中心内部发生高可用切换时，存储的路由表信息（也就是服务名字和 IP 的映射关系），是否能保证强一致性？如果不能保证，调用方可能会得到错误的路由信息，如何处理呢？

这就涉及了高可用与数据一致性的权衡问题，第 7 章将对这个问题做进一步探讨。

4.4　存储层高可用

存储层的高可用是最难的，因为涉及了数据一致性。这里所说的"存储"，是个广义的概念，只要存了数据，不管是 Redis 缓存，还是 Kafka 消息中间件，或是 MySQL、HDFS，都面临切换之后，如何保证主备之间的数据一致性的问题。在前面已经讨论了 MySQL 的高可用，接下来再通过几个案例看一下都是怎么解决存储层高可用问题的。

4.4.1　RedisCluster 的高可用案例

Redis Sentinel 是 Redis 官方提供的高可用解决方案，其架构如图 4-6 所示。

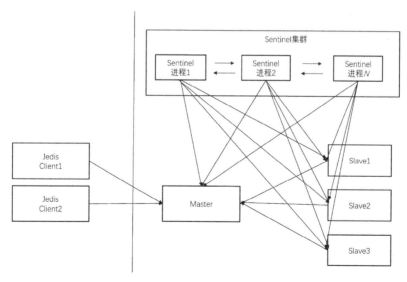

图 4-6　Redis Sentinel 架构

RedisCluster 集群按 Key 做数据分片，类似 MySQL 的多个分库。同 MySQL 一样，每个分片都是一主多从的主从复制架构。图 4-6 只画了其中一个分片的高可用架构，多个分片与一个分片的原理是一样的。

与 MySQL 不同的是，RedisCluster 没有同步复制、半同步复制，只有异步复制。毕竟其定位是缓存，重点在高性能，而不是强一致性。所以当发生主从切换时，会丢失一部分数据。

Sentinel 是一个独立运行的进程，它会和 Master、Slave 都保持心跳，来探测 Master 和 Slave 是不是宕机了。

Sentinel 本身也需要高可用。它通过部署多个 Sentinel 进程来实现，每个 Sentinel 进程都会保持和 Master/Slave 的心跳，Sentinel 之间也会保持心跳，类似一个 P2P 的架构，组成 Sentinel 集群，从而实现 Sentinel 自身的高可用。

相比 MySQL MHA 的架构，Sentinel 集群类似 MHA Manager，但却没有 MHA Agent 进程，这是为什么呢？究其原因：Sentinel 是 Redis 官方出品的，在最开始就和 Redis 是完全配套的；而 MySQL MHA 是后来为 MySQL 做的一个补充，无法集成到 MySQL 源码，就只能做一个额外的 Agent。

大致明白了 Sentinel 的架构，下面来看一下它是如何解决高可用架构的 5 个核心问题的。

（1）如何实现故障探测？

Sentinel 引入了"主观下线"和"客观下线"的概念。"主观下线"就是某一个 Sentinel 进程认为 Master 宕机，"客观下线"就是多个 Sentinel 进程都认为 Master 宕机，可以通过参数来配置 Sentinel 进程数。只有当 Master 被认为"客观下线"之后，才会开始做 Failover，通过这种方式，尽最大可能减少误探测的概率。

（2）如何解决脑裂问题？

脑裂带来的后果就是数据不一致，但因为 Redis Cluster 本身也不保证强一致性，所以某些边界场景下可能出现脑裂问题。

（3）如何做到数据一致性？

不保证数据一致性，采用异步复制，主从切换可能丢失少量数据。

（4）如何做到对客户端透明？

并没有采用 DNS 或者第三方的负载均衡器实现，而是让客户端缓存整个集群的全局路由表，做高可用切换。全局路由表如表 4-1 所示。

表 4-1　全局路由表

Slot 编号	对应的 Master 的 IP 地址
Slot1	Master IP1
Slot2	Master IP1
Slot3	Master IP2
…	…

总共 16 384 个槽（Slot），编号为 0～16 383，通过对 Key 做 Hash 然后取模得到，计算公式如下。

$$Slot\ index = CRC16(Key)\ mod\ 16\ 384$$

针对每一个 Key，计算出所在的槽，再查询全局路由表得到 Master 的 IP 地址，然后写入数据。

那为什么是 16 384 呢？

首先要说明，这个全局路由表是每台机器都全量存储了一份。具体来说，就是每台机器用了一个 2KB 的内存空间，也就是 $2 \times 1024 \times 8 = 16\ 384$ 位，每位表示这台机器上是/否有槽的数据，这个 2KB 的缓存区，就刚好存储了全局路由表。

RedisCluster 客户端配置了服务器的 IP 列表，只需要从这个列表里面任意选一台服务器，获取到这个全局路由表，就可以计算出 Key 所在的机器，然后写入数据，这也被称为 Smart Client。当服务器发生主从切换之后，Sentinel 对全局路由表做出变更，客户端写入旧 Master 失败，会重新拉取路由表，从而获取到最新的路由信息。

Smart Client 的方式有个好处，就是避免了对 DNS 或者第三方的负载均衡器的依赖，但是不同开发语言都要实现类似的这种客户端，维护和开发成本都比较高，因此有些公司会在 RedisCluster 前面加上一个 Proxy 代理集群，把客户端的工作都移到代理集群，降低客户端的复杂度。

（5）如何解决高可用依赖的连环套问题？

多个 Sentinel 进程组成一个集群，并且互相探测心跳，类似于一个 P2P 架构，不依赖外部组件来做高可用。

4.4.2　HDFS 的高可用案例

HDFS 架构如图 4-7 所示，由 1 个 NameNode 节点 +N 个 DataNode 节点组成。

DataNode 用于存储文件数据，每个文件一般有 3 个副本，存在 3 个 DataNode 中。写入时，同时写入 3 个副本，只有 3 个副本都成功，才会返回客户端写入成功。并且 HDFS 是一次写入、多次读取的方式，只能单线程写入，文件一旦写入成功，不可修改，后面只能追加。

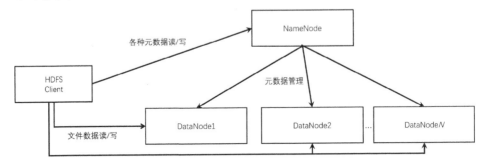

图 4-7　HDFS 架构

所以 DataNode 本身的高可用已经由 HDFS 内部的数据复制和读/写机制保证了，这里主要讨论的是 NameNode 的高可用问题。

NameNode 存储了整个集群的元数据，也就是路由表，其数据结构如表 4-2 所示。HDFS 主要用于大文件存储，一个文件有几百 MB 到几个 GB。每个文件会被分成多个 Block，Block 固定大小（一般为 128MB），每个 Block 都有 3 个副本，第 1 个副本为主副本（相当于 Master），另外 2 个是辅助副本（相当于 Slave）。

表 4-2　路由表的数据结构

文　件　名	所属的 Block	每个 Block 所在的主节点与从节点的 IP
file1	Block1	DataNode IP1、IP2、IP3
	Block2	DataNode IP2、IP3、IP4
	Block3	DataNode IP4、IP5、IP6
file2	Block4	DataNode IP1、IP3、IP4
	Block5	DataNode IP3、IP5、IP6
…	…	…

NameNode 是单点，而存储的元数据又非常关键，一旦元数据发生数据不一致，就会导致文件损坏或者丢失，因此 NameNode 的高可用就成了一个非常关键的问题。

HDFS 官方提供了一个基于 QJM + ZooKeeper（ZK）的 NameNode 高可用方案，其架构如图 4-8 所示。

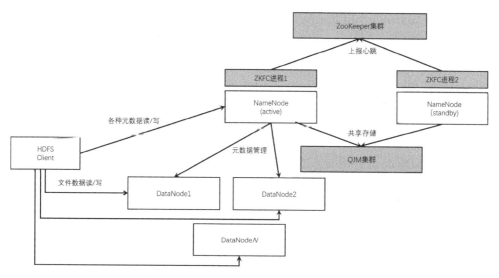

图 4-8　基于 QJM + ZooKeeper 的 NameNode 高可用方案

（1）新加一个 NameNode，称为 Standby NameNode，形成一主一备，Standby NameNode 是一个冷备。

（2）引入了一个新的存储系统——QJM（Quorum Journal Manager）。QJM 基于 Paxos 算法实现，需要部署至少三台机器，通过多数派来保证高可用、强一致性。

（3）主备两个 NameNode 通过 QJM 实现共享存储，保证主从切换时，元数据完全一致。

（4）每个 NameNode 上面都部署了一个 FailoverController 进程，也就是一个 Agent，简称 ZKFC。这个 Agent 监控 NameNode 的状态，然后向 ZooKeeper 上报心跳。

大致明白了 HDFS NameNode 的高可用架构，来看一下它是如何解决高可用架构的那 5 个核心问题的。

（1）如何实现故障探测？

不能避免误探测，所以可能产生脑裂问题。接下来看一下，如何解决脑裂问题。

（2）如何解决脑裂问题？

措施 1：在新 NameNode 上位之前，调用旧 NameNode 的 RPC 接口，把状态从 active 改成 standby（也就是从 Master 改成 Slave）。但有可能旧 NameNode 僵死，这个接口调用超时。

措施 2：在新 NameNode 上位之前，通过 sshfence 或者 shellfence，登录旧 NameNode，将其强制杀死。同样，有可能旧 NameNode 僵死，或者网络不通，SSH 登录不上去。

措施 3：QJM 会保证，不会出现新旧两个 NameNode 同时向其写入数据的情况。旧 NameNode 被拒绝写入数据之后，知道自己已经是旧的，自动退位。

措施 4：DataNode 也会保证，不会出现新旧两个 NameNode 同时向其写入数据的情况。旧 NameNode 被拒绝写入数据之后，知道自己已经是旧的，自动退位。

这里 4 个措施，前 2 个措施，本质都是 Fencing 机制，就是"强杀"，"强制其退位"； 后 2 个措施，是自己知道自己过期了"主动退位"。

（3）如何做到数据一致性？

通过 QJM 来保证，QJM 实现了 Paxos 算法。

（4）如何做到对客户端透明？

HDFS 客户端配置了两个 NameNode IP，并且通过接口可以查询到哪个是 active，哪个是 standby。发生主备切换之后，standy 变成 active，客户端感知到之后，切换到新的 NameNode。

（5）如何解决高可用依赖的连环套问题？

依赖了 ZooKeeper。ZooKeeper 自身通过 Zab 算法，实现高可用、强一致性。后面有一章专门来探讨 Zab 算法。

第 5 章
高可用：多副本一致性算法

在高可用架构的 5 个核心问题中，最难的是数据一致性问题。无论 MySQL 的 Master/Slave，还是 Redis 的 Master/Slave，或是 Kafka 的多副本复制，都是通过牺牲一定的一致性来换取高可用的。但如果需要一个既高可用，又强一致性的系统，这就需要一致性算法或者一致性协议——Paxos、Raft 或 Zab。

5.1 高可用且强一致性到底有多难

在讨论 Paxos、Raft、Zab 之前，先通过 Kafka 的消息丢失/消息错乱问题和 MySQL 半同步复制数据不一致问题，体会做一个高可用、强一致性的系统有多么难。

5.1.1 Kafka 的消息丢失问题

在 Kafka 中，如果客户端采用异步发送（有内存队列），则客户端宕机再重启，部分消息就丢失了；如果 ACK=1，也就是只 Master 收到消息，就给客户端返回成功收到消息，Master 到 Slave 之间异步复制，当 Master 宕机后切换到 Slave，消息也会丢失。

但这里要说的是，即使客户端同步发送，服务器端 ACK=ALL（或者-1），也就是等 Master 把消息同步给所有 Slave 后，再成功返回给客户端，这样如此"可靠"的情况下，消息仍然可能会丢失。

这种丢失不是指没有 Flush 刷盘，所有机器同时宕机导致的丢失，而是 Master 宕机，切换到 Slave，可能导致消息丢失。

这种丢失是由 Kafka 的 ISR 算法本身的缺陷导致的，而不是系统问题。关于这个问题，在 Kafka 的 KIP 101 中有详细论述，读者可以在网上找到相应的官方文档。下面就来详细分析这种丢失的场景。

如图 5-1 所示，假设一个 Topic 的一个 Partition 有三台机器，一个 Master 和两个 Slave。

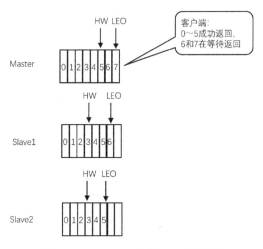

图 5-1　Kafka LEO 和 HW 示意图

日志有两个关键的变量需要记录——LEO 和 HW。

LEO（Log End Offset）是日志中最后一条记录的 Offset 所在位置。

HW（High Water）取的是一个 Master 和两个 Slave 的 LEO 的最小值，表示已经复制成功的消息的最大 Offset。

LEO 变量很好理解，但为什么要有 HW 变量呢？

以该场景为例，Master 的 LEO=7，Slave1 的 LEO=6，Slave2 的 LEO=5。在介绍高并发时提到过，Kafka 用的是 Pipeline，各个 Slave 从 Master 处批量地拉取日志，所以各个节点的 LEO 是不相等的。

HW 取三个 LEO 中的最小值，也就是 HW=5，也就是说，5 之前的日志（包括 5）已经被复制到所有机器，6 和 7 还在处理中。对于客户端来说，就是 0～5 已经成功返回，6 和 7 还在等待 Master 复制。

问题就出在 HW：HW 的真实值是 5，在 Master 中。但是 Slave1 和 Slave2 的

HW 的值还是 3，没来得及更新到 5。为什么会这样呢？

Master 是等 Slave1 和 Slave2 把 HW=5 之前的日志都复制过去之后，才把 HW 更新到 5 的。但它把 HW=5 传递给 Slave1 和 Slave2，要等到下一个网络来回，也就是说，先通知客户端 5 之前的都写入成功了，等下一个网络来回，再把 HW=5 通知给 Slave1 和 Slave2。但等它把 HW=5 传递给 Slave1 和 Slave2 时，自己可能已经更新到 HW=7。这意味着，Slave1 和 Slave2 上的 HW 的值一直会比 Master 延迟一个网络来回。

如果不发生 Master/Slave 的切换，则没有问题；一旦发生切换，问题就出现了。

假设这时 Master 宕机，切换到了 Slave1，会发生什么？对于客户端来说，0～5 成功了，6 和 7 肯定超时或者网络出错。6 和 7 两条日志会被丢弃，还是保留？下面分几种场景讨论。

场景 1：Slave1 变成了 Master，Slave2 要从 Slave1 开始同步数据。这如何做到呢？过程如下：

Slave2 为了和 Slave1 对齐，首先会做 HW 截断，也就是把 HW=3 之后的日志全部删除，因为对于 Slave2 来说，它只能保证 HW=3 之前的日志是正确的，3 和 5 之间的部分处于不确定状态，所以要删除，然后从 Slave2 开始同步，把 3 和 6 之间的部分（4、5、6）同步过来。

所以最终结果是：6 被保留，7 被丢弃。根据网络的两将军问题，这是正确的。对于客户端来说，6 和 7 本来就处于不确定状态，服务器无论丢弃还是保留，都是对的。

场景 2：Slave2 发生 HW 截断，然后变成了 Master，发生数据丢失。

Slave2 发生 HW 截断之后，也就是 HW=3 之后的数据删除了，此时 HW=LEO=3。就在这时，又发生了一次 Master 切换（Slave1 也宕机，Slave2 变成了 Master，然后 Slave1 又恢复，从 Slave2 同步数据）。

此时，所有的节点都从 Slave2 同步数据，HW=LEO=3，4 和 5 两条日志就丢失了。对于客户端来说，4 和 5 明明返回成功了，现在却丢失了，导致系统出现错误。

出现这个问题的原因是：Slave2 做了 HW 截断。为什么要截断呢？为了和 Slave1 保持数据一致。因为 HW 有一个网络延迟，当 Master 宕机后，Slave1 和

Slave2 都不知道最新的日志到底同步到哪里了。为保险起见，Slave2 根据自己的 HW 把日志截断，然后从 Slave1 同步数据。

如图 5-2 所示，把场景简化一下，变为只有两台机器，一个 Master 和一个 Slave。Master 宕机，Slave1 也宕机，然后 Slave1 重启变成了 Master，Master 重启变成了 Slave（Master 和 Slave 角色发生了互换）。Slave1 会发生 HW 截断，HW=LOE=3；Master 为了从 Slave1 同步数据，也会发生 HW 截断，HW=LOE=3，4 和 5 丢失。

总结一下，HW 会在以下两种场景下发生截断。

（1）新 Master 上位，其他 Slave 要从新 Master 同步数据。在同步之前，会先根据 HW 截断自己的日志。

（2）机器宕机重启，要做 HW 截断。

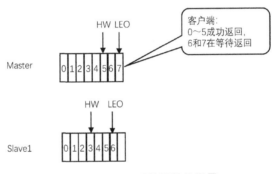

图 5-2　Kafka 丢数据简化场景

为了解决该问题，一种方法是不要让 HW 延迟一个网络来回，就是 Master 等所有 Slave 都更新了 HW 后再更新自己的 HW。但这需要多一个网络来回，对客户端来说无法接受。此外，如果所有 Slave 都把自己的 HW 更新了，Master 正要更新自己的 HW 时出现宕机，会导致 Master 的 HW 比 Slave 的 HW 还要小，又会引发其他问题。

另外一种方法是 Slave 不做 HW 截断，Slave2 和 Slave1 对比 HW=3 以后的部分，将不一样的补齐。但这无法解决另外一个问题：如果这时 Master 恢复了，变成了 Slave，也要从 Slave2 同步数据，怎么处理？旧 Master 的 HW 已经等于 5，新 Master 的 HW 也追上了 5，同时新 Master 已经新写入了消息 8（还未同步到其他节点），如图 5-3 所示。此时旧 Master 还要做 HW 截断，把 5 之后的删除，然后将 6 和 8 同步过来，用 8 覆盖自己的 7。

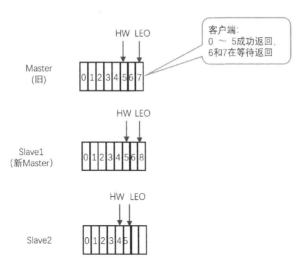

图 5-3　旧 Master 要从新 Master 同步数据

5.1.2　Kafka 的消息错乱问题

HW 截断除了会导致消息丢失，还存在消息错乱问题。发生消息错乱场景的前提是"异步刷盘"。因为 Kafka 默认用的是异步刷盘，每 3s 调用一次 fsync。当然，Kafka 也支持同步刷盘，也就是说可以每写入一条消息就刷盘一次。

仍然以上面的场景为例，Master 的 HW=5 表示 5 之前（包括 5）的消息已复制成功。但由于采用异步刷盘，Master 宕机后，Slave1 也宕机（断电系统重启）并重启，成为 Master，此时消息 5 就丢失了，如图 5-4 所示。

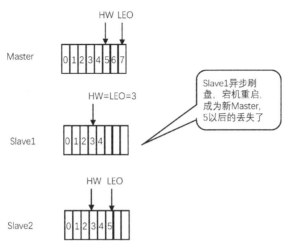

图 5-4　Slave1 异步刷盘导致消息 5 丢失

在此基础上，Slave1 接着接收新消息进行复制，在本来属于 5 的位置写入了消息 8，如图 5-5 所示。然后旧 Master 宕机之后又重启，变成 Slave，从 Slave1 同步数据。因为旧 Master 的 HW=5，所以只会从 5 之后的位置开始同步数据。这会导致 Master 和 Slave1 在 HW=5 的位置日志不一致，也就是发生了消息错乱。

当然，如果改成同步刷盘，每写一条日志就刷一次磁盘，不会发生这个问题。但同步刷盘的性能损失太大，所以默认用异步刷盘。而在异步刷盘的情况下，可能发生消息错乱，这要比消息丢失更严重。

为了解决这些问题，KIP 101 引入了 Leader Epoch 的概念，这和 Raft 的思路类似，有兴趣的读者可以参看 KIP 101 的官方文档，此处不再展开论述。

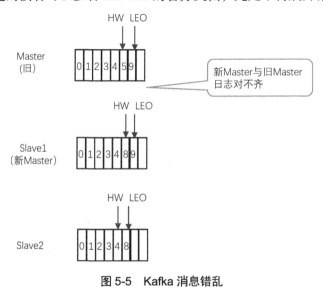

图 5-5　Kafka 消息错乱

5.1.3　MySQL 半同步复制数据不一致问题

按照通常的理解，半同步复制是等 Slave 已经收到 Binlog 之后，才对客户端返回结果，所以在半同步复制中进行主从切换不会丢数据。但实际果真如此吗？

下面就对半同步复制的细节做详细讨论。图 5-6 详细展示了客户端提交一个事务的全过程。

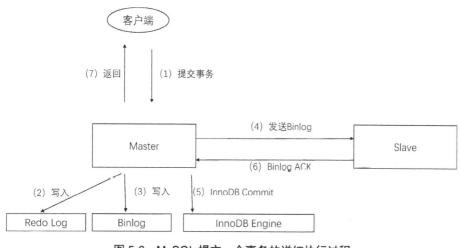

图 5-6　MySQL 提交一个事务的详细执行过程

（1）客户端向 Master 提交事务。

（2）Master 写 Redo Log。

（3）Master 写 Binlog。

（4）Master 向 Slave 发送 Binlog。

（5）Master 向 InnoDB Engine 做事务提交，释放各种锁。

（6）Master 等待 Slave 的 ACK 返回。

（7）Master 返回客户端，事务提交成功。

在这 7 步的执行过程中的任何一步 Master 都可能宕机，然后重启，都可能导致日志数据不一致。在第（2）步、第（3）步的宕机，由 MySQL 内部 XA 来保证 Redo Log 与 Binlog 的一致性，下面要讲的是第（4）步以后的宕机。

场景 1：第（4）～（6）步都失败，事务没有提交，切换到 Slave，数据保持一致。

场景 2：第（4）步成功，第（5）（6）步失败，Slave 收到了这条 Binlog。切换到 Slave，做 Binlog 重放，Slave 会比 Master 多一个事务。

场景 3：第（5）步成功，但第（4）（6）步失败，Slave 还没有收到 Binlog。此时 Master 的事务已经提交了，其他客户端可能已经看到这个事务提交的数据，此时切换到 Slave，会导致 Slave 比 Master 少了一个事务。

上面的这种方式，也就是 MySQL 5.6 以前半同步复制的 After_Commit 模式。在 MySQL 5.7 之后，半同步复制又加了一个 After_Sync 模式，就是调换（5）（6）

两步的顺序，先等从库的 Binlog ACK，主库再执行 InnoDB Commit。

After_Commit：顾名思义，在 InnoDB 提交之后（第（5）步之后），等待从库 ACK。

After_Sync：顾名思义，在主库 Binlog Sync 到磁盘之后（第（3）步之后，第（5）步之前），等待从库 ACK。

After_Sync 模式避免了主从切换，Slave 比 Master 少一个事务的问题，也就是避免了场景 3，也就是避免了数据丢失问题。

但还是避免不了从库比主库多一个事务，就是场景 2。场景 2 需要业务系统自己解决，本质上是一个网络两将军问题。因为给业务系统返回的是失败，所以事务不管是被提交了还是被丢弃了，都是合理的。

通过 Kafka 和 MySQL 的案例分析，可以看到在分布式情况下（机器可能宕机、网络可能延迟），要建立一个强一致性的系统有很大的难度，如果再把性能也考虑进去，则是难上加难。正因为如此，业界针对一致性问题研究了诸多算法。下面就逐一深入分析目前被广泛采用的几种一致性算法。

5.2 Paxos 算法解析

5.2.1 Paxos 解决什么问题

大家对 Paxos 的看法基本是"晦涩难懂"，虽然论文和网上文章也很多，但总觉得"云山雾绕"，也不知道其具体原理及到底能解决什么问题。

究其原因，一方面，很多 Paxos 的资料都是在通过形式化的证明去论证算法的正确性，自然艰深晦涩；另一方面，基于 Paxos 的成熟工程实践并不多。

本节试图由浅入深，从问题出发，一点点地进入 Paxos 的世界。

1. 一个基本的并发问题

先看一个基本的并发问题，如图 5-7 所示。假设有一个<K,V>存储集群，三个客户端并发地向集群发送三个请求。请问，最后在 get(X)的时候，X 应该等于几？

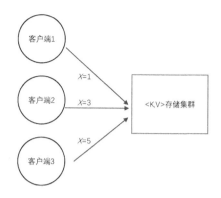

图 5-7　<K,V>存储集群多写

答案是：$X=1$、$X=3$ 或 $X=5$ 都是对的，但 $X=4$ 是错的。因为从客户端角度来看，三个请求是并发的，但三个请求到达服务器的顺序是不确定的，所以最终三个结果都有可能。

这里有很关键的一点：把答案换一种说法，即如果最终集群的结果是 $X=1$，那么当客户端 1 发送 $X=1$ 时，服务器返回 $X=1$；当客户端 2 发送 $X=3$ 时，服务器返回 $X=1$；当客户端 3 发送 $X=5$ 时，服务器返回 $X=1$。相当于客户端 1 的请求被接收了，客户端 2、客户端 3 的请求被拒绝了。如果集群最终结果是 $X=3$ 或者 $X=5$，也是同样的道理。而这正是 Paxos 协议的一个特点。

2. 什么是"时序"

把问题进一步细化：假设<K,V>存储集群有三台机器，机器之间互相通信，把自己的值传给其他机器，三个客户端分别向三台机器发送三个请求，如图 5-8 所示。

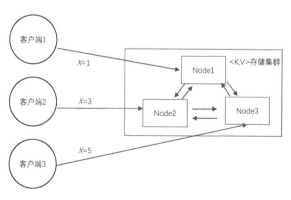

图 5-8　三台机器组成的<K,V>存储集群多写示意图

假设每台机器都把收到的请求按日志存下来（包括客户端的请求和其他节点的请求）。当三个请求执行完毕后，三台机器的日志分别应该是什么顺序？

结论是：不管顺序如何，只要三台机器的日志顺序是一样的，结果就是正确的。图 5-9 所示的六种情况都是正确的。例如，第一种情况，三台机器存储的日志顺序都是 1、3、5，在最终集群里，X 的值肯定等于 5。其他情况类似。

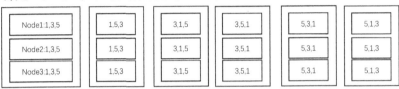

图 5-9　六种可能的日志顺序

而下面的情况就是错误的：机器 1 的日志顺序是 1、3、5，最终值是 $X=5$；机器 2 的日志顺序是 3、5、1，最终值是 $X=1$；机器 3 的日志顺序是 1、5、3，最终值是 $X=3$。三台机器关于 X 的值不一致，如图 5-10 所示。

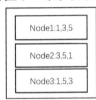

图 5-10　三台机器的日志不一致

通过这个简单的例子就能对"时序"有一个直观的了解：虽然三个客户端是并发的，没有先后顺序，但到了服务器的集群中必须保证三台机器的日志顺序是一样的，这就是所谓的"分布式一致性"。

3．Paxos 解决什么问题

在例子中，Node1 收到了 $X=1$ 之后，复制给 Node2 和 Node3；Node2 收到 $X=3$ 之后，复制给 Node1 和 Node3；Node3 收到 $X=5$ 之后，复制给 Node1 和 Node2。

客户端是并发的，三个节点之间的复制也是并发的，如何保证三个节点最终的日志顺序是一样的呢？

例如，Node1 先收到客户端的 $X=1$，然后收到 Node3 的 $X=5$，最后收到 Node2 的 $X=3$；Node2 先收到客户端的 $X=3$，然后收到 Node1 的 $X=1$，最后收到 Node3 的 $X=5$……

如何保证三个节点中存储的日志顺序一样呢？这正是接下来要讲的 Paxos 要解决的问题。

5.2.2　复制状态机

前文谈到了复制日志的问题，每个节点存储日志序列，节点之间保证日志完全一样。可能有人会问：为何要存储日志，直接存储最终的数据不就行了吗？

可以把一个变量 X 或一个对象看成一个状态机。每一次写请求，就是一次导致状态机发生变化的事件，也就是日志。

以前文中最简单的一个变量 X 为例，假设只有一个节点，三个客户端发送了三个修改 X 的指令，最终 X 的状态就是 6，如图 5-11 所示。

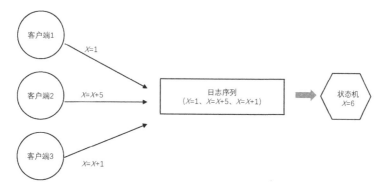

图 5-11　状态机 X 示意图

把变量 X 扩展成 MySQL 数据库，客户端发送各种 DML 操作，这些操作落盘成 Binlog。然后 Binlog 被应用，生成各种数据库表格（状态机），如图 5-12 所示。

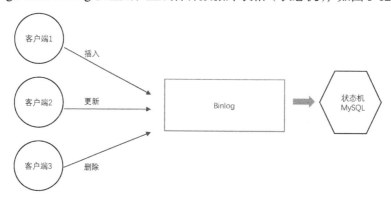

图 5-12　MySQL 状态机示意图

这里涉及一个非常重要的思想：要选择持久化变化的"事件流"（日志流），而不是选择持久化"数据本身"（状态机）。为何要这么做呢？原因有很多，列举如下：

（1）日志只有一种操作，就是追加（append）。而数据或状态一直在变化，可以新增（add）、删除（delete）、更新（update）。把三种操作转换成了一种，对于持久化存储来说简单了很多。

（2）假如要做多机之间数据同步，如果直接同步状态，状态本身可能有一个很复杂的数据结构（如关系数据库的关联表、树、图），并且状态也一直在变化，为了保证多个机器数据一致，需要做数据比对，就很麻烦；而如果同步日志，日志是一个一维的线性序列，做数据比对就非常容易。

总之，无论从持久化，还是从数据同步角度来看，存储状态机的输入日志流，比存储状态机本身更容易。

基于这种思路，可以把状态机扩展为复制状态机。状态机的原理是：一样的初始状态+一样的输入事件=一样的最终状态。因此，要保证多个节点的状态完全一致，只要保证多个节点的日志流是一样的即可。即使这个节点宕机，只需重启和重放日志流，就能恢复之前的状态，如图 5-13 所示。

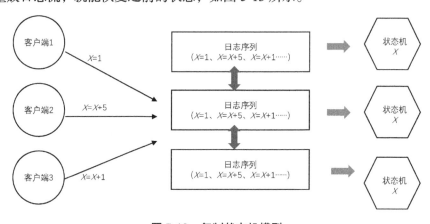

图 5-13　复制状态机模型

因此，就回到了前文提到的问题：复制日志。

复制日志=复制任何数据（复制任何状态机）。因为任何复杂的数据（状态机）都可以通过日志生成。

5.2.3　一个朴素而深刻的想法

Paxos 的出现经过了 Basic Paxos 的形式化证明，之后有 Multi Paxos，最后是应用场景。因为最开始没有先讲应用场景，所以直接看 Basic Paxos 的证明会很晦涩。本文将反过来，先介绍应用场景，再一步步倒推出 Paxos 和 Multi Paxos。

当三个客户端并发地发送三个请求时，图 5-9 所示的六种结果都是对的。因此，要找一种算法保证虽然每个客户端并发地发送请求，但最终三个 Node 记录的日志的顺序是相同的。

这里提出一个朴素而深刻的想法：全世界对数字 1,2,3,4,5,… 顺序的认知是一样的，所有人、所有机器，对此的认知都是一样的。

全世界的人都知道 2 排在 1 的后面、3 的前面。2 代表一个位置，这个位置一定在 1～3 之间。

把这个朴素的想法应用到多个节点之间复制日志的场景中，会变成如下这样。

当 Node1 收到 X=1 的请求时，假设要把它存放到日志中 1 号位置，存放前先询问另外两个节点的 1 号位置是否已经存放了 X=3 或 X=5；如果 1 号位置被占了，则询问 2 号位置……以此类推。如果 1 号位置没有被占，则把 X=1 存放到 1 号位置，同时告诉另外两个节点，把 X=1 存放到它们各自的 1 号位置。同样，Node2 和 Node3 按此执行。

这里的关键思想是：虽然每个节点接收到的请求顺序不同，但它们对日志中 1 号位置、2 号位置、3 号位置的认知是一样的，大家一起保证 1 号位置、2 号位置、3 号位置存储的数据一样。

每个节点在存储日志之前先要问其他节点，再决定把这条日志写到哪个位置。这里有两个阶段：先问，再做决策，也就是 Paxos 2PC 的原型。

把问题进一步拆解，不是复制三条日志，而是只复制一条日志。先确定三个节点的 1 号位置的日志，然后看有什么问题。

Node1 询问后发现 1 号位置没有被占，因此它打算把 X=1 传给 Node2 和 Node3；同一时刻，Node2 询问后发现 1 号位置也没有被占，因此它打算把 X=3 传给 Node1 和 Node3；同样，Node3 也打算把 X=5 传给 Node1 和 Node2。

结果不就冲突了吗？会发现不要说多条日志，就算是只确定 1 号位置的日志，都是个问题。

而 Basic Paxos 正是用来解决这个问题的。

首先，1 号位置要么被 Node1 占领，大家都存放 X=1；要么被 Node2 占领，大家都存放 X=3；要么被 Node3 占领，大家都存放 X=5。为了达到这个目的，Basic Paxos 提出了一种方法，这种方法包括以下两点。

第 1，Node1 在填充 1 号位置时，发现 1 号位置的值被大多数确定了，如 X=5（Node3 占领了 1 号位置，Node2 跟从了 Node3），Node1 就接受这个事实：1 号位置不能用了，也得把自己的 1 号位置赋值成 X=5。然后看 2 号位置能否把 X=1 存进去。同样地，如果 2 号位置也被占领了，就只能把它们的值填在自己的 2 号位置。只能再看 3 号位置是否可行……

第 2，当发现 1 号位置没有被占时，就锁定这个位置，不允许其他节点再占这个位置。除非它的权利更大。

如果发现 1 号位置为空，在提交时发现 1 号位置被其他节点占了，就会提交失败，重试，尝试 2 号位置、3 号位置……

所以，为了让 1 号位置日志一样，可能要重试好多次，每个节点都会不断重试 2PC。这样不断重试 2PC，直到最终各方达成一致的过程，就是 Paxos 协议执行的过程，也就是一个 Paxos instance 最终确定一个值。而 Multi Paxos 就是重复这个过程，确定一系列值，也就是确定每一条日志。

接下来将基于这种思想详细分析 Paxos 算法。

5.2.4　Basic Paxos 算法

在前面的场景中提到三个客户端并发地向三个节点发送三条写指令。对应到 Paxos 协议，就是每个节点同时充当了两个角色——Proposer 和 Acceptor。在实现过程中，一般这两个角色是在同一个进程中的。

当 Node1 收到客户端 1 发送的 X=1 的指令时，Node1 就作为一个 Proposer 向所有的 Acceptor（自己和其他两个节点）提议把 X=1 日志写到三个节点。

同理，当 Node2 收到客户端 2 发送的 X=3 的指令时，Node2 就作为一个 Proposer 向所有的 Acceptor 提议；Node3 同理。

下面详细阐述 Paxos 算法的细节。首先，每个 Acceptor 需要持久化三个变量（minProposalId、acceptProposalId、acceptValue）。在初始阶段：minProposalId=

acceptProposalId=0，acceptValue=null。然后，Paxos 算法有两个阶段：P1（Prepare 阶段）和 P2（Accept 阶段）。

1. P1（Prepare 阶段）

Prepare 阶段如图 5-14 所示。

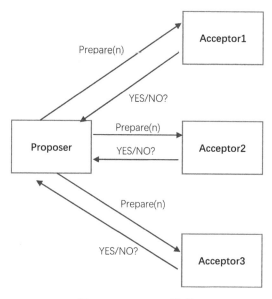

图 5-14　Prepare 阶段

P1a：Proposer 广播 prepare(n)，其中 n 是本机生成的一个自增 ID，不需要全局有序，如可以用时间戳+IP。

P1b：Acceptor 收到 prepare(n)，做如下决策。

```
if n > minProposalId, 回复 YES
    同时 minProposalId = n (持久化),
    返回(acceptProposalId, acceptValue)
else
    回复 NO
```

P1c：如果 Proposer 收到半数以上的 YES，则取 acceptProposalId 最大的 acceptValue 作为 v，进入第 2 阶段，即开始广播 accept(n,v)。如果 Acceptor 返回的都是 null，则取自己的值作为 v，进入第 2 阶段；否则，n 自增，重复 P1a。

2．P2（Accept 阶段）

Accept 阶段如图 5-15 所示。

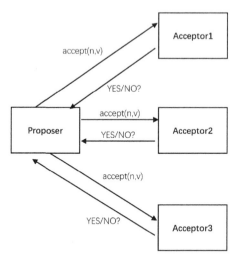

图 5-15　Accept 阶段

P2a：Proposer 广播 accept(n, v)。这里的 n 就是 P1 阶段的 n，v 可能是自己的值，也可能是第 1 阶段的 acceptValue。

P2b：Acceptor 收到 accept(n, v)，做如下决策。

```
if n > = minProposalId, 回复 YES
    同时 minProposalId = acceptProposalId = n (持久化),
    acceptValue = value
    return minProposalId
else
    回复 NO
```

P2c：如果 Proposer 收到半数以上的 YES，并且 minProposalId = n，则算法结束；否则，n 自增，重复 P1a。

通过分析，会发现 Basic Paxos 算法有以下两个问题。

（1）Paxos 是一个"不断循环"的 2PC。在 P1c 或者 P2c 阶段，算法都可能失败，重新进行 P1a。这就是通常所说的"活锁"问题，即可能陷入不断循环。

（2）每确定一个值，至少需要两次 RTT（两个阶段，两个网络来回）+两次落盘，性能也是个问题。

而接下来要讲的 Multi Paxos 算法能够解决这两个问题。

5.2.5　Multi Paxos 算法

1. 问题 1："活锁"问题

在前面已经知道，Basic Paxos 是一个不断循环的 2PC。所以如果多个客户端写多台机器，每台机器都是 Proposer，则会导致并发冲突很高，也就是每个节点都可能执行多次循环才能确定一条日志。极端情况是每个节点都在无限循环地执行 2PC，也就是所谓的"活锁"问题。

为了减少并发冲突，可以变多写为单写，选出一个 Leader，只让 Leader 充当 Proposer。其他机器收到写请求，都把写请求转发给 Leader；或者让客户端把写请求都发给 Leader。

Leader 的选举方法很多，下面列举两种。

1）方案 1：无租约的 Leader 选举

Lamport 在他的论文中给出了一个 Leader 选举的简单算法，算法如下。

（1）每个节点有一个编号，选取编号最大的节点为 Leader；

（2）每个节点周期性地向其他节点发送心跳，假设周期为 T ms；

（3）如果一个节点在最近的 $2T$ ms 内还没有收到比自己编号更大的节点发来的心跳，则自己变为 Leader；

（4）如果一个节点不是 Leader，则收到请求之后转发给 Leader。

可以看出，这种算法很简单，但因为网络超时原因，很可能出现多个 Leader，但这并不影响 Multi Paxos 协议的正确性，只是增大并发写冲突的概率。我们的算法并不需要强制保证，任意时刻只能有一个 Leader。

2）方案 2：有租约的 Leader 选举

严格保证任意时刻只能有一个 Leader，也就是所谓的"租约"。

租约的意思是在一个限定的期限内，某台机器一直是 Leader。即使这台机器宕机，Leader 也不能切换。必须等到租期到期之后，才能开始选举新的 Leader。这种方式会带来短暂的不可用，但保证了任意时刻只会有一个 Leader。

2. 问题 2：性能问题

Basic Paxos 是一个无限循环的 2PC，一条日志的确认至少需要经过两次 RTT+两次落盘（一次是 Prepare 的广播与回复，一次是 Accept 的广播与回复）。如果每条日志都要经过两次 RTT+两次落盘，性能就很差了。而 Multi Paxos 在选出 Leader 之后，可以把 2PC 优化成 1PC，也就只需要一次 RTT +一次落盘。

基本思路是当一个节点被确认为 Leader 之后，它先广播一次 Prepare，一旦超过半数同意，之后对收到的每条日志直接执行 Accept 操作。在这里，Prepare 不再控制一条日志，而是相当于得到了整个日志的控制权。一旦这个 Leader 得到了整个日志的控制权，后面就直接略过 Prepare，直接执行 Accept。

如果有新 Leader 出现怎么办呢？新 Leader 肯定会先发起 Prepare，导致 minProposalId 变大。这时旧 Leader 的广播 Accept 肯定会失败，旧 Leader 会转变成一个普通的 Acceptor，新 Leader 把旧 Leader 顶替掉了。

下面是具体的实现细节。

在 Basic Paxos 中，2PC 的具体参数形式如下：

```
prepare(n)
accept(n,v)
```

在 Multi Paxos 中，增加一个日志的 index 参数，即变成了如下形式：

```
prepare(n, index)
accept(n,v,index)
```

3. 问题 3：被确认的日志，状态如何同步给其他机器

对于一条日志，当 Proposer（也就是 Leader）接收到多数派对 Accept 请求的同意后，就知道这条日志被 "choose" 了，也就是被确认了，不能再更改。

但只有 Proposer 知道这条日志被确认了，其他的 Acceptor 并不知道这条日志被确认了。如何把这个信息传递给其他 Acceptor 呢？

（1）方案 1：Proposer 主动通知。

给 Accept 再增加一个参数：

```
accept(n, v, index, firstUnchoosenIndex)
```

Proposer 在广播 Accept 时，额外带来一个参数 firstUnchoosenIndex = 7。意思是 7 之前的日志都已经被确认了。Acceptor 收到这种请求后，检查 7 之前的日志，如果发现 7 之前的日志符合以下条件：acceptedProposal[i] == request.proposal（也就是第一个参数 n），就把该日志的状态置为 choose。

（2）方案 2：Acceptor 被动查询。

当一个 Acceptor 被选为 Leader 后，对于所有未确认的日志，可以逐个再执行

一遍 Paxos，判断该条日志被多数派确认的值是多少。

因为 Basic Paxos 有一个核心特性，即一旦一个值被确定后，无论再执行多少遍 Paxos，该值都不会改变，所以再执行一遍 Paxos，相当于向集群发起了一次查询。

至此，Multi Paxos 算法就介绍完了。回顾这个算法，有以下两个精髓。

（1）精髓之 1：一个强一致性的"P2P 网络"。

任何一条日志，只有两种状态：choose、unchoose。当然，还有一种状态就是 applied，也就是被确认的日志被作用到状态机。这种状态与 Paxos 协议关系不大。

choose 就是这条日志，被多数派接受，不可更改。

unchoose 就是还不确定，引用阿里巴巴 OceanBase 团队某工程师的话，就是"薛定谔的猫"或者"最大提交原则"。一条 unchoose 的日志可能已经被确认了，只是该节点还不知道；也可能是还没有被确认。要想确认，就再执行一次 Paxos，也就是所谓的"最大提交原则"。

整个 Multi Paxos 类似一个 P2P 网络，所有节点互相双向同步，对所有 unchoose 的日志进行不断确认的过程。在这个网络中可以出现多个 Leader，可能出现多个 Leader 来回切换的情况，这都不影响算法的正确性。

（2）精髓之 2："时序"。

Multi Paxos 保证了所有节点的日志顺序一模一样，但对于每个节点自身来说，可以认为它的日志并没有所谓的"顺序"。什么意思呢？

① 假如一个客户端连续发送了两条日志 a、b（a 没有收到回复，就发出了 b）。对于服务器来讲，存储顺序可能是 a、b，也可能是 b、a，还可能在 a、b 之间插入了其他客户端发来的日志。

② 假如一个客户端连续发送了两条日志 a、b（a 收到回复之后，再发出的 b）。对于服务器来讲，存储顺序可能是 a、b；也可能是 a、xxx、b（a 与 b 之间插入了其他客户端的日志），但不会出现 b 在 a 的前面的情况。

所以说，只有在单个客户端串行地发送日志时，才有所谓的顺序；在多个客户端并发地写日志时，服务器并发地对每条日志执行 Paxos，整体看起来就没有所谓的"顺序"。

5.3 Raft 算法解析

5.3.1 为"可理解性"而设计

2013 年,斯坦福大学的 Diego Ongaro、John Ousterhout 发表了论文 *In Search of an Understandable Consensus Algorithm*,Raft 横空出世。2014 年,Diego Ongaro 在其博士论文 *CONSENSUS: BRIDGING THEORY AND PRACTICE* 中,又对 Raft 及相关的一致性算法进行了系统的论述。

正如 Diego Ongaro 在他的博士论文中所讲的,在之前的 10 年中,Lamport 的 Paxos 几乎成了一致性算法的代名词,说到一致性算法指的就是 Paxos。

但 Paxos 最大的问题是艰深晦涩,虽然为了方便大家理解,Lamport 去掉了形式化的数学证明,专门写了一个简单版本的论文 *Paxos Made Simple*,大家表示仍然很难看懂。另一方面,基于 Paxos 成熟的工程实践少之又少,当时 Google 公司的 Chubby 分布式锁服务实现了 Paxos 算法,但其代码并未开源,其实现细节也不得而知。

在这种背景下,Diego Ongaro、John Ousterhout 设计了 Raft 算法。Raft 算法开宗名义,提到它是"Designing For Understandability",即把算法的"可理解性"放在了首要位置。

实际上的确如 Diego Ongaro、John Ousterhout 所言,在 Raft 算法出来之后,用 Go、C++、Java、Scala 等不同语言实现的开源版本陆续出现。下面将详细解析 Raft 算法。

5.3.2 单点写入

Paxos 算法可以多点写入,不需要选举出 Leader,每个节点都可以接收客户端的写请求。虽然为了避免"活锁"问题,Multi Paxos 可以选举出一个 Leader,但也不是强制执行的,允许同一时间有多个 Leader 同时存在。多点写入,使得算法理解起来复杂了很多。

为了简化这一问题,Raft 限制为"单点写入",如图 5-16 所示。必须选出一个 Leader,并且任一时刻只允许一个有效的 Leader 存在,所有的写请求都传到 Leader 上,然后由 Leader 同步给超过半数的 Follower。

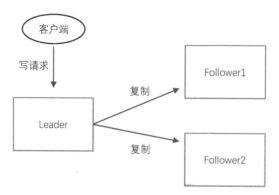

图 5-16　Raft 单点写入示意图

这样一来问题则简化了很多，不用考虑节点之间的双向数据同步问题，数据的同步是单向的：只会从 Leader 同步到 Follower，不会从 Follower 同步到 Leader。

整个 Raft 算法的阶段划分也自然很清晰。

阶段 1：选举阶段。选举出 Leader，其他机器为 Follower。

阶段 2：正常阶段。Leader 接收写请求，然后复制给其他 Follower。

阶段 3：恢复阶段。旧 Leader 宕机，新 Leader 上任，其他 Follower 切换到新 Leader，开始同步数据。

后面要介绍的 Zab 算法同样也是单点写入的，同样也分为这三个阶段。

5.3.3　日志结构

在讲 Raft 算法的三个阶段之前，需要先详细介绍日志的结构。因为复制的就是日志，日志的存储结构是这个算法的基石，如图 5-17 所示。

							lastApplied			commitIndex		
term	1	1	1	2	4	4	5	5	7	8	12	12
index	1	2	3	4	5	6	7	8	9	10	11	12
content	xx	xx	xx	xx	xx	xx	xx	xx	xx	xx	xx	xx

图 5-17　日志存储结构

1．term 与 index

每条日志里面都有两个关键字段：term 和 index。index 很好理解，就是日志的顺序编号，如 1,2,3,⋯

term 是指写入日志的 Leader 所在的"任期"，或者说"轮数"，在很多其他地方又被称为 epoch。

例如，系统在刚启动时，第一个被选为 Leader 的节点，其 term=1，也就是第一任 Leader；随着该 Leader 宕机，在其他的 Follower 中有一个被选为 Leader，其 term=2，也就是第二任 Leader；之后，该 Leader 也宕机，之前的 Leader 又被重新选为 Leader，其 term=3，也就是第三任 Leader。

term 只会单调递增，日志的顺序满足一个条件：后一条日志的 term 大于或等于前一条日志的 term。

以图 5-17 为例，日志中没有 term=3 的日志，意味着 term=3 的 Leader 刚上任没多久就宕机，然后 term=4 的 Leader 上任，开始接管日志的写入；同理，也没有 term=6 的日志，更没有 term=9、term=10、term=11 的日志，可能是因为这个时间段网络发生了抖动，造成 Leader 频繁切换。

关于 term，有两个关键问题需要讨论。

（1）term 有什么作用。term 的一个关键作用是可以解决 Leader 的脑裂问题。

如图 5-18 所示，假设一个集群有五台机器，当前 Leader 的 term=4，某一时刻发生了网络分区，Leader 在一个区，其他四个 Follower 在另外一个区。此时 Leader 没有宕机，但其他四个 Follower 认为它已经宕机了。

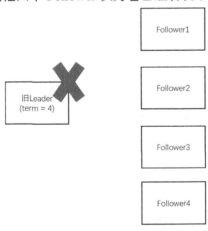

图 5-18　Leader 发生网络分区

这时，在其他四个 Follower 中又选举出了一个新的 Leader，其 term = 5，开始向其他三个 Follower 复制日志。过了一会儿，网络分区恢复，之前的 Leader 又加入了网络，此时网络中出现了两个 Leader，如图 5-19 所示。

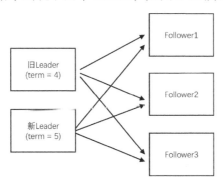

图 5-19　Leader 脑裂示意图

新、旧 Leader 都会向 Follower 发送数据。但当旧 Leader 向其他所有 Follower 发送数据时，Follower 发现发过来的日志中 term=4，就知道该 Leader 是过期的 Leader，会拒绝执行写入操作，同时会反馈给旧 Leader 说，"你已经过期了！"旧 Leader 知道自己过期了，会自动退位，变成 Follower，从而解决了脑裂问题，使得任何一个时刻，只能有一个 Leader 是有效的。

（2）term 如何全局同步？term 如此关键，但有一个问题，如何保证 term 一直递增呢？term 并不是存放在一个中央存储里面，而是每个节点都保存了一个 term 的值。因为网络延迟问题，某些节点上 term 的值可能是过期的。

例如，假设当前 term 的真实有效值是 5，但是某些节点上 term 的值没有来得及更新，其 term=4。当 term=4 的节点被选为 Leader 时，就会出现问题。但不可能出现这种情况。

因为选举是要多数派（超过半数的节点）同意的，意味着在多数派里面一定有一个节点保存了最新的 term 的值。而在选举时，选日志最新的节点作为 Leader。所以，如果一个节点的 term=4（过期的），就不可能被选为 Leader。如果一个节点被选为 Leader，其 term 值一定是当前最大的，也就是最新的。

2. commitIndex 与 lastApplied

一条日志被"提交"，指的是这条日志被复制到了多数派的机器。一旦一条日志被认定处于提交状态，这条日志将不能被改变，不能被删除。很显然，任何一条日志要么处于提交状态，要么处于未提交状态（暂时还不确定，可能过一会儿就变成了提交状态）。

在这里，日志的提交设计应用了一个类似 TCP 协议中的技巧，可称为递增式的提交。假设 commitIndex=7，表示不仅 index=7 的日志处于提交状态，所有 index < 7 的日志也都处于提交状态。

假设当前 Follower 的 commitIndex=7，然后它收到 Leader 的 index=9 的日志，它会等到 index=8 的日志到来之后，一次性告诉 Leader：9 之前的日志都提交了。

这会带来以下两个好处。

（1）不需要为每条日志都维护一个提交状态或未提交状态，而只需要维护一个全局变量 commitIndex 即可。

（2）Follower 不需要逐条地反馈给 Leader，哪一条日志提交了，则哪一条日志未提交。

这个机制和 TCP 协议里面的数据包的 ACK 机制有异曲同工之妙。

至于 lastApplied 很好理解，就是记录哪些日志已经被回放到了状态机，很显然，lastApplied≤commitIndex。lastApplied 在 Raft 算法本身其实不需要，只是上层的状态机的实现所需要的。

3．State 变量

理解了日志的结构，下面来看每个节点都维护了哪些变量，这些变量一起构成了每个节点的 State，如表 5-1 所示。

表 5-1　每个节点状态变量一览表

变量名称	变量描述	存储特性
log[]	每个节点存储的日志序列	磁盘
currentTerm	该节点看到的最新的 term	磁盘
votedFor	当前 term 下，把票投给谁了。一个 term，只能投一次票	磁盘
commitIndex	前文已讲	内存
lastApplied	前文已讲	内存
nextIndex[]	在 Leader 上面，为每个 Follower 维护一个 nextIndex，表示即将发出这个 Follower 的下一条日志的 index	内存，只有 Leader 上面有
matchIndex[]	在 Leader 上面，为每个 Follower 维护一个 matchIndex，表示 Leader 和 Follower 已经 match 的日志的 index 最大值	内存，只有 Leader 上面有

为什么前三个变量需要落盘，后四个变量只需要在内存中？节点宕机再重启，这些值不是都不准了吗？有兴趣的读者可以思考一下这个问题。

知道了每个节点存储的状态变量，接下来看这些变量在 Raft 算法的三个阶段是如何被使用的。

5.3.4　阶段 1：Leader 选举

任何一个节点有且仅有三种状态：Leader、Follower 和 Candidate。Candidate 是一个中间状态，是正在选举中，选举结束后要么切换到 Leader，要么切换到 Follower。图 5-20 展示了 Raft 节点的完整状态迁移图。

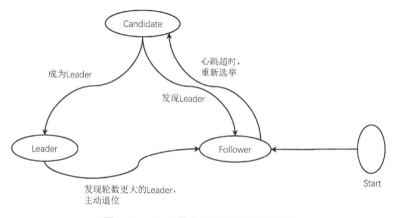

图 5-20　Raft 节点的完整状态迁移图

（1）初始时，所有机器处于 Follower 状态，等待 Leader 的心跳消息（一台机器成为 Leader 之后，会周期性地给其他 Follower 发送心跳）。很显然，此时没有 Leader，所以收不到心跳消息。

（2）当 Follower 在给定的时间（如 2000ms）内收不到 Leader 的消息，就会认为 Leader 宕机，也就是选举超时。然后，随机睡眠 0～1000ms 之间的一个值（为了避免大家同时发起选举），把自己切换成 Candidate 状态，发起选举。

（3）选举结束，自己变成 Leader 或者 Follower。

（4）对于 Leader，发现有更大 term 的 Leader 存在，自己主动退位，变成 Follower。

这里有一个关键点：心跳是单向的，只存在 Leader 周期性地往 Follower 发送心跳，Follower 不会反向往 Leader 发送心跳。后面要讲的 Zab 算法是双向心跳的，很显然，单向心跳比双向心跳简单得多。

下面来看选举算法的实现过程：处于 Candidate 状态的节点会向所有节点发起一个 RequestVote 的 RPC 调用，如果有超过半数的节点回复 true，则该节点成为 Leader。RequestVote RPC 的具体实现如表 5-2 所示。

表 5-2　RequestVote RPC 的具体实现

类　　型	参　　数	说　　明
输入参数	term	自己将要选举的 term。在选举之前，把自己的 term 加 1，发起选举
	candidateId	自己机器的编号，意思是把选票投给自己
	lastLogTerm	自己机器上最新一条日志的 term
	lastLogIndex	自己机器上最新一条日志的 index
输出参数	term	接收者的 currentTerm
	voteGranted	选举结果：true/false，表示同意/拒绝该 Candidate
接收者的处理逻辑	任何一个接收者接收到 RPC 调用，会执行如下逻辑： 如果 term < currentTerm，则返回 false； 如果 votedFor 为空或 votedFor=candidateId，并且 Candidate 的日志不比自己的日志旧，则返回 true	

这里所说的接收者包括 Leader、Follower 和其他 Candidate，Candidate 会并发地向所有接收者发起 RPC 调用，可能有下面三种选举结果。

（1）收到了多数派的机器返回 true，也就是同意该 Candidate 成为 Leader。

（2）正在选举时，收到了某个 Leader 发来的复制日志的请求，并且 term 大于或等于自己发起的 term，知道自己不用选举了，切换成 Follower。如果 term 小于自己发起的 term，则拒绝这个请求，自己仍然是 Candidate，继续选举。

（3）没有收到多数派的机器返回 true，或者某些机器没有返回，超时了。就仍然处在 Candidate 状态，过一会儿之后，重新发起选举。

通过看接收者的处理逻辑会发现，新选出的 Leader 一定拥有最新的日志。因为只有 Candidate 的日志和接收者一样新，或者比接收者还要新（反正不比接收者旧），接收者才会返回 true。

这里有一个关于日志新旧的准则：

两条日志 a 和 b，若日志 a 比日志 b 新，则它们符合下面两个条件中的一个。

- $term > b.term$。

- term=b.term 且 a.index > b.index。

还有一点需要说明：假设有两个 Candidate，term=5，同时发起一次选举。对于 Follower 来说，先到先得，先收到谁的请求，就把票投给谁。对一个 term 而言，保证一个 Follower 只能投一次票，如果投给了 Candidate1，就不能再投给 Candidate2。这意味着两个 Candidate 可能都得不到多数派的票，就把自己的 term 自增到 6，重新发起一次选举。

5.3.5　阶段 2：日志复制

在 Leader 成功选举出来后，接下来进入第二个阶段——正常的日志复制阶段。Leader 会并发地向所有 Follower 发送 AppendEntries RPC 请求，只要超过半数的 Follower 复制成功，就返回给客户端"日志已写入成功"。AppendEntries RPC 的具体实现如表 5-3 所示。

表 5-3　AppendEntries RPC 的具体实现

类　　型	参　　数	说　　明
输入参数	term	Leader 的 term
	leaderId	Leader 的机器编号
	prevLogTerm	上一次复制成功的最后一条日志的 term
	prevLogIndex	上一次复制成功的最后一条日志的 index 例如，当前要复制的日志的 index 是 5～7，则 prevLogIndex=4，prevLogTerm 就是 index=4 位置对应的 term
	entries[]	当前将要复制的日志列表
	leaderCommit	Leader 的 commitIndex 的值
输出参数	term	接收者的 currentTerm
	success	true/false。如果 Follower 的日志包含 prevLogIndex 和 prevLogTerm 处的日志，则返回 true
接收者的处理逻辑		任何一个接收者接收到 RPC 调用，会执行如下逻辑： （1）如果 term < currentTerm，则返回 false； （2）如果接收者的日志在 prevLogIndex 位置的 term 不等于 prevLogTerm，则返回 false； （3）如果接收者的某一条日志和 Leader 发过来的不匹配（index 相同的位置，term 不同），接收者删除此条日志，同时删除此条日志之后的所有日志； （4）把 entries[]中的日志追加到自己的日志末尾； （5）如果 leaderCommit > commitIndex，则把 commitIndex 置为 Min(leaderCommit, index of last new entry)

在这个 RPC 中，有以下两个关键的"日志一致性"保证，保证 Leader 和 Follower 日志序列完全一模一样。

（1）对于两个日志序列中的两条日志，如果其 index 和 term 都相同，则日志的内容必定相同。

（2）对于两个日志序列，如果在 index=M 位置的日志相同，则在 M 之前的所有日志也都完全相同。

在这两个保证中，第二个尤为重要，它意味着：如果知道 Follower 和 Leader 在 index=7 位置的日志是相同的，则 index=7 之前的日志也都是相同的。

利用这个保证，Follower 接收到日志之后，可以很方便地做一致性检查：

（1）如果发现自己的日志中没有（prevLogIndex，pevLogTerm）日志，则拒绝接收当前的复制；

（2）如果发现自己的日志中，某个 index 位置和 Leader 发过来的不一样，则删除 index 之后的所有日志，然后从 index 的位置同步接下来的日志。

5.3.6　阶段 3：恢复阶段

在 Leader 宕机之后，选出了新 Leader，其他的 Follower 要切换到新 Leader，应如何切换呢？

Follower 是被动的，并不会主动发现有新 Leader 上台了，而是新 Leader 上台之后，会马上给所有 Follower 发送心跳消息，也就是空的 AppendEntries 消息，这样每个 Follower 都会将自己的 term 更新到最新的 term。这样旧 Leader 即使活过来了，也没有机会再写入日志。

由此可见，对于 Raft 来说，"恢复阶段"其实很简单，是合并在日志复制阶段里面的。

5.3.7　安全性保证

1．选举的安全性保证

Leader 选举的安全性非常重要，因为 Leader 的数据是"基准"，Leader 不会从别的节点同步数据，而是别的节点根据 Leader 的数据删除或者追加自己的数据。

在这种情况下，Leader 日志数据的完整性和准确性就尤为关键，必须保证新选举出来的 Leader 包含全部已经提交的日志，因为这些日志已经由前一个 Leader 告诉客户端写入成功了。至于未提交的日志，无论丢弃还是保存，都是正确的。

但这里有一个问题：Follower 的 commitIndex 要比 Leader 的 commitIndex 延迟一次网络调用，也就是要等下一次 AppendEntries 时，Follower 才知道 Leader 上一次的 commitIndex 是多少，这个问题与 Kafka 丢数据的场景是一样的。

Follower 根本不知道最新的 commitIndex 在哪儿，它被选为了 Leader，怎么知道最新的提交日志一定在它的日志里面呢？

这里有一个推论性的内容：新选出的 Leader 的日志，是超过半数的节点中最新的日志，这个"最新"是指所有提交和未提交日志中最新的，因此新选出的 Leader 一定包含所有提交的日志。

但这里有个关键点要说明：虽然新选出来的 Leader 包含所有提交的日志，但不代表这些日志的状态都是提交。原因在前面已经说了，新选出来的 Leader 的 commitIndex 比之前 Leader 的 commitIndex 延迟一次网络调用。

不过没关系，虽然这些日志暂时处于未提交状态，但稍后一定会变成提交状态，因为 Leader 不会删日志，这些日志最终都会被多数派的节点复制。

2. 前一个 term 的日志延迟提交

新的 Leader 上台之后，对于自己 term 的日志很确信一点，就是一旦自己 term 的日志被多数派复制成功了，这些日志就处于提交状态。但是对于前一个 term 遗留的日志，这些日志还处于未提交状态，那么是否一旦被多数派复制成功，就认为变成提交状态呢？

实际情况并非如此，在 Diego Ongaro 的博士论文中，讨论了如图 5-21 所示的场景。

有 5 个节点 N_1、N_2、N_3、N_4、N_5，方块中的数字表示日志的 term，不是 index。

在场景（a）中，N_1 是 Leader，所在 term=2，N_1 已把 index=2、term=2 的这条日志复制到 N_2。

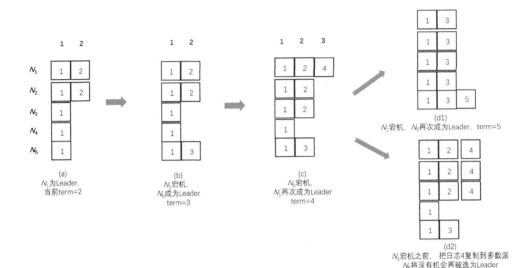

图 5-21　旧的 term 延迟提交示意图

在场景（b）中，N_1 宕机，N_5 成为 Leader（N_3、N_4、N_5 构成多数派），term=3，N_5 刚把 index=2、term=3 的日志复制到本机。

在场景（c）中，N_5 宕机，N_1 被重新选为 Leader（N_1、N_2、N_3 构成多数派），term=4，N_1 把 index=2、term=2 的日志复制到多数派（N_1、N_2、N_3），同时把 index=3、term=4 的日志复制到本机。

在场景（d1）中，N_1 又宕机，N_5 再次成为 Leader，term=5，但它会接着把 term=3 的日志复制到多数派，直到所有机器。然后可以看到，从场景（c）到场景（d1），term=2 的日志已经被复制到多数派，但它却被 term=3 的日志覆盖了。

请问，场景（d1）是正确的还是错误的？答案是正确的。

因为从客户端的角度来看，在场景（b）中，N_1 作为 Leader 宕机，term=2 的日志返回给客户端肯定是超时或者出错。也就意味着对 term=2 的日志，服务器无论存下来，还是丢弃，都是正确的。

但这违背了 Raft 定义的一条原则：一条日志一旦被复制到多数派，就认为这条日志处于提交状态，这条日志就不能被覆盖。

因此需要改变"提交"的定义，重新定义什么是一条日志被提交。定义改为如下：

新的 Leader 上台后，对于旧的 term 的日志，即使已经被复制到多数派，仍然不认为提交了，只有等到新的 Leader 在自己的 term 内提交了日志，之前 term

的日志才能算是被认为提交了。这也就是（d2）的场景，N_1 在宕机之前，在自己的 term 任期内把 index=3、term=4 的日志复制到多数派，因此 term=4 的日志肯定处于提交状态，此时"连带"认为 term=2 的日志也变成了提交状态。这就是旧的 term 的日志延迟提交。

为什么这时 term=2 的日志可以被认为处于提交状态呢？因为这时即使 N_1 宕机，N_5 也不可能再被选为 Leader（term=4 的日志已经在多数派上了），也就不可能再出现 term=2 被覆盖的情况。接下来，N_5 的命运就是成为 Follower，让 term=2 的日志覆盖 term=3 的日志。

最后总结一下：站在客户端的角度，场景（d1）和（d2）都是正确的。但场景（d1）发生了多数派的日志被覆盖的情况，之所以会出现这种情况，是因为 term=2 的日志不是一次性地被复制到多数派，而是跨越了多个 term，"断断续续"地被复制到多数派。对于这种日志，新 Leader 上台之后不能认为这种日志处于提交状态，而是要延迟一下，等到最新的 term 中，有日志成为提交状态了，之前 term 的日志才"顺带"变成提交状态。

这也符合 Raft 的"顺序提交"原则：如果 index=M 的日志被认为处于提交状态，那么 index < M 的所有日志，也肯定都处于提交状态。

5.4　Zab 算法解析

Zab 是 ZooKeeper 使用的一种强一致性的算法。Zab 出现在 Paxos 之后、Raft 之前，其实 Raft 的很多思路和 Zab 很像。在详细分析 Raft 之后，接下来分析 Zab 会相对简单。

5.4.1　复制状态机与 Primary-Backup System

在讲 Zab 之前，需要讲解一个非常重要的模型对比：复制状态机（Replicated State Machine）对比 Primary-Backup System。Paxos 和 Raft 用的是前者，而 Zab 用的是后者。Zab 协议的论文和 Diego Ongaro 的博士论文对这两种不同的模型专门做过分析。

在讲这两种模型之前，先举两个熟知的例子。在 MySQL 中，Binlog 有两种不同的数据格式：statement 和 raw。statement 格式存储的是原始的 SQL 语句，而 raw 格式存储的是数据表的变化数据。在 Redis 中，有 RDB（Redis DataBase）和 AOF（Append-Only File）两种持久化方式。RDB 格式持久化的是内存的快照，AOF 格式持久化的是客户端的 set/incr/decr 指令。

通过两个常见的例子可以看到，一个持久化的是客户端的请求序列（日志序列），另外一个持久化的是数据的状态变化，前者对应的是复制状态机，后者对应的是 Primary-Backup System。

如图 5-22 所示，以一个变量 X 为例，展示了这两种模型的差别。

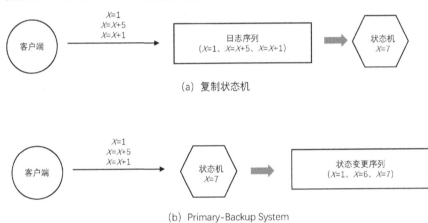

（a）复制状态机

（b）Primary-Backup System

图 5-22　两种模型的对比

假设初始时 $X=0$，客户端发送了 $X=1$、$X=X+5$、$X=X+1$ 三条指令。

如果采用复制状态机模型，则节点持久化的是日志序列，在节点之间复制的是日志序列，然后把日志序列应用到状态机（X），最终 $X=7$。如果采用 Primary-Backup System 模型，则先执行 $X=1$，状态机的状态变为 $X=1$；再执行 $X=X+5$，状态机的状态变为 $X=6$；再执行 $X=X+1$，状态机的状态变为 $X=7$。在这种模型下，节点存储的不再是日志序列，而是 $X=1$、$X=6$、$X=7$ 这种状态的变化序列，节点之间复制的也是这种状态的变化序列。

这两种模型有什么大的差别呢？

（1）数据同步次数不一样。如果存储的是日志，则客户端的所有写请求都要在节点之间同步，不管状态有无变化。例如，客户端连续执行三次 $X=1$，会产生三条日志，在节点之间同步三次数据；如果存储状态变化的话，则对应的状态变化的日志只有一条，因为后两次的写请求没有导致状态变化，不会产生日志。

（2）Primary-Backup System 天然具有幂等性，例如，客户端发送了一条指令 $X=X+1$，如果存储日志 $X=X+1$，作用多次就会出现问题；但如果存储的是状态变化 $X=6$，即使作用多次也没有关系。

具体到 ZooKeeper，其数据模型是一个树状结构，对应的 Primary-Backup 复制模型如图 5-23 所示。

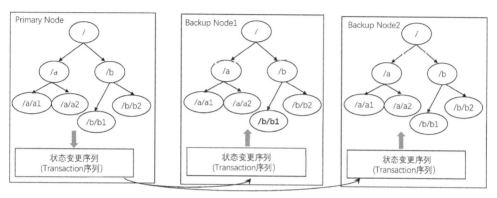

图 5-23　ZooKeeper 的 Primary-Backup 复制模型

同 Raft 一样，Zab 也是单点写入的。客户端的写请求都会写入 Primary Node，Parimary Node 更新本地的树，这棵树也就是上面所说的状态机，完全在内存当中，对应的树的变化存储在磁盘，称为 Transaction 日志。Primary Node 把 Transaction 日志复制到多数派的 Backup Node，Backup Node 根据 Transaction 日志更新各自内存中的这棵树。

5.4.2　zxid

ZooKeeper 中的 Transaction 指的并不是客户端的请求日志，而是 ZooKeeper 的这棵内存树的变化。每一次客户端的写请求导致的内存树的变化，生成一个对应的 Transaction，每个 Transaction 有一个唯一的 ID，称为 zxid。

在 Raft 中，每条日志都有一个 term 和 index，把这两个拼在一起，就类似 zxid。zxid 是一个 64 位的整数，高 32 位表示 Leader 的任期，在 Raft 中叫作 term，在 Zab 中叫作 epoch；低 32 位是任期内日志的顺序编号。

对于每一个新的 epoch，zxid 的低 32 位的编号都是从 0 开始的。这是不同于 Raft 的一个地方，在 Raft 中，日志的编号呈全局的顺序递增。

在 Zab 中的两条日志的新旧比较办法和 Raft 中两条日志的新旧比较办法类似：

（1）如果日志 a 的 epoch 大于日志 b 的 epoch，则日志 a 的 zxid 大于日志 b 的 zxid，日志 a 比日志 b 新。

（2）如果日志 a 的 epoch 等于日志 b 的 epoch，并且日志 a 的编号大于日志 b 的编号，则日志 a 的 zxid 大于日志 b 的 zxid，日志 a 比日志 b 新。

5.4.3 "序"：乱序提交与顺序提交

在分析 Paxos 时专门讨论了"时序"背后的深刻含义。现在知道了 zxid 是有"序"的，知道了 Raft 中的日志也是有"序"的，在此对"时序"做一个更为深入的讨论，因为它是所有分布式一致性的基石。

Paxos 多点写入-乱序提交如图 5-24 所示。

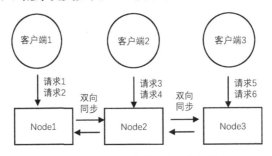

图 5-24 Paxos 多点写入-乱序提交

Node1、Node2、Node3 同时接收客户端的写入请求，客户端 1 在请求 1 还没有返回之前，又发送了请求 2；同样，客户端 2 在请求 3 还没有返回之前，又发送了请求 4；客户端 3 类似。客户端 1、客户端 2、客户端 3 是并行的。

试问：请求 1～请求 6 能按时间排出顺序吗？

请求 1 和请求 2 是可以按时间排序的，如果客户端用 TCP 发送，则 Node1 肯定先收到请求 1，后收到请求 2；如果客户端用 UDP 发送，则 Node1 可能先收到请求 2，后收到请求 1，但无论怎样，对 Node1 来说，它可以对请求 1、请求 2 按接收到的时间顺序排序；Node2、Node3 同理。

但要对请求 1～请求 6 做一个全局的排序，是做不到的。因为并没有一个全局的时钟，Node1、Node2、Node3 各有各的时钟，三个时钟无法完全对齐，虽然时间误差可能在百万分之一或千万分之一。

所以对 Paxos 来说，它的一个关键特性是"乱序提交"。也就是说，在日志中，请求 1～请求 6 是没有时序的，只要多个节点日志顺序完全一样就行。

即使对于单个客户端发送的请求，请求 1 和请求 2 也无法保证顺序，即 Paxos 可能会在日志中，把请求 2 存储在请求 1 的前面。要保证顺序，只能靠客户端保证，等请求 1 返回之后，再发送请求 2，也就是同步发送，而不是异步发送。

日志没有"时序"是多点写入带来的问题。而 Raft 和 Zab 都是单点写入的，可以让日志有"时序"，如图 5-25 所示。

在如图 5-25（a）所示的场景中，Node1 是 Leader，所有客户端都把写请求发送给 Node1，再由 Node1 同步给 Node2 和 Node3。虽然三个客户端是并发发送的，但 Node1 接收肯定有先后顺序，Node1 一定可以对请求 1、请求 2、请求 3 排一个顺序，假设顺序为请求 1、请求 3、请求 2。

在如图 5-25（b）所示的场景中，Node1 宕机，Node2 选为 Leader，所有客户端都把写请求发送给 Node2，再由 Node2 同步给 Node1 和 Node3。虽然三个客户端是并发发送的，但 Node2 接收肯定有先后顺序，Node2 一定可以对请求 4、请求 5、请求 6 排一个顺序，假设顺序为请求 4、请求 6、请求 5。

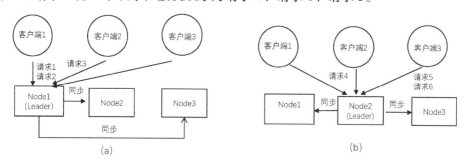

图 5-25　Raft 和 Zab 单点写入—顺序提交

只有 Node1 宕机，Node2 才能上台，然后开始接收请求。Node1 和 Node2 也是有顺序的，Node1 的 term=1，Node2 的 term=2。

这样一来，对六个请求可以按时间排一个顺序，这就是"逻辑时钟"，六个请求的顺序如下：

term1，请求 1；

term1，请求 3；

term1，请求 2；

term2，请求 4；

term2，请求 6；

term2，请求 5。

日志有了"时序"的保证，就相当于在全局为每条日志做了个顺序的编号。基于这个编号，就可以做日志的顺序提交、不同节点间的日志比对，回放日志时，也可以按照编号从小到大回放。

在 Zab 协议中有一系列的专业名词，如"原子广播""全序"，本书不对这些概念进一步阐释，因为很容易越阐释越混乱。基于"序"的本质概念，可以保证下面几点：

（1）如果日志 a 小于日志 b，则所有节点一定先广播日志 a，后广播日志 b。

（2）如果日志 a 小于日志 b，则所有节点一定先 Commit 日志 a，后 Commit 日志 b。这里的 Commit，指的是作用到状态机。

5.4.4　Leader 选举：FLE 算法

理解了 Primary-Backup 模型、zxid 和"时序"的概念，接下来分析 Zab 协议。

Zab 协议本身有四个阶段，但 ZooKeeper 在实现过程中实际只有三个阶段，如表 5-4 所示。

表 5-4　Zab 协议理论与实现对比

Zab 协议	阶段 1：Leader 选举
	阶段 2：Discovery（发现）
	阶段 3：Synchornization（同步）
	阶段 4：BroadCast（广播）
ZooKeeper 实现	阶段 1：Leader 选举
	阶段 2：恢复阶段
	阶段 3：BroadCast（广播）

接下来直接介绍 ZooKeeper 的实现算法，而不讲 Zab 的理论算法。ZooKeeper 的实现和 Raft 同样也有三个阶段，第三个阶段称为广播，也就是 Raft 中的复制。

如图 5-26 所示，Zab 和 Raft 一样，任何一个节点也有三种状态：Leader、Follower 和 Election。

Election 状态是中间状态，也被称为"Looking"状态，在 Raft 中称为 Candidate 状态，其实只是名字不同而已，可以和图 5-20 进行对比。

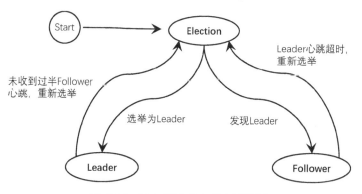

图 5-26　Zab 算法节点状态迁移图

在初始时，节点处于 Election 状态，然后开始发起选举，选举结束，节点处于 Leader 或者 Follower 状态。

在 Raft 中，Leader 和 Follower 之间是单向心跳，只会是 Leader 给 Follower 发送心跳。但在 Zab 中，Leader 和 Follower 之间是双向心跳，如果 Follower 收不到 Leader 的心跳，则切换到 Election 状态，重新发起选举；反过来，如果 Leader 收不到超过半数的 Follower 心跳，则也切换到 Election 状态，重新发起选举。显然，Raft 的实现要比 Zab 简单。

至于选举方式，Raft 选取日志最新的节点作为新的 Leader，Zab 的 FLE（Fast Leader Election）算法也类似，选取 zxid 最大的节点作为 Leader。如果所有节点的 zxid 相等（如整个系统刚初始化时，所有节点的 zxid 都为 0），则将选取节点编号最大的节点作为 Leader（ZooKeeper 为每个节点配置了一个编号）。

当然，除了 FLE 算法，还有其他的选举算法，此处不再展开讨论。

5.4.5　正常阶段：2 阶段提交

Leader 选出来后，接下来的就是正常阶段：接收客户端的请求，然后复制到多数派，在 ZooKeeper 中也称为 2 阶段提交，如图 5-27 所示。

图 5-27　ZooKeeper 2 阶段提交示意图

阶段 1：Leader 收到客户端的请求，先发送 Propose 消息给所有的 Follower，收到超过半数的 Follower 返回的 ACK 消息。

阶段 2：给所有节点发送 Commit 消息。

这里有几个关键点要说明：

（1）Commit 属于纯内存操作。这里所说的 Commit 指的是 Raft 中的 Apply，Apply 到 ZooKeeper 的状态机。

（2）在阶段 1，收到多数派的 ACK 消息表示返回给客户端成功了。而不是等多数派的节点收到 Commit 消息后，再返回给客户端。

（3）Propose 阶段有一次落盘操作，也就是生成一条 Transaction 日志，然后落盘。这与 MySQL 中 Write-Ahead Log 原理类似。

5.4.6　恢复阶段

在 Leader 宕机后，重新选出 Leader，其他 Follower 要切换到新 Leader，与新 Leader 同步数据，这个过程也就是恢复阶段。在 Raft 中恢复阶段很简单，新选出的 Leader 发出一个空的 AppendEntries RPC 请求，也就是复用了正常复制阶段的通信协议。

在 Zab 中用了专门的协议，但思路和 Raft 也类似，Leader 的日志不会动，Follower 要与 Leader 做日志比对，然后可能要进行日志的截断、日志的补齐等操作。表 5-5 描述了恢复阶段 Leader 和 Follower 分别做的事情。

表 5-5　恢复阶段 Leader 和 Follower 分别做的事情

阶段分类	Follower	Leader
内容对比	（1）给 Leader 发送一条 FOLLOWERINFO 消息，里面携带了自己的 lastZxid （2）把 Leader 的 lastZxid 和自己的 lastZxid 进行比较，发现比自己的还要小，自己进入 Election 状态，重新发起选举 （3）Follower 接收 Leader 的 TRUNC/ DIFF/SNAP 指令，做对应的操作。操作完，进入正常复制阶段	（1）收到 Follower 的消息，回复一条 NEWLEADER 消息，里面携带了自己的 lastZxid （2）把自己的 lastCommitZxid 和 Follower 的 lastZxid 比较。lastCommitZxid 表示当前 Leader 已经提交的最大日志 ID （3）如果 lastZxid > lastCommitZxid，则给 Follower 发送 TRUNC 指令，让其把 lastCommitZxid 之后的日志全部截掉 （4）如果 lastZxid≤lastCommitZxid，则给 Follower 发送 DIFF 指令，补齐差的部分 （5）如果 Follower 差得太多，超出了一个阈值，则不发送 DIFF 指令，而是发送 SNAP 指令，直接让 Follower 从 Leader 全量同步，而不是（4）的增量同步

恢复的算法和 Raft 的 AppendEntries 很类似，只是在 Raft 中这些工作都由 Follower 做了。而在这里，Leader 把主要的工作做了，Leader 比对日志，然后告诉 Follower 做截断、补齐或全量同步。

5.5　三种算法对比与工程实现

解析完三种算法后做一个总结，对三种算法的关键差异点进行对比，如表 5-6 所示。

表 5-6　三种算法的关键差异点的对比

算法分类	Paxos	Raft	Zab
复制模型	复制状态机	复制状态机	Primary-Backup
写入方式	多点写入 乱序提交	单点写入 顺序提交	单点写入 顺序提交
同步方向	节点之间双向同步	单向：Leader 到 Follower	单向：Leader 到 Follower
是否支持 Primary Order	否（但可以做）	否（但可以做）	支持

续表

算法分类	Mults Paxos	Raft	Zab
Leader 心跳检测方向	Leader 不是必需的，可以没有 Leader	单向：Leader 向 Follower 发送心跳	双向：Leader 和 Follower 之间互相发送心跳
实现难度	最难	最简单	次之

特别说明，Primary Order 也就是 FIFO Client Order，是 ZooKeeper 的一个关键特性。对于单个客户端来说，ZooKeeper 使用 TCP 与服务器连接，可以保证先发送的请求先被复制、先被 Apply；后发送的请求后被复制、后被 Apply。当然，客户端与客户端之间是并发的，不存在谁先谁后的问题，这里只是针对一个客户端的一个 TCP 连接来说的。

这个特性在客户端异步发送或者使用 Pipeline 技术时有用，也就是在这个 TCP 连接上，客户端没有等请求 1 返回就发送了请求 2 和请求 3，ZooKeeper 会保证请求 1、请求 2、请求 3 按发送的顺序进行存储、复制、Apply。但用 TCP 的话，没有办法保证同一个客户端的多个 TCP session 保持 FIFO Client Order，如果要做这个就不能依赖 TCP 本身的机制，而要自己在客户端对请求进行编号。

Mults Paxos 本身没有保证 FIFO Client Order，即使同一个客户端发送的请求，在服务器端也是并发复制的。但要限制并发复制，也可以做。例如，客户端可以同步发送，或者把多个请求打包成一个请求一次性发送，对应到服务器中是一条日志。同样，Raft 也可以做到，不过没有这个限制。

一致性算法本身很复杂，要实现一个工业级的一致性系统则更难。下面列举了业界基于这些算法的几个常用工程实现，如表 5-7 所示。

表 5-7　不同一致性算法的工程实现

算　法	工程实现
Paxos	• 腾讯公司的 PhxPaxos、PhxSQL、PaxosStore • 阿里巴巴的 AliSQL X-Cluster、X-Paxos • MySQL 官方的 MGR • Google 公司的分布式锁服务 Chubby
Raft	• 阿里云的 RDS（Relation Database Service） • etcd • TiDB • 百度公司的 bRaft 算法
Zab	• ZooKeeper

第6章
高可用：跨城容灾与异地多活

在"异地多活"出现之前，跨城容灾的方案都是"冷备"。也就是说，虽然有多个 IDC 机房，但只有一个 IDC 机房提供服务，其他 IDC 机房都是冷备，等正常的这个 IDC 机房出了问题之后，再切换到备用 IDC 机房。冷备最大的问题是，日常不用，等到真出了问题的时候，也不敢切换。就像打仗，日常不演练，真要上战场的时候就慌了。

所以接下来讨论的方案都是"多活"，即一个应用或者一个互联网服务通过多个 IDC 机房同时提供服务。

6.1 跨城的关键物理约束：时延

网络传输速率的上限是光速（30 万 km/s），但光纤并不是按直线铺设的，同时传输过程中还会经过各种转换器，另外光在光纤中也不是直线传播（折射率在 1.45 左右，全反射传输）的，把这些因素综合在一起，我们有以下的两个关键的经验数据。

（1）同城的两个 IDC 之间的时延在 1～3ms 之间。

（2）而跨城的两个 IDC 之间的时延在 30ms 以上（相距 1000km 以上，如北京和上海）。

30ms 是什么概念呢？对于很多互联网的高并发应用，一次用户请求的响应时间要求在 10～30ms 之间，从同城改成跨城部署之后，一次跨城的网络调用就耗掉了所有时间，意味着之前的同城技术方案在变成跨城部署之后完全不可行；再宽松一点，之前的响应时间要求在 100～200 之间，如果业务逻辑的处理使得一次用户请求有三次跨城调用，就会耗掉 90ms，之前的同城技术方案在变成跨城部署之后也会完全不可行。

而同城的 1～3ms 跟同一个 IDC 内部的两台机器之间的网络传输时延相差不大。

正因为时延有如此差别，一般可以把同城的多 IDC 架构当成同一个 IDC 内部多台机器之间的架构来对待；而跨城的多 IDC 架构和同城的多 IDC 架构却有本质区别。

所以对于跨城，数据复制就成了一个关键的架构决策点，接下来从数据复制角度来探讨几种架构模式。

6.2 多 IDC 无复制架构

"无复制"就是指多个 IDC 之间不需要互相同步数据，各自独立地为用户提供服务，多 IDC 无复制架构是多 IDC 架构中最简单的一种。

6.2.1 单写多读架构

如果对于一个"只读"性的系统，多个 IDC 之间不需要复制数据，每个 IDC 机房部署一套全量的数据就可以了。下面列举 2 个典型案例。

1. 案例 1：电商的商品系统

商品系统两个 IDC 部署架构如图 6-1 所示。

（1）商品系统维护的是商品的图片、描述、属性等信息，C 端用户只会查看这些信息，不会修改，B 端商家才有权限发布、修改商品信息。

（2）后台管理系统与数据库只给 B 端访问，面临的高并发压力小，访问频次低，只部署在 1 个机房中。

（3）C 端的系统部署在 2 个机房中。每次发布/修改商品信息时，把修改数据异步的方式，同步到 2 个机房。因为后台任务是异步处理的，可以保证 2 个机房一定都更新成功，不成功可以不断重试。

（4）用户的请求按归属地，通过 GSLB 路由到离自己最近的那个机房。

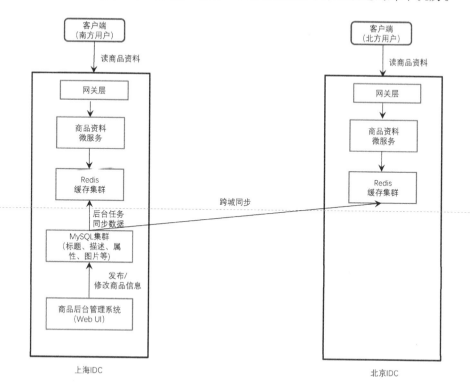

图 6-1　商品系统 2 个 IDC 部署架构

2．案例 2：电商搜索系统

电商搜索系统是电商网站的一个核心系统，对于 C 端用户来说，电商搜索系统是一个"只读"的系统，电商搜索系统的 2 个 IDC 部署架构如图 6-2 所示。

（1）每台搜索引擎机器都在内存里面全量存储了所有商品的索引。用户的请求，路由到任意一台机器，直接在内存里面进行检索。

（2）索引构建系统，简单来说就是一个后台任务，从其他系统拉取商品的各种数据，构建好索引，然后加载到搜索引擎的内存。

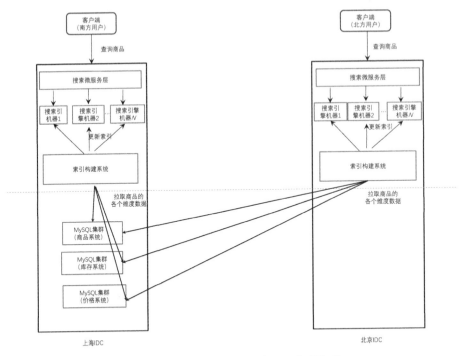

图 6-2　电商搜索系统的 2 个 IDC 部署架构

6.2.2　各 IDC 自治架构

各 IDC 自治架构是指每个 IDC 只读/写自己本机房的数据，没有跨机房读，也没有跨机房写，每个机房自治。这种其实就是数据库分库分表的一个跨机房的扩展。

比如用户系统，按照用户 ID 分成北京、上海 2 个 IDC 机房，各自服务一半的用户，用户的注册、登录、查看用户信息，都只发生在自己所在的机房。

再比如电商订单系统，也可以按照用户 ID，分成北京、上海 2 个 IDC 机房，各自服务一半的用户。

但电商库存系统，就无法用这种方案，不可能按照商品 ID 去分多个 IDC，因为用户购买的商品会横跨多个 IDC。

当然，这种架构只是做到了"多活"，并没有做到"跨城容灾"。当某个 IDC 出现故障时，一半的用户会受影响，另外一半的用户正常访问。要想实现被影响的这一半可以切换到另一个机房来服务，就必须引入下面要讲的跨机房复制方案。

6.3　同城同步复制，跨城异步复制：2 地 3 中心

2 地 3 中心是一个传统的容灾架构。如图 6-3 所示，2 地是指 2 个城市，3 中心是指 3 个 IDC。在同城部署 2 个 IDC，在另外一个城市再部署 1 个 IDC；同城的 2 个 IDC 之间同步复制，再异步复制到异地的 IDC。

这种架构能做到同城容灾，但跨城容灾存在很大问题。

（1）IDC3 只是个冷备，平常不处理用户请求。但当 IDC1 和 IDC2 都宕机时，也不敢轻易切到 IDC3。

（2）因为 IDC1 到 IDC3 是异步复制，IDC3 会丢一部分数据。

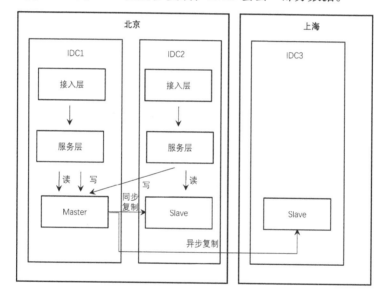

图 6-3　2 地 3 中心架构

6.4　跨城同步复制：3 地 5 中心

跨城同步复制主要用于并发量没有那么高的场景，因为跨城的时延最低为 30ms，如果一次用户请求跨城 2～3 次，时延就达到 100ms 了。下面就以 MySQL 为例，来看一下业界的 3 地 5 中心跨城同步复制方案，如图 6-4 所示。

Master 半同步复制给 4 个 Slave，ACK=2，即只要其中 2 个 Slave 收到数据，就返回成功。因为 ACK=2，所以可以保证除本城市外至少有 1 份完整的数据。

当北京的 2 个 IDC 都出现故障之后，从上海、深圳 2 个城市中挑选最新的 Slave 成为 Master，然后对应的接入集群、应用服务集群也切换过去。

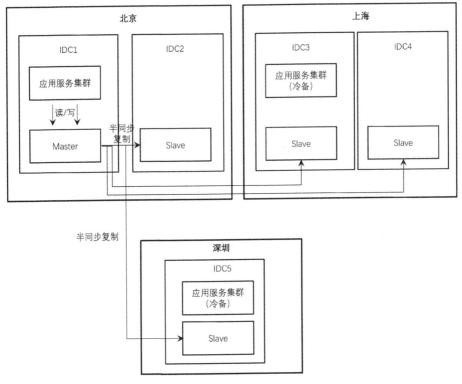

图 6-4　3 地 5 中心 MySQL 半同步复制架构

但这个方案问题也很明显，IDC2～IDC5 都是冷备，只有 IDC1 承接所有流量，所以接下来要变成"多活"，如图 6-5 所示。

数据层分成了 5 片（如按 user_id），5 个 IDC 每个承担五分之一的流量，每个 IDC 的 Master 都向其他 4 个 IDC 做同步复制（ACK=2），这样就实现了"多活"，5 个 IDC 之间是对等的关系。

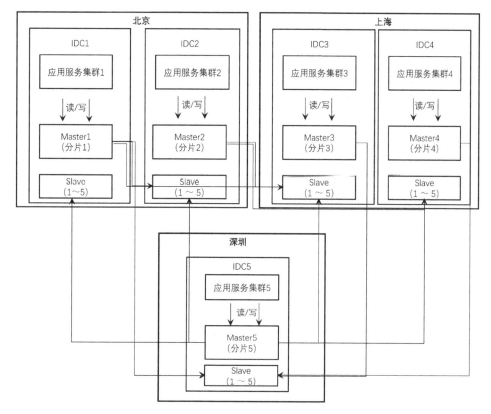

图 6-5 3 地 5 中心互相同步复制架构

6.5 跨城异步复制

同步复制无法应对并发量很高的场景，应用场景太小，实际中用的最多的还是异步复制。但异步复制会丢数据，所以异步复制的方案与业务对数据延迟、数据丢失的容忍度密切相关，实践中并没有一个统一的异步复制方案能适用各种业务场景，需要针对具体业务场景来设计方案。

下面先从 MySQL 的跨城异步复制方案开始探讨，如图 6-6 所示，假设按 user_id 分成 2 片，IDC1 和 IDC2 各支撑一半用户流量。

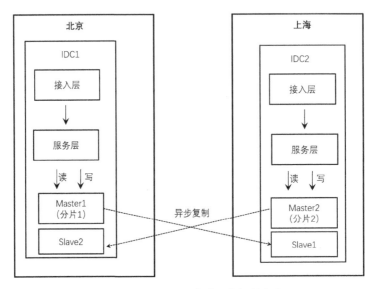

图 6-6　MySQL 的跨城异步复制方案

6.5.1　不能容忍数据不一致：实现部分的强一致性

如果图 6-6 是个支付系统，数据库中存储的是用户的钱，那么切换之后数据不一致，肯定是不能容忍的；但是不切换，又做不了跨城容灾，这个冲突怎么解决呢？

这里有一个非常巧妙的思路：跨城切换时，并不意味着所有用户的数据都不一致，可能是 99% 的用户在当前的几分钟内都没有做过支付操作，主库和从库数据是一致的，只有剩下的那 1% 的用户，主从不一致。如果有办法知道那 1% 的用户，在切换之后，让这 1% 的用户只能做读操作，剩下的 99% 的用户可以正常操作，那就解决了 99% 的用户场景，也就达到了跨城容灾并且数据零丢失的目的，具体做法如图 6-7 所示。

在第 3 个城市维护了 1 份日志数据 + 1 个主从数据不一致的 user_id 列表。每个 IDC 在发生用户交易时，都向第 3 个城市同步写入 1 份交易日志，第 3 个城市有个对账任务，基于这份日志，比对 IDC1 和 IDC2 的主从数据库，对账结果就是主从数据不一致的 user_id 列表。这份 user_id 列表，记录的就是主库还没来得及同步到从库的那 1% 的用户。

IDC1 发生故障之后，切换到 IDC2，在这个列表里面的用户，就只能做读操作，读的是有一定延迟的数据；不在这个列表里面的用户，可以正常操作。在 IDC1

故障恢复之后，数据被补齐，这个名单里面的列表被清空，所有用户都可以进行读/写操作。

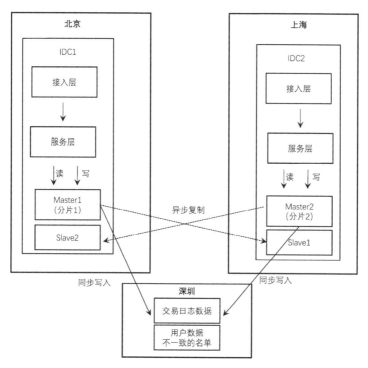

图 6-7　部分强一致性的解决思路图

6.5.2　可以容忍数据不一致：事后修复

假设图 6-6 的系统不是支付系统，而是订单系统，那可能就不需要那么复杂的方案。IDC1 出了故障之后，直接切换到 IDC2 继续下单，新订单没有问题，已经完成的订单暂时没有同步过来也没有问题（可以事后同步），只有那种处理中的订单会有影响，这可以通过事后的对账、修数据来处理。

6.5.3　加快异步复制速度

虽然异步复制会有延迟，但我们也不希望这个延迟太大。延迟越小，发生切换丢失的数据越少，事后修复的工作也越少。所以业界有很多的方案都聚焦在如何加快异步复制速度上。

1．DRC

复制包括两个阶段：Binlog 的网络传输 + Binlog 的回放。Binlog 的网络传输是单线程的，这个没有太多优化空间；而 Binlog 的回放，有各种并行回放的技术，也就是 DRC 方案。

2．跨城消息中间件

数据层复制不管怎么优化，都避免不了业务的写放大问题，即一次用户请求涉及很复杂的业务逻辑，在底层 MySQL 层面可能是多次事务操作，那就需要多次跨城复制。而业务层复制，就是把用户请求直接复制到另外一个机房，然后在另外一个机房做业务回放，而不是数据库回放，这种方式可以保证一次用户请求就只有一次跨城复制。

在具体实现上，需要跨城消息中间件的支持，在本地机房处理用户请求的同时，写入消息中间件，然后在异地消费，实现请求的回放。

6.6　单元化

6.6.1　到底什么是单元化

谈"多活"往往都会谈到单元化，简单来说，单元化就是对数据进行分片，每个分片的读/写操作都在该分片的内部完成。分库分表也可实现数据分片，那单元化和分库分表有什么区别呢？

先看一下，未单元化的分库分表的架构，如图 6-8 所示。假设按 user_id 把用户数据进行分库分表，分成了 3 份，上层有 2 个微服务，微服务 2 调用微服务 1，微服务 1 调用数据库。可以看到这是一个网状调用，微服务 2 的每台机器都会调用微服务 1 的每台机器，微服务 1 的每台机器都会调用数据库的每个 Master，这种架构有什么问题呢？

（1）某一个分片的数据库的 Master 响应时间变长或者发生故障之后，可能会影响微服务 1 的每台机器，进而影响微服务 2 的每台机器。

（2）数据库扩/缩容也会影响上层服务的每台机器。

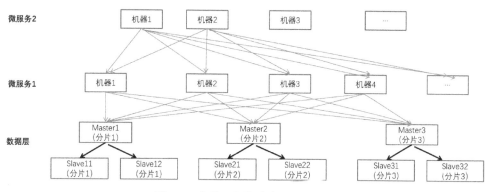

图 6-8　未单元化的分库分表的架构

把上面这种架构单元化之后，就变成了如图 6-9 所示的架构：一个数据库的分片和上层的所有微服务组成一个 Set，所有的读/写操作都在这个单元内完成。这样单元化之后，好处也很明显：

（1）故障局部化。Set 与 Set 之间相互独立，互不影响。某一个 Set 出现故障之后，只会影响这个 Set 内的用户。

（2）扩/缩容更好管理。每次扩/缩容都以 Set 为单位，一个 Set 内的各个微服务的机器比例是固定的（根据自己的业务场景，通过压测得出经验值），这样每次扩容不用再挨个去评估每个微服务要加多少台机器。

（3）进行跨城切换。按 Set 为单位进行切换，而不是以整个机房为单位，管理粒度更细，切换更平滑、稳定。

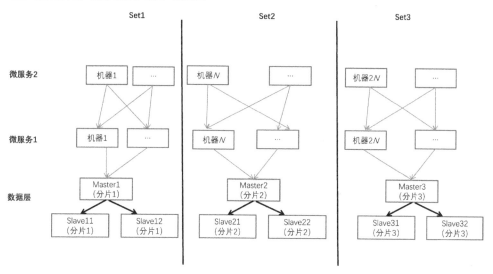

图 6-9　单元化的架构

6.6.2　什么系统不能单元化

单元化看起来很美好，但不是所有东西都能单元化。

1）接入层无法单元化

图 6-9 所示的架构是按 user_id 单元化的。而接入层是负责按 user_id 做路由的，接入层的每台机器都会收到所有 user_id 的流量，然后按照 user_id 做一致性 Hash 路由，所以接入层的每台机器都要调用每个 Set，如图 6-10 所示。

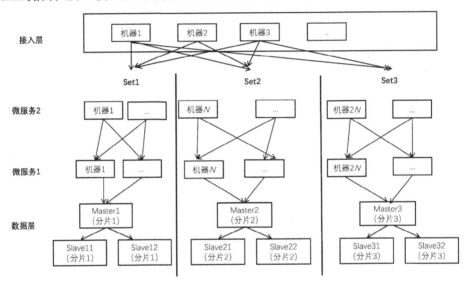

图 6-10　接入层没有单元化

要额外说明的是，这里所说的"接入层"并不是每个系统、每个团队都需要的。对于大型团队来说，处在中、下游的团队可能感知不到接入层，因为上游的微服务已经单元化，那中、下游就不存在按 user_id 做路由的问题了，直接跟着上游的分片来部署系统就可以了。

2）全局数据无法单元化

以电商系统为例，用户系统可以按 user_id 单元化，订单系统也可以按 user_id 单元化。但商品、库存系统就不行，因为每个用户都可能访问所有商品和库存，如图 6-11 所示。

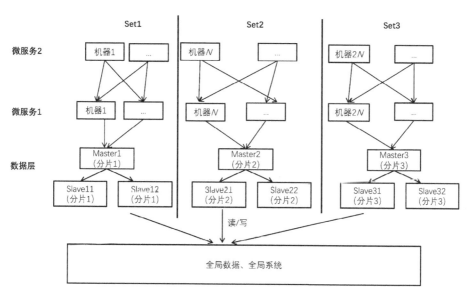

图 6-11　全局数据无法单元化

第 7 章
CAP 理论

在前面分开讨论了高并发、高可用、数据一致性问题，但这三个问题并不是孤立的，而是相互影响的。前辈大师们很早就总结出了 CAP 理论，本章把这三个问题放在一起进行综合讨论。

7.1　CAP 理论的误解

虽然 CAP 理论被大家熟知，但不同人对其有不同的理解，下面是笔者的理解。

C：一致性。例如，事务一致性、多副本一致性等。

A：可达性，也有人翻译为可用性。除了可用性，笔者认为也包括了高并发、性能方面的因素，因为如果一个服务抵抗不住高并发，或者性能不足，就会导致客户端超时，其实也是不可达。

P：网络分区。系统一旦变成分布式系统，有多个节点，无论因为数据分片，还是任务分片，节点之间都要进行网络通信，就可能存在网络超时或网络中断。

关于 CAP 理论，最大的误解是：三个因素是对等的，可以三选二，可以在三个因素中选择其中两个，牺牲另外一个。但在大规模分布式系统场景下，P（网络分区）往往是一个必然存在的事实，只能在 C 和 A 之间权衡。在实际中，大部分都是 AP 或 CP 的系统，而很少有 CA 的系统。CP 的系统追求强一致性，如ZooKeeper，但牺牲了一定的性能；AP 的系统追求高可用，但牺牲了一定的一致性，如数据库的主从复制、Kafka 的主从复制。

为什么很少有 CA 的系统？因为要实现 A，必然就需要冗余，有了冗余就可能存在网络分区（P）。例如，传统的关系数据库实现了事务的 ACID，也就是强一致性（C），但是单机版没有 A，也没有 P。要实现 A，需要加从库，但也只能解决 A 的问题，却无保证强一致性，转而寻求最终一致性。

通过分析可以看出，P 并不是可以通过牺牲 C 或者 A 换取的，而是需要通过网络基础设施的稳定性来保证的。CAP 之父在 *Spanner，True Time and the CAP Theorem* 一文中就写到，"如果说 Spanner 真有什么特别之处，那就是 Google 公司的广域网，Google 公司通过建立私有网络及强大的网络工程能力来保证 P。在最大限度地保证 P 的情况下，再考虑同时达到 C 和 A。"

但存在一个关键问题：即使保证了 P，网络完全健康，没有分区，但信息的传输也需要时间，所以"延迟"不可避免，而这就是下一节要专门探讨的问题。

7.2　现实世界不存在"强一致性"（PACELC 理论）

1. 现实世界的三个例子

（1）皇帝驾崩。在古代，传递信息的交通工具通常是马。当皇帝驾崩、新皇帝登基时，这个消息要"马不停蹄"地送往各个州、县。马从京城到边疆，可能需要好几个月。在这几个月中，有的州、县以为旧的皇帝还在执政，有的州、县已经收到新皇帝登基的通知。

假如新皇帝颁布了一条新的法令，意味着在过渡期内，有的州、县还在执行旧的法令，有的州、县已经执行新的法令。

这就是现实世界中的"不一致性"的例子。这个例子反映了一个常识性的哲理。

信息的传递需要"时间"，也就是"延迟"，有延迟就会带来不一致性。

（2）淘宝秒杀。假如你正在写代码，同事告诉你淘宝网现在有一个促销活动，秒杀免费获取一件礼物。你收到这个消息，立刻打开淘宝网页，等打开时显示活动已结束。

请问：同事是告诉了你一个"假的"或"不正确"的消息吗？可以说是，也可以说不是。

这个问题背后反映了另外一个常识性的哲理。

世界一直是变化的，当把世界的某一刻的"状态"传给另外一个人或另外一个地方时，此时世界的"状态"可能已经改变。而对方收到的是一个"过时"的消息。

正如古代哲学家所言："人不可能两次踏进同一条河流。"

（3）两将军问题。两将军问题用一个通俗的描述就是：客户端给服务器发了条消息，网络失败或者超时。请问，此时服务器到底是收到了消息，还是没有收到？答案是：不确定。

上面三个例子反映了三个基本常识：

- 信息的传播需要"时间"。有"时间"就有"延迟"，有"延迟"，就有不一致。
- 信息反映的"世界"一直在变，信息在传播，世界在变化。两者是并行发生的，也就意味着信息的"过时"。
- 传递信息的通道是不可靠的。

2. 计算机世界：随处可见的"不一致性"

现在就把现实世界中的三个例子对应到计算机世界中。

1）信息的传播需要"时间"

例子 1：在 Kafka 中，ZooKeeper 选取出 Controller。当旧 Controller 宕机时，新 Controller 被选举出来。

这个过程可能很快，在计算机世界中，是以毫秒或微秒度量的，但即使再快，也需要"时间"，而不是 0。

在这个极端的时间内，有的接收到的是旧 Controller 发来的消息；有的接收的是新 Controller 发来的消息。或者说，旧 Controller 宕机，其发出的消息还在网络上游荡，此时新 Controller 上台。

例子 2：在 Kafka 中，每个 Broker 都维护了一个全局的元数据（Metadata）。当 Topic 或者 Partition 变化时，所有 Broker 的元数据都需要更新。

很显然，这个过程也需要"时间"，网络还会超时，导致失败。最终结果必然是所有 Broker 维护的元数据是不一致的。

2）信息所反映的"世界"在变化

以 Kafka 为例，客户端询问集群中的一个 Broker："要发消息的(Topic, Partition)，对应的机器列表是多少？" Broker 回答："机器列表是（b1,b2,b3）。"

这个结果是正确的，且当前是正确的。但就在客户端得到这个正确的消息，正要选择 b1 向外发送时，b1 宕机，即"世界"变了，消息发送失败。

3）两将军问题（通道不可靠）

两将军问题（通道不可靠）在计算机科学中反复提及，此处不再详述。

3．理论上不存在"强一致性"

信息的传输需要时间，世界本身也一直在变化。从微观粒度看，不管计算机的计算时间有多短：毫秒、微秒、纳秒，时间总是可以细分到一个更细的粒度。在这个更细粒度来看，世界永远是不一致的。

通常说的"强一致性"，是从观察者的角度得来的。

以单机版的 MySQL 转账为例，一个账户扣钱、一个账户加钱，必定存在一个短暂的时间窗口，在这个时间窗口内，一个账户的钱减少了，但另一个账户的钱却没有加上。只不过这个时间窗口很短，并且对外屏蔽了内部的"不一致性"，从客户端看是一致的。所以，客户端看到的是"强一致性"，但从内部来看可以认为是"最终一致性"。

这还只是单机版，如果换成集群，网络时延很大，问题就会放大，客户端可能就会明显感知到"不一致性"的存在。再用转账举例：假如跨行转账的时间是 2h，对于系统来说，这是"最终一致性"；但对于客户而言，假设客户很忙，好几天才查询一次账户，他看到的永远都是一致的，这就是"强一致性"。

说了这么多，是想阐述一个最基本的东西：在计算机世界中，追求绝对的"一致性"，就好比在物理学中追求永动机一样。

4．PACELC 理论

正因为"延迟"必然存在，CAP 的扩展理论 PACELC 应运而生。其中的 P、A、C 没有变化，只是引入了 Latency（延迟）因素，E 指的是 Else，如图 7-1 所示。

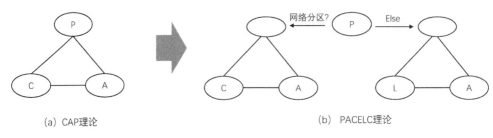

(a) CAP理论　　　　　　　　　　　　　　　　(b) PACELC理论

图 7-1　CAP 理论和 PACELC 理论比较

　　当 P 出现时，只能在 A 和 C 之间权衡，牺牲 A 换取 C 或者牺牲 C 换取 A（也就是 CAP 理论）；否则，在 P 没有出现（网络正常）的情况下，需要在 L 和 C 之间权衡。

第2部分　业务架构

不同于技术领域的"硬"知识、"硬"技能，业务领域更多是"软"性的、抽象的技能。一旦一个东西呈"软"性，往往会变成一门"隐学"，很多人虽然知道这类东西存在，但又难于表述。

业务架构就属于"隐学"，当问一个程序员或架构师什么是业务架构时，他们通常都知道一个大概，但又难于描述，就像是"只能意会不能言传"。本部分将试图把这样一个"隐学"变成"显学"，同时探讨业务和技术的融合之道。

第 **8** 章
业务架构定义

8.1 各式各样的方法论

软件领域到现在为止已经发展了几十年，众多的前辈大师们总结了各式各样的方法论，有些已经过时，有些开始变得越来越流行。这里先对这些方法论做一个概览，如表 8-1 所示。

表 8-1 软件开发方法论一览表

方法论名称	解 释
OOA/OOD/OOP 分析模式与设计模式	面向对象的分析、设计与开发
E-R 建模	关系数据库领域的建模方法论
UML	在 OOA/OOD 基础上的一套成熟的建模方法和工具
SOLID 原则	在 OOA/OOD 基础上，敏捷开发者提出的面向对象的几个原则
SOA、微服务	基于服务的架构
RUP 4+1	统一软件过程，架构的五大视图
四色建模	在 OOA/OOD 和 UML 基础上发展的业务分析方法
TOGAF	1995 年，国际标准权威组织 The Open Group 发表的 The Open Group Architecture Framework（TOGAF）架构框架
DDD	领域驱动设计

不同的方法论就像武术的不同门派，思考角度不一样，所以无法在一个标准的维度下比较孰优孰劣。但是很多时候，它们又在从不同的角度、用不同的语言来表达同样的东西。

照搬任何一种方法论不是本书的目的，本书希望可以跳出这些方法论的框框，从"朴素"的思考方式出发，吸收精髓，然后在实践中根据自己的业务复杂程度和团队的能力模型进行一定的裁剪和折中。

8.2 什么不是业务架构

"什么是业务架构"不太好定义，但"什么不是业务架构"却很好定义。作为技术人员，我们可以明确技术架构都解决哪些问题，然后这些问题之外的部分，往往就是业务架构要关注的。

下面列举了技术架构要关注的一系列问题：

（1）系统是在线系统还是离线系统？

（2）如果是在线系统，那么需要拆分成多少个服务？每个服务的 QPS 是多少，需要部署多少台机器？

（3）运行方式是多线程、多进程，还是线程同步机制、进程同步机制？

（4）如果是离线系统，那么有多少个后台任务？任务是单机，还是集群调度？

（5）对应的数据库的表设计是什么样的？是否有分库分表？

（6）数据库的高可用机制是什么样的？主从切换如何实现？

（7）服务接口的 API 如何设计？

（8）是否用了缓存？缓存数据结构是如何设计的？缓存数据更新机制是什么样的？缓存的高可用机制是什么样的？

（9）是否用了消息中间件？消息的消费策略是什么？

（10）是否有限流、降级、熔断措施？

（11）是否有完善的监控、告警机制？

（12）如何保证服务之间的数据一致性？

通过上面一系列问题可以看到，技术架构涉及的都是"系统""服务""接口""表""机器""缓存"这样技术性很强的词语，这些是开发人员直接可以通过写代码实现的，很务实，没有虚的内容在里面。

把上面这些内容梳理一下，归类并起个名字，就变成了各种架构词汇：

（1）物理架构（物理部署图）；

（2）运行架构（多线程、多进程）；

（3）数据架构（数据库表的 Schema）；

（4）应用架构（系统的微服务划分）。

这些是从架构的不同"视角"得出的归类，组合在一起就是软件架构 4+1 视图，这点在本书后面章节还会详细讨论。当然，在实际操作中，4+1 视图只是一个参考，不同公司和团队的称谓有一定差异。

表 8-2 从不同抽象层次总结了业务和技术的一些常见词汇，可以看出，从具体技术到抽象技术，再到业务，所用词汇越来越抽象，在沟通与表达的过程中，产生歧义的概率越来越大。在实际中，只有时刻意识到我们面对的是业务问题，还是技术问题，或是其他的更高层次的问题，才能在一个正确的层面上解决问题。

表 8-2　不同抽象层次的业务和技术词汇构成

层　　次	词汇表
具体技术	变量、函数、类、对象； 线程、进程、机器、虚拟机、容器； jar 包、动态链接库； HTTP 服务、RPC 服务、Socket、ePoll； MySQL 库表； Redis、Memcached 等
抽象技术	（1）模块：对于一个做算法的人来说，模块可能指一个函数；对于做业务开发的人来说，模块可能指一个类，或多个类组成的一个 jar 包，或一个子系统，或一个进程，或一个线程。 （2）接口：是一个抽象概念，在实际实现中，可能是 HTTP 或 RPC，或一个进程内部两个 Class 之间的接口。 （3）表：可能只是一个逻辑概念，对应到物理实现上，是分库分表的结构；或一个逻辑上的宽表，对应到物理上，是多张表的 join 方法。 （4）消息或指令：可能是消息中间件中的消息，也可能是数据库中的一条记录，也可能是 RPC 接口中的一些参数
业务	业务规则、业务流程、业务对象、主数据、元数据、模板、工作流等

通过分析，我们知道了技术架构究竟指什么，这也为我们提供了一个参照系。业务架构不是技术架构，是技术架构外面的东西，至于外面有什么，后面的章节将会逐步展开探讨。

8.3　以终为始：业务架构到底解决哪些问题

正如前面所说，方法论特别多，直接照搬某种方法论很容易故步自封、陷入僵化。所以本书的思维方式是"以终为始"，先确定要解决的"问题"，也就是"目标"，然后去思考不同方法论的擅长点，吸收不同方法论的套路，最终找到通往这个目标的路。

在笔者看来，业务架构要解决下面 3 类问题。

1. 团队的"混乱"问题

团队的"混乱"，不是计算机领域独有的，有组织的地方就有混乱。表现为：不同团队的职责交叉、重叠，协作复杂，边界不清，"扯皮""踢皮球"。这表面看来是个管理问题，但首先是个计算机的专业问题。管理是建立在对专业知识的精通之上的，否则很容易瞎指挥。只有从业务架构角度出发，让整个公司的业务与系统划分成合理的子业务或子系统，然后对应到团队的划分，才能解决这个问题。这也正是"康威定律"所强调的。

2. 系统的"混乱"问题

跟生活常识一样：一个家住久了，不收拾，一方面是脏（这个通过勤打扫来解决）；另一方面是各种东西胡乱放，不整齐，要用的时候找不到，不用的时候它自己冒出来了。原因在于没有对房间的每一块空间、每个柜子、桌子有一个功能划分，不同类型的东西随意放；或者即使有功能划分，时间久了也没有遵守，随意放，最后造成混乱。

系统的混乱，也是类似问题，代码没有处在它该处的功能模块里面：某段代码片段放在了不该放的某个函数里面，某个函数放在了不该放的某个类里面，某个类放在了不该放的业务模块里面。

系统的混乱，除带来团队的混乱外，还有一个问题是认知负担。代码首先是给人看的，之后才是给机器执行的。一个混乱的系统，谁接手谁痛苦，没有人想去维护它、改善它。旧的人离职，新的人接手，需要很长时间才能大概摸清系统的运行逻辑，系统里面的黑盒部分越来越多，到最后，没人任何一个人能完全搞清楚系统。新需求的满足，也会越来越慢。

而做业务架构，就像"整理房间"，先搞清楚家里都有哪些东西，再搞清楚家里有哪些空间可以放东西，把东西放在该放的空间，整个家看起来井井有条，也就达到了业务架构最首先的目的。

3. 研发效率问题

研发效率与基础架构完善度、团队管理与绩效考核、研发流程等各种因素都有关系，而软件的几个非功能性需求——可维护性、可复用性、可扩展性也对研发效率有重要影响。软件的非功能性需求有很多，不同类型的软件的侧重点也有差别。在很早以前，惠普公司的罗伯特·格雷迪（Robert Grady）及卡斯威尔（Caswell）就提出了 FURPS 需求模型。同时，随着分布式系统的发展，这方面的理论也在扩充。其中，并发性、可用性、一致性、稳定性、安全性等是技术架构要解决的问题；可维护性、可扩展性、可复用性是业务架构要解决的问题。

可维护性：与可维护性密切相关的是"可理解性"，或者说"代码可读性"。可维护性体现在以下几个方面。

- 系统架构设计简单，接口简洁，表数据关系清晰。
- 老人离职，新人接手，无须很长时间就能厘清代码逻辑。
- 系统功能不耦合，改一个地方不会牵动全身。
- 系统某些模块即使时间久远，也有人能厘清内部逻辑。

可扩展性：它体现在以下几个方面。

- 新需求伴随一些新功能，可以在现有系统上灵活扩展。
- 没有地方写死，可以灵活配置。
- 容易变化的逻辑没有散落在各个系统里面，不需要多个地方跟着一起改。

可复用性：在开发新需求时，旧的功能模块可以直接用。

4. 技术规划/业务规划

解决了团队职责分工混乱、系统混乱、系统的可复用性、可扩展性、可维护性之后，更高一个层面的就是技术规划/业务规划。先进技术的发展，往往也会带来业务架构的变革，所以业务规划一方面是满足业务需求，另一方面是考虑有哪些新技术能带来大的业务架构改进。

比如微服务的兴起，使得应用从单体到分布式进化，然后又到中台。

比如工作流引擎的使用，使得复用粒度从之前的功能模块到流程复用。

比如大数据量的交互式查询引擎的引入，使得过去在单机数据库很难解决的交互式查询问题，变得很简单，进一步带来的是数据分析产品的进化。

第 9 章
深刻理解现实世界：识别"真正的"需求

业务系统需要完成现实世界到计算机世界的映射，对现实世界的理解，也就是通常所说的"需求分析"。**需求本身如果不合理，一切后续的软件开发方法论都是白搭。**也正因为如此，本书把需求的识别和分析放在业务架构最首要的位置。作为一个技术人员，通常认为需求分析是产品经理或需求分析师的职责，自己只需做好技术就行。但业务架构恰恰是衔接需求分析和技术实现的桥梁，要做好业务架构，首先需要的是综合分析能力，之后才是计算机的软件能力。

这里的综合分析能力，其实就是思考现实问题的普适思维，并提升至哲学思维。本书不会形而上地去谈哲学思维，而是看哲学思维到底是如何在需求分析中体现的。

9.1　探究问题的本源

探究问题的本源需要"层层回溯，刨根问底"，不断深入追问为什么，最终确定终极问题。如果遇到了问题 A，经过分析，是原因 1 导致的；原因 1 又是如何产生的，是原因 2 导致的；原因 2 又是如何产生的，是原因 3 导致的……如此追到最后，直至事物的本质。这点在物理学中叫作"第一性原理"，在哲学上叫作"道"。

在使用马车的时代，大家解决的问题是养更强壮的马，制造更好的马车，但用户真正的目的并不是这个，而是快速地从 A 点到达 B 点。达到这个目的的，并不一定是马，而是后来的火车、汽车、飞机。

我们在做一个功能或者一个系统时，往往也是在"养更强壮的马，制造更好的马车"，跳出这个思考的框框，可能会找到"火车、汽车、飞机"来解决问题。

这里举一个例子：比如做电商的客服系统，因为用户有各种各样的投诉，我们会在客服系统里面添加越来越多的功能，供客服人员使用，解决客服人员的问题。但我们真正要解决的，并不是客服人员的问题，而是用户的问题。用户的问题可能发生在商品的展示上，也可能发生在供应链、仓储、物流环节上，所以真正要解决的是如何去改善这些系统，避免某类投诉，而不是在投诉发生之后想着怎么在客服系统解决。

9.2　系统化思维

哲学中有一句话，"事物之间存在着普遍联系"。通俗的说法就是：不能头痛医头，脚痛医脚。头痛的时候，可能原因不在头上，而是身体其他部位出了问题引发的头痛。所谓系统化思维，就是不能只看一个"点"，而要把各个点串联到"线"或"面"。

业务复杂，团队扩大了之后，有人不断离职，有新人不断加入，然后又缺乏很好的业务梳理、文档维护，慢慢就有了很多遗留系统，这些遗留系统之间存在着千丝万缕的关系，慢慢就成了"一团糨糊"。然后很多需求的提出都是为了解决某个遗留系统的缺陷，在这种情况下，任何提出的需求，都可能在解决了一个老问题时，又制造了一个新麻烦。在这种情况下，就需要把系统的上、下游系统串联起来看，最终可能发现，应该在另外一个系统提另外一个需求来解决这个问题，而不是在本系统内部解决。

下面举一个典型例子：如图 9-1 所示，库存系统账目不平，需求是要做个对账系统。

站在 C 端用户角度来看：下单，要减库存；客退，要加库存。

站在 B 端供应商角度来看：采购，要加库存；退供，要减库存。

站在内部商务和物流人员角度来看：调拨，一个仓库减库存，另一个仓库加库存。

无论 C 端用户的下单、客退，还是 B 端供应商的采购、退供，还是内部商务和物流人员的调拨，都是很复杂的业务流程，对应的是不同的团队开发的不同系统。单独看每一个业务的每一个系统，都没有问题，但串联起来就有很多问题。

是不是要在对账系统中解决各种异常场景呢？可能未必，经过分析可以发现，某些场景应该在采购系统中解决，某些场景应该在客退系统中解决，最后通过对账系统进行兜底。

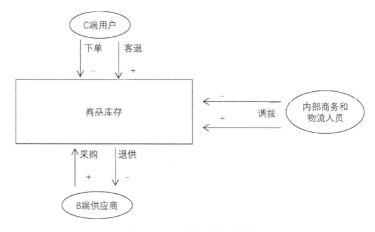

图 9-1　库存运转示意图

9.3　信息传播的递减效应

一个需求被用户或客户提出来，经过业务人员、产品总监、产品经理层层传递，等传到了技术人员，可能已经不是最初的需求，最后做出来的东西往往不是对方真正想要的，这就是信息传播的递减效应。

当发生一个事件时，第一个人 A 看到事件的全过程，掌握的信息量按 100 分计算。当 A 向 B 描述事件过程时，受记忆力、表达力、主观意愿等因素的影响，最多能把整个事件信息的 90% 描述出来，A 讲出去的只是 90 分。而听者 B 受注意力、理解力、主观意愿等因素的影响，是不可能完全理解 A 陈述的所有信息的，会产生丢失、忽略或误解情况，则事件真相经过 A 讲述给 B 的传递过程，信息量可能只剩下 85 分了。以此类推，当 B 再向 C 转述时，与 A 向 B 传递的一样，信息会不同程度地再次丢失或误解，事件的真实信息可能只剩 80 分了……在这个过程中，真实的信息量衰减得越来越厉害，每增加一个中间环节，被加入的误解信息量便增多一些。

除了上面这些产生 "伪需求" 的原因，还有一些原因众所周知。

（1）面向 KPI 的需求。不从用户角度出发，不解决真正的问题，仅是为了某个团队达成自己的 KPI，这个很容易理解。

（2）没有数据支撑，拍脑袋想需求。猜测有某类问题，但又拿不出强有力的数据来论证。

9.4　主要矛盾与次要矛盾

问题永远都有，所以需求也是无止境的，但研发资源和时间资源是有限的，因此需要聚焦解决主要问题，忽略次要问题，也就是哲学上讲的区分处理主要矛盾与次要矛盾。

我们通常都会面临这样一种选择：一方面有很多新的琐碎小需求要做，另一方面系统的性能、扩展性、稳定性等方面存在很大问题，前者是短期收益，后者是长期收益。

面对这种问题时，通常需要产品、技术、运营等多个团队的博弈，需要建立相对应的管理机制，比如成立需求评审委员会，一起讨论并确定哪些是要解决的需求，哪些是要放弃的需求。

9.5　产品手段与技术手段的权衡

我们的目的是解决用户的问题，可以使用产品手段，也可以使用技术手段。在实际中，存在着很多产品手段与技术手段的权衡考虑的案例。

最初做搜索引擎时，研究人员发现，如果用户搜索时多输入几个字，搜索结果就会准确得多。那么，有没有什么方法能提示用户多输入几个字呢？有人想到能否做一个智慧化的问答系统，引导使用者提出较长的问题？但是，这个方案的可行性会遇到许多挑战。也有人想到，能否主动告诉用户请尽量输入更长的句子，或根据使用者的输入词主动建议更长的搜索词？但是，这样似乎又会干扰用户。最终，有一位技术人员想到了一个最简单也最有效的点子：把搜索框的长度延长一倍。结果，当用户看到搜索框比较长时，输入更多的字词的可能性更大。这就是一个典型的用产品手段解决用户问题的案例。

再比如某个 UGC 社区首页的个性化推荐，用户可以一页页地往下翻，翻几百页、几千页，但实际上很少有用户有这个耐心和精力。对于一个推荐系统，可能只需要保证前 1000 条数据是精准推荐的，后面的选择自然排序。这相当于把一个无限数据规模的排序问题缩小为固定的、有限长度的排序问题。这样一来，技术难度极大降低，也同样解决了用户问题。

再比如电商购物，为了应对高并发的库存扣减，对商品的库存做了分库分表。如果要同时对多件商品进行库存扣减，从技术上来说，这就是一个分布式事务问题。但实际上并不会这样解决，而是在产品层面解决。在产品层面，绝大部分场景都是一次把一种商品加入购物车，极少有一次性加多种商品的场景。例如，要把收藏夹里面的多种商品一次性地加入购物车，这时可能出现部分库存扣减成功，部分库存扣减失败的情况，在产品层面会提示哪些商品没有成功加入购物车，让用户重试，而不是试图用分布式事务解决。

第 10 章
深刻理解现实世界：从整体上去看待需求

在所有需求都是"真"的这个前提之下，下一步要解决的是怎么分析需求。对于需求分析，首先要做的不应该是陷入某个需求的细节，而是从整体上把握所有需求，本章就来探讨几个需求整体分析的思维。

10.1　利益相关者分析：看需求先看人

如果说需求是谈论事，那么利益相关者分析就是首先关注人。因为任何系统的任何功能最终做出来，都是给人用的。如果用户感知不到某种功能，那么就相当于这种功能没有。

下面随便举几个例子，来说明什么是利益相关者。

1. 例 1：哪几类人在用微信

- C 端普通用户。
- 支付收款个人商家。
- 支付收款接入商和开发商。
- 支付中间商。
- 游戏开发商。
- 广告投放商家。
- 订阅号作者。
- 服务号开发者。

- 小程序开发者。

……

所以说微信是一个平台，一个超级平台、游戏平台、电商平台、广告平台、媒体平台。

2. 例 2：哪几类人在用电商系统

- C 端用户。
- B 端卖家、供应商。
- 供应商 ERP（利益相关者不一定是人，也可以是一个外部系统）。
- ISV 提供商。
- 公司内部人员：包括采购人员、运营人员、客服人员、仓储人员、物流人员、关务人员（如果做海外贸易）、财务人员。

3. 例 3：电商系统里面的支付系统

把例 2 的范围缩小，只讨论里面的支付部分，有哪几类利益相关者呢？

- 用户。
- 商家。
- 银行。
- 第三方支付平台。
- 财务系统。

……

首先明确利益相关者，有什么好处呢？

（1）利益相关者影响需求的重要性。老板、总监、基层员工，需求优先级自然不一样；大型客户、中型客户、小型客户，需求优先级也不一样；重点业务、外围业务，需求优先级也不一样。

（2）利益相关者提供了一种看待产品/系统的思维方式，也就是"黑盒"的思考方式：大的方面，把公司所有系统放在一起当成只有一个 IT 系统，从外部去看有哪些利益相关者，这些相关者如何串联完成整个业务；小的方面，可以只看一个系统里面的一个子系统/模块，看其外部都有哪些子系统/模块和这个子系统/模块交互。

（3）利益相关者是对所有需求的最高抽象。所有的功能点，最终都是为人服务的，而一个系统的人就那么几类，核心诉求也就那么几种。这样去看整个系统，认知会大大简化。

10.2　金字塔原理：不重不漏地拆解问题

著名的麦肯锡金字塔原则（或者称为 MECE 原则），要求不重不漏地拆解问题。如图 10-1 所示，一个中心论点被分解为多个分论点，每个分论点又被分解为多个论据，如此层层向下分解。

分解过程要保证以下两个原则。

（1）分清。同一层次的多个部分之间要相互独立，无重叠。

（2）分净。完全穷尽，无遗漏。

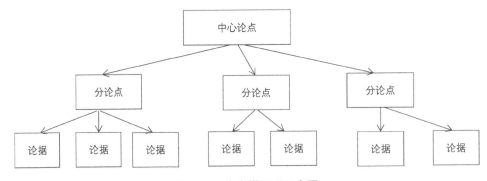

图 10-1　金字塔原理示意图

以人的分类为例：

- 按人种分：黄色人种、白色人种、黑色人种、棕色人种。
- 按国家分：中国人、韩国人、日本人等。
- 按地理位置分：亚洲人、欧洲人、非洲人等。

每一种分法之间相互都不重叠，同时又完全覆盖所有人。

分解是一种很朴素的思维方式，把一个大的东西分成几个部分。比分解更为严谨、更为系统的是正交分解。正交分解首先是一个数学概念，但这种思维方式却很通用，可以应用于技术、业务层面，也可以应用于其他领域。

在数学中，$(x,y,z)=x \times (1,0,0) + y \times (0,1,0) + z \times (0,0,1)$。也就是说，三维空间中的所有向量都可以由$(1,0,0)$、$(0,1,0)$、$(0,0,1)$这三个基本向量组合而成，这三个向

量相互独立，是"正交"的。在物理学中的傅里叶变换，任意一种形状的波形都可以由一系列标准的正弦波叠加而成，这也是正交分解。

下面举几个业务的正交分解例子。

案例 1：对于电商的供应链来说，一个很重要的部分就是仓库，仓库负责货品的存储和进出。如图 10-2 所示，对于电商来说，有以下几大核心业务。

- 采购：从供应商采购商品，存入仓库。
- 退供：卖不出去的部分，再退还给供应商。
- 调拨：把货物从一个仓库移到另一个仓库。
- 售卖：C 端用户在电商网站下了单，仓库发货。
- 客退：C 端用户退单，商品退回仓库。

这些业务的业务流程和逻辑都很复杂，站在仓库的角度，如何支撑这些业务呢？其中一个思维方式就是正交分解：虽然业务种类繁多，但站在仓库的角度来看，只有两种操作，即入库和出库。好比平常用的<K,V>存储或者缓存，虽然上层业务代码各式各样，功能层出不穷，但对<K,V>存储来说就是读和写两个操作。

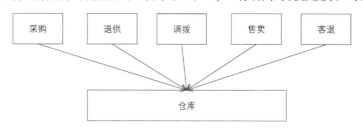

图 10-2　电商供应链仓库支撑的各种业务

正交分解之后，对于仓库来说，它只有两类业务：入库和出库。上层的各种业务玩法到了仓库这里，都会转换成这两个中的一个，如图 10-3 所示。

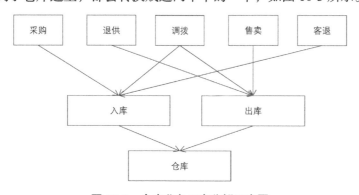

图 10-3　仓库业务正交分解示意图

案例2：电信公司的套餐业务种类多样，但分解开来看，主要有电话、短信、宽带三种业务，然后每种业务又分成了几个不同的规格。然后这些不同规格的业务排列组合，就成了各式各样的套餐业务，如图 10-4 所示。

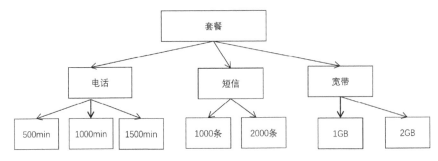

图 10-4　电信公司套餐业务的正交分解

再比如经常遇到的状态字段（枚举值），当一个状态字段有几十种取值，且每一种取值对应的业务逻辑还有很大差异时，可以考虑把状态字段拆解成多个字段，每个字段可能只有 3～5 个取值，最后排列组合，就达到了一个字段有几十种取值的效果。

10.3　需求的两种表现形式：业务流程与业务规则

再复杂的需求，抽象来看，最终也就是两种形式。

（1）业务流程：第一步干什么，第二步干什么……最后完结。简单一点，就是一个线性流程，复杂一点，会是一个网状流程，某一步做完之后，又回到之前的某一步。

（2）业务规则：业务流程中的每个节点，在处理数据时，遵循各种规则来修改数据或者查询数据。用伪代码表示，类似如下的形式：

```
if xxx and yyy then action1
if xxx or yy then action2
...
```

这两类形式，对应到技术实现中的工作流引擎与规则引擎，后面将会更详细探讨。

10.4　"业务"的闭环性

需求点属于某一个业务，所以当收到一个具体需求时，首先要看的是它处在业务中的什么"位置"。那什么可以被称为一个"业务"呢，在不同公司，划分方法并不一样，这与商业战略相关。

案例 1：美团公司做团购、外卖、餐饮、生鲜、休闲娱乐、丽人、结婚、亲子、配送、酒店旅游、出行等，请问，这家公司有几个"业务"？

如果以外部公布的新组织架构来看，这家公司主要有四大业务：

- 到店（餐饮、团购、休闲娱乐、丽人、结婚、亲子等）业务。
- 大零售（外卖、配送、生鲜）业务。
- 酒店旅游业务。
- 出行业务。

但从 2020 年以前的组织架构来看，这家公司有三大业务：

- 餐饮类（团购、外卖）业务。
- 综合类（休闲娱乐、丽人、结婚、亲子等）业务。
- 酒店旅游业务。

请问，这种划分的逻辑是什么？

综合类业务是再分成一个个的子业务，还是当作一个整体来看？

除这些以外，请问"广告"算作一个业务，还是一个平台？支付与金融算作一个业务，还是平台，或者二者同时有之？

案例 2：把上面的例子细化一下，对于广告，通常有几种不同的计费方式：CPC（效果广告）、CPM（展示广告）、CPT（按时间段付费广告）。

第一种分法，把这三种广告认为是三个业务，由三个不同的团队做（各有各的产品、技术、运营）。当然有一些公共的设施，如账号体系。

第二种分法，认为这是一个业务的三种玩法，由一个团队做，整合在一起考虑。一套技术架构同时支撑三种玩法（如同一个位置既可以按 CPM 卖，又可以按 CPT 卖）。

案例 3：电商平台，有 B2C、C2B、C2C、海淘和海外。

这是五个业务，还是一个业务，或是三个业务？

第一种分法，认为这是一个业务，产品、技术、运营各一套技术架构，支撑不同的玩法。

第二种分法，认为这是三个业务，由国内、海淘、海外三个团队做，只是账号体系、技术基础设施公用而已。

第三种分法，认为这是五个不同的业务，由五个团队各自做。同第二种一样，某些基础设施公用。

案例 4：把案例 3 进一步细化。电商的"供应链"是否是一个业务？前端的"搜索"，是否是一个业务？

通过上面几个案例可知，一个内容是否算作一个业务往往与公司的长期战略、发展阶段、组织架构密切相关，并没有一个标准的划分方式。但抛开这些差异性，一个内容能称为一个业务，往往具有一个关键特点，就是闭环。

什么是闭环？

- 团队闭环：有自己的产品、技术、运营和销售，联合作战。
- 产品闭环：从内容的生成到消费，把控整条链路。
- 商业闭环：具备了自负盈亏的能力（即使短期没有，长期也是向这个方向发展）。
- 纵向闭环：某个垂直领域，涵盖从前到后。
- 横向闭环：平台模式，横向覆盖某个横切面。

同时闭环可大可小。

- 小闭环：一个部门内部的某项内容有独立的产品、技术、运营团队，独立运作。
- 大闭环：由事业群、事业部，甚至公司高层战略部门来决定。
- 更大的闭环：产业上下游，构建完整的生态体系。

第 **11** 章
不同粒度的建模方法与原则

解决了需求的问题之后，接下来进入下一个环节，就是软件建模，通俗地讲就是软件设计。一个常见观点就是把小模块、小系统的设计叫作"详细设计"，把大系统或者跨多个团队的系统的设计叫作"架构"。但在笔者看来，"设计"与"架构"之间并没有明显的界限，它们只不过是粒度的不同而已，遵循的思维方式是相通的。极端一点可以说，"代码即架构"，因为关键性的代码片段本身就已经反映了架构思维。

建模，也就是如何建立现实世界到计算机世界的映射。

本章从小到大，讨论两个粒度的建模方法：一个是单个系统内部（小粒度）的面向对象的建模；一个是跨多个系统（大粒度），多个微服务/子系统的建模。

11.1 单个系统内部的建模方法与原则

11.1.1 建模的通用思维：搭积木

构建软件，就类似建高楼、搭桥梁，是一种"搭积木"的思维，这种思维分为 3 步：第 1 步，确定原子的积木块有哪些；第 2 步，确定积木块之间的搭配关系；第 3 步，把积木块拼装起来，形成不同形状的高楼、桥梁。

在计算机中，"积木块"的粒度不同，也就形成了如图 11-1 所示的不同层次的建模方法。

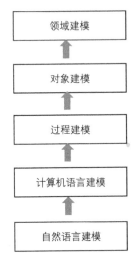

图 11-1　不同层次的建模方法

1．计算机语言建模

积木块：加、减、乘、除、if…else、for、while 等。

搭积木规则：高级语言的语法。

2．过程建模

积木块：函数。

搭积木规则：将整个系统描述成一个个的过程，每个过程通过函数的层层调用组成。

3．对象建模

积木块：对象。

搭积木规则：将整个系统描述成对象与对象之间的关系。

4．领域建模

积木块：实体、值对象、领域服务、领域事件、聚合根、工厂、仓库、限界上下文。

搭积木规则："构造块"之间的联系（不是很明显，需要深入研究，也正是领域驱动设计难掌握的地方）。

5．自然语言建模

再向外延展一下，其实不光计算机的世界是建模，人类说的自然语言本身也是一种建模。

积木块：常用的几千个汉字（或者英语的 10 多万个单词）。

搭积木规则：主谓宾定状补。

通过这种建模方式，人类可以通过有限的语言符号来表达无限的信息、新闻、观念、思想。

11.1.2　面向对象建模的基本步骤

在各个粒度的建模方法中，最常用的是面向对象建模。后面要讲的设计模式、重构、SOLID 原则、DDD，也都是构建在面向对象建模基础之上的，所以接下来重点讨论面向对象建模。

面向对象建模遵循下面这个思维过程。

1．识别关键名词

这些名词，有些会称为一个对象（实体），有些会称为对象的属性，对应到数据库，通常是一张表。

2．识别对象之间的关联关系

有了名词，建立了对象之后，接下来就是确立对象之间的关系。对象通常都不是独立存在的，而是存在 $1:1$、$1:N$、$M:N$ 的关联关系。这种关联关系是模型的本质，是不同建模结果的核心差别。

关系应该尽可能简洁，尽可能避免循环依赖，尽可能避免各种数据字段冗余。

3．识别对象的行为

一个对象的类确定之后，这个类里面应该有哪些行为往往也是确定的。这也就是面向对象的 SOLID 原则里面的第 1 个原则。多个类的行为组装、结合，最终拼成需求分析里面的一个个功能点。

另外，业务规则会约束第 2 步对象之间的关联关系，也会约束这一步，即对象的行为。

4. 把对象的行为串联起来，组成流程

流程体现的是多个对象之间的协作关系，第 1 步对象 A 干什么，第 2 步对象 B 干什么，第 3 步对象 C 干什么……这种协作关系是很容易变的，因为业务流程经常易变。

流程与对象的关系如图 11-2 所示。

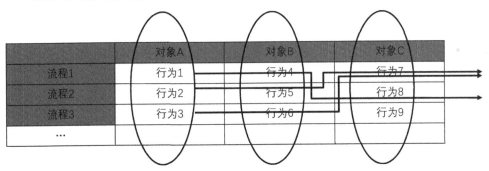

图 11-2　流程与对象的关系

纵向的每个对象内部的多个行为是内聚的，对象本身是不易变的；而横向的流程是多个对象的行为排列组合拼装而成的，是易变的。将横纵两个纬度拆解开，纵向处于每个对象内部，横向跨越多个对象，形成新的流程对象，或者流程服务。更高级的，用工作流引擎灵活配置流程。

这里要特别说明的是，流程本身的粒度有大有小，对象之间可以嵌套，流程之间也可以嵌套，如图 11-3 所示，有 3 级粒度的流程。

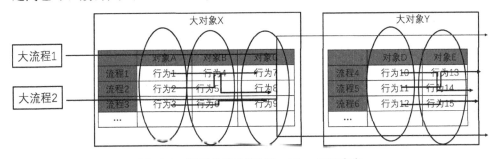

图 11-3　不同粒度的流程和对象，层层嵌套

第 1 个粒度：流程 1、2、3 是对象 A 内部的一个细粒度流程，串联行为 1、2、3，形成对象 A 内部一个新的方法，流程 4、5、6 是对象 B 内部的一个细粒度流程，道理同上。

第 2 个粒度：流程 1、2、3 对对象 A、B、C 的行为排列组合，流程 4、5、6 对对象 D、E 的行为排列组合，形成了两个新的大对象 X 和 Y。

第 3 个粒度：将大对象 X、Y 的行为排列组合，形成大流程 1 和 2。

这些不同粒度，对应到物理部署，第 1 个粒度处于微服务内部，第 2、第 3 个粒度就可能是多个微服务之间的流程。

11.2　问题空间

面向对象建模看起来蛮简单，只有 4 步：识别对象、识别关系、识别行为、拼装流程。但实际上这个过程很复杂，这个复杂性来自两个方面，如图 11-4 所示。

（1）现实世界（问题空间）本身就很复杂，不是简单地用需求文档，就能映射成一个个对象。这里面需要显性化、抽象、概况等思维过程。

（2）计算机世界（解决方案空间）也存在一系列方法和原则，这些方法和原则可保证最终的代码具备可复用性、可扩展性。

所以，就像其他的诸如建筑设计、美术设计一样，建模的过程不可能一次完成，而是一个反复修改、反复迭代的过程。在这个过程中，一方面对左半边问题空间的思考不断深入；一方面通过右半边重构、设计模式、SOLID 原则等，对这个模型不断完善，最终形成一个合理的对象模型。接下来就分别从左、右两个方面展开，并进行讨论。

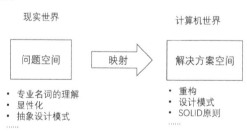

图 11-4　问题空间与解决方案空间

11.2.1　深刻理解专业名词

对专业名词的理解是一件很难的事情，这件事情的难度，超出大部分技术人员的预期。以为自己准确理解了，但大部分时候没有。同一个专业名词，在不同的语境、不同的公司，含义会有差异。

以电商领域的"商品"为例，"商品"是整个电商的核心名词，大部分系统（类目、库存、价格、营销、供应链、搜索、推荐）都是围绕着商品来展开的，那请问什么是一个"商品"？或者说，你的系统里面，"商品 ID"的精确含义到底是什么？

- 同一个东西，来自三个供应商（三个卖家），是三个商品，还是一个商品？
- 同一个东西，做了多个促销活动，在不同渠道售卖，是算多个商品，还是一个商品？
- 同一个东西，海淘/非海淘，奢侈品/非奢侈品，算一个商品，还是多个商品？
- 同一个东西，跟不同供应商合作，用了不同业务模式，算一个商品，还是多个商品？
- 同一个东西，多个残次等级，算一个商品，还是多个商品？

再举个例子，在广告领域，有一个核心专业名词"广告位"，每个广告位表示一个曝光资源，有一个广告位 ID。那么：

同一个曝光位置，假设有三个广告轮番滚动播放，那是三个广告位 ID，还是一个广告位 ID？

同样的页面顶部位置，在 PC 上出现和在手机上出现，大小不一样，是算两个广告位 ID，还是一个广告位 ID？

这些专业名词的定义并没有一个标准答案，在不同公司可能有细微差别，这种细微差别会影响对象与对象之间的关联关系是 $1:1$，还是 $1:N$、$M:N$，进而影响整个领域模型。

11.2.2　重要信息"显性化"

很多时候会遇到这样的情况：一个函数写了几百行代码，里面的 if…else 语句写了很多，计算了各种业务规则。另一个人接手之后，分析了好几天，才把业务逻辑理清楚。

这个问题从表面来看是代码写得不规范、要重构，把一个有几百行代码的函数拆成一个个小的函数。从根本上来讲，就是"重要逻辑"隐藏在代码里面，没有"显性"地表达出来。

所谓"显性"，是指创建一个新的对象，为其命名，然后把这些隐藏的业务逻辑包进去，从而通过新的对象或名字，让其"更显眼"了。那么，哪些东西是"重要"的，可能没被显性化呢？

- 某个业务的核心概念没有提取出来，其职责分摊到了其他几个对象里面。
- 某条重要的业务规则隐藏在一个函数里面，将其提取出来，对应领域驱动设计里面的 Specification 模式。
- 将某个复杂对象的创建过程提取出来，对应工厂设计模式。
- 某个业务流程隐藏在多个对象的复杂调用关系里面，将其提取出来，变成了一个流程对象。

最终，把需求里面"重要"的东西挑出来，让它在"设计图纸"上可见，而不是阅读代码才能看出关键部分。

11.2.3　抽象

"重要"的东西找到了，如何显性化呢，就是"命名"，而命名的过程就是一个抽象的过程。为什么说命名的过程就是一个抽象的过程呢？下面从语言学角度来说明这个问题。

1. 语言学中的典型例子

上学的时候，语文老师经常让学生读完一篇文章后概括其"中心思想"。一篇文章有 800~1000 字，概括之后，中心思想也就两三句话，这其实就是"抽象"。

在著名的语言学书籍《语言学的邀请》中，讲到了一个理论——语言的抽象阶梯。书中举了这样一个例子：

你在一个农庄里看到了一头牛，脑海里浮现的是牛的三维立体形象，有它的体形、动作，观察仔细一点甚至可以从牛的眼泪里想象出一些它当时的"心情"。这时，农场的主人走过来跟你介绍说，它叫阿花，这下你脑子里就自动把阿花的名字和刚刚看到的影像对应起来。这时你去找你朋友，跟他说，你刚刚看到了阿花。你的朋友估计会感到莫名其妙，会问哪个是"阿花"。这个名字根本无法给你朋友任何信息，只是一个符号而已，但是当你自己说到阿花，却会自动浮现出那头牛的形象。

这时你很着急，因为你的朋友不理解你在说什么，你就会和他说阿花是一头牛。说到牛，你朋友就会自动浮现出他记忆里牛的形象，并且说不就是一头牛吗，有什么稀奇的。这时，你就会进一步向他描述，这是一头母牛，而且自己刚刚和它对视的时候，发现牛的眼睛里有泪光，因而觉得这头牛不一般。所以，同样是"牛"这个词，你脑海里感知的牛和你朋友脑海里感知的牛是不一样的。如果你朋友没有见过阿花，他就不会把你看到的牛和阿花联系在一起。

所以说，语言只是对现实中我们所注意到的事物特征的一种抽象。每一次命名，都是一个抽象化的过程，这种过程忽略了现实中事物的许多特征。这种抽象一方面给我们提供了交流上的便利，虽然那个朋友听到牛不会想到阿花的泪光，但起码知道牛的其他一些基本特征，如四足、有犄角；另一方面，如果没有注意到语言的这种抽象过程，就会误以为我们通过语言认识到了真实的世界，从而容易陷入"语言的牢笼"。

继续说阿花，经过你的描述，你朋友终于了解了，阿花相比于其他牛很不一般。这激发他对农庄的兴趣，他可能会问那个农庄还有什么家禽家畜。家禽家畜相比于牛来说又是更高一个层级的抽象，指的不仅是牛了。

这时你说，农庄里除了牛，还有一群鸡在扒食，还有几头猪在拱土。你继续说道，特别有意思的是那个农庄并不大，所以鸡、牛、猪都在一起，农场主并没有把它们分开。

你朋友说，那你估计这个农庄有多少资产啊？你打算给他多少？你说，除了这些家禽家畜外，农庄里还有两间房，而且自己也特别喜欢阿花，不打算还价了。终于，你买下了这个农庄，阿花包括其他家禽家畜及房屋，就成了你资产的一部分，而资产则组成了你所拥有的财富。

从阿花、牛、家禽家畜、农庄资产、资产、财富，就组成了一个抽象阶梯，抽象程度越来越高，而其中组成部分的细节特征显示得也越来越少，到后来其真实特性也就完全不提了。

从例子可以总结出下面几个特点。

- 越抽象的词，在词典中个数越少；越具象的词，在词典中个数越多。
- 越抽象的词，本身所表达的特征越少；越具象的词，特征越丰富。
- 越抽象的词，意义越容易被多重解读；越具象的词，意义越明确。

所以，抽象的过程实际是一个"化繁为简"的过程，也是一个"可能性、多样性越来越小"的过程；抽象的过程也是一个总结、分类的过程。

对于人类，无论是沟通，还是理解事物，都在不断地做"抽象"，也就是做"简化"，因为我们的大脑和能量不足以装载和处理现实世界如此巨大的信息量。

抽象能力并不是软件建模特有的能力，而是人类的一个通用认知能力，各行各业都需要。因为"信息爆炸"，所以人类必须要对信息进行简化、概况、分类，这就是抽象能力。

一份产品的产品需求（PRD）文档动不动就是几千字、几万字，然后夹杂着各种图表、流程，如果直接看这个，很容易就会陷入各种细节，只见树木，不见森林。

2．如何做抽象

（1）分解：找出差异和共性。要做抽象，首先要做的是分解。只有分解，才知道两个事物间的差异和共性。

举个简单的例子：牛和马有哪些区别？有哪些共性？

首先要做的，肯定是把牛和马各自分解成很多特征，然后对这些特征逐个比较，看差异和共性在哪里。

（2）归纳：造词。找到了共性和差异，把共性的部分总结成一个新的东西，造一个新词来表达共性，这就是归纳，也是抽象。

所以抽象的过程往往也是一个造词的过程。

3．抽象带来的问题

抽象的好处就是找出共性、简化事物，但抽象也会造成以下问题。

（1）抽象造成意义模糊。越抽象的东西往往越"虚"，最后就变成"空洞的大话"，华而不实。

不同人对"虚"的东西理解不一样，大家在沟通时往往不在同一个"频道"，牛头不对马嘴。

（2）抽象错误：地基不稳。没有做分解就分析，会把一个非原子性、容易变化的东西抽象出来，并作为整个系统的基础。

（3）抽象造成关键特征丢失。把事物的某个重要的关键特征抽象掉了，会导致对事物的认知偏差。

具体到计算机里面，如某个系统里面有一个很复杂的业务规则。

这个业务规则没有被显性化，也就是没有被抽象出来，变成一个命名的模块，这会导致对系统的认知出现偏差。

（4）抽象过度。抽象是为了提供灵活性和扩展性。但如果业务在某一方面变化的可能性很小，则可能压根不需要抽象。

11.3　解决方案空间

问题空间侧重点是分析需求，分析现实世界；而解决方案空间，侧重点是代码设计。二者不是一个先后的顺序思考过程，而是互相验证、重复修正的过程。

11.3.1　重构

什么是好的面向对象建模或者设计，很难定义，但什么是不好的设计，却很容易辨识。在笔者看来，这是 Martin Flower 的《重构：改善既有代码设计》的最突出价值：重构不是从设计出发，而是从代码出发，反向去发现设计的不合理之处，这被称为代码的"坏味道"。因为任何不好的设计，最终都会反映到代码上面，当你感觉到这些代码的"坏味道"时，就会知道，设计出了问题。

在笔者看来，这也是学习设计的最朴素、最有效的办法。虽然不知道什么是合理的，但只要知道什么是不合理的，尽力去改，然后系统慢慢就形成了好的设计。

常见的"坏味道"如下。

- 废弃代码、重复代码、到处复制代码。
- 超长函数：一个函数几千行，甚至上万行。
- 超大的类：一个类里面基本数据类型的变量太多，缺少封装。
- 超长参数：一个函数有十几个（甚至更多个）参数，参数之间会出现各种排列组合。
- 全局变量：全局对象充斥代码。
- if…else 嵌套超过 3 层。
- if…else 分支特别多。
- 类之间双向引用，多个类之间循环引用。
- 命名混乱，函数名字和函数实际做的事对应不上，类名字和类实际做的事对应不上。

这些"坏味道"的解决办法，在《重构：改善既有代码设计》一书中都有详细解释，此处不再展开。另外，业界成熟的 Java/C++ 的代码规范也定义了不少细粒度的代码"坏味道"，可以参考。

11.3.2　设计模式

如果说重构是告诉我们什么是不好的设计，那么设计模式就是告诉我们什么是好的设计。

关于设计模式的书已经连篇累牍，这里只是重点讲一下常用设计模式和日常中对应的案例。

1．工厂模式

工厂模式最典型的例子就是 Spring 容器。如果没有工厂模式，则需要每个类的开发者创建很多对象，建立这些对象之间的引用关系。而有了工厂模式，对象的构造和对象之间的引用关系，交给了 Spring 容器，开发者只需关注对象的行为。这也是典型的职责分离的思维。

2．Listerner 模式

事件驱动的编程思维，几乎无处不在。与事件驱动相对应的是"函数调用"的编程思维，一级级函数，层层调用，同步返回。事件驱动呢，不是"调用"，而是给对方发一个"消息"，或者说事件；可以同时给多个对方发同一个消息，不同的对方，接收到消息，做不同的处理，也就是 Pub-Sub 模式。

事件驱动的这种编程思维，在不同粒度都有反映。

1）分布式——消息中间件

系统 A 通过消息中间件发消息，系统 B、C、D 都可以监听这个消息，然后做对应处理，最典型的是 Pub-Sub 模式。

2）单机版——内存队列+异步处理

把分布式缩小到单机内部，也是一样的思维：线程 A 发消息到一个内存队列，线程 B、C、D 都可以监听队列中的消息，做相应的消费。

3）单机版——同步处理

前面两种都采用异步处理，也就是消息的发送和消息的接收处理分隔在不同进程/线程里面，发送方不等结果返回。而同步处理，就是消息的发送和接收处理，是在同一个线程里面执行的，这个过程其实是"模拟了消息的发送和接收"，但实际上，内部并没有一个消息队列，消息发送时，就同时调用了消息接收处理函数，同步返回结果。这也正是设计模式中的观察者模式。

下面举几个 Listerner 模式的典型例子。

（1）UI 编程中，需要对各种控件的事件做处理，如按钮的点击事件、双击事件、页面的加载事件等，伪代码如下：

```
button1.onClick(new ClickListerner{…})
button1.onDoubleClick(new DoubleClickListerner{…})
```

button1 是事件的发送者，是处理函数，是事件的接收者/处理者，也是事件的观察者。

（2）Web 开发的 Servlet 规范中的 ServletContextListerner 接口。在代码中，实现这个接口；然后在 web.xml 里面配置这个接口；再打包成 war 包部署，编写的代码就会被自动执行。

Tomcat 是事件的发送者，Tomcat 加载 war 包时，发出 ServletContext 初始化这个事件；war 包里面实现的这个接口、写的业务代码是事件的接收者/处理者。

3. 模板方法

模板，就像小学语文上的"填空题"，整个句子已经是确定的，只中间留下几个空，然后只能填空。

```
Class A{
public fun1(){
    func11()
    abstract func12()
    func13()
}

Class B extends A{
    func12(){
    …
    }
}
```

Class A 就是出填空题的人，在 func1 里面，func11()、func12()、func13()的调用顺序已经是固定的，不可更改，func11()、func13()的实现也是不可更改的，唯一可以改的是 func12()的实现，也就是那个"空"。

Class B 是做填空题的人，只能填 func12()这个"空"，改不了 fun1()定下的调用流程，也就是只能填模板，改不了模板。

模板方法的典型例子如下。

（1）Java Concurrent 包里面的 AQS（队列同步器）的 acquire()方法。

```
public final void acquire(int arg){
    if(!tryAcquire(arg) && acquireQueued(…)
        selfInterrupt();
}
```

这里的 acquire()方法是 final，它不能被改写，也就是定义了一个模板，但其内部的 tryAcquire()方法是一个虚函数，被公平锁 FairSync 和非公平锁 NonfairSync 分别实现。

（2）Spring 容器启动时，设置一系列扩展点：BeanFactoryPostProcessor、BeanPostProcessor 等。

这些扩展点，固定地内置于 Spring 容器的启动流程中，模板方法处在 Spring 框架的代码里面；业务代码可以实现这些接口，也就是给模板填空，也可以不实现，就用默认的空实现。

这些扩展点，其实也是 Listerner 模式的一个例子，xxxPostProcesser 是 Spring 框架抛出的一个个事件，业务代码里面的 Bean 可以选择监听这些事件，做一些事件处理逻辑，也可以选择忽略这些事件。

4. 代理

（1）静态代理：设计模式中提到的"静态"，是指手写一个 Class，与被代理的 Class 具有相同的接口。站在客户端角度（调用方角度），不知道用的是代理类，还是真正的那个类，因为对外暴露的接口是一样的。

（2）动态代理："动态"是指由程序在运行过程中，动态生成一个 Class，这个 Class 实现了一个接口，跟被代理的类具有相同的对外接口。在 Java 中，动态代理的实现技术有 JDK 原生、CGLib、ASM 等。Spring AOP 的实现，就是利用了动态代理。

动态代理的典型例子：在微服务框架中，在服务端写好一个 Java 接口之后，提供给客户端，然后客户端就可以调用这个接口了，从而实现调用远程方法跟调用本地方法一样方便。但问题是，客户端只有接口，并没有实现类，怎么调用的呢？答案是通过动态代理技术，在客户端动态生成了一个实现类，实现了这个接口。在这个实现类中，把接口调用转换成了 TCP 或者 HTTP 的网络请求，发给服务器。从而让客户端觉得，调用本地方法和调用远程方法，几乎是一样的。

11.3.3　面向对象的五大原则（SOLID 原则）

归纳来看，会发现 23 个设计模式都是 SOLID 原则的某种体现。设计模型可以不止 23 个，可以无限制地扩展，但它们基本都遵循 SOLID 原则。

1. S（Single Responsibility Principle，SRP）

单一职责原则：一个函数、一个类、一个模块、一个子系统，都适用这个原则。职责越单一、越纯粹越好，只不过对于不同抽象层次，"职责"的"粒度"不同而已。

2. O（Open Closed Principle，OCP）

一个类、一个模块应该对修改封闭，对扩展开放。通俗地讲，就是假如要更改一个类的行为，不应该直接修改它的源代码，而是重写它的某些抽象方法。

3. L（Liskov Substitution Principle，LSP）

子类可以替换父类。所谓可以"替换"的意思是：父类在被调用方使用时，对外提供的接口，就是父类和调用方签订的合约，也就是接口对外的承诺、对外的语义，子类不能打破这个合约，就好比父亲去逝了，但生前签订的合同，要继续生效，由儿子去履约。

4. I（Interface Segregation Principle，ISP）

接口的设计要粒度尽可能小，因为接口是被用来实现的。经常会看到，一个 Class 会实现很多个小接口，而不是一个大接口。之所以会这样，是因为如果做一个大接口，里面有很多抽象方法，那么实现的人，即使只想用其中一两个方法，也需要把所有方法都实现一遍。

5. D（Dependency Inversion Principle，DIP）

本来是 Class A 依赖 Class B，现在想反转这个依赖关系，怎么做呢？让 Class A 定义一个接口，Class A 使用这个接口，Class B 实现这个接口。现在就变成了 Class B 依赖这个接口，变相就成了 Class B 依赖 Class A，因为这个接口是 Class A 定义的。

在五大原则里面，最基本、最实用的是第一个原则，第一个原则也是"高内聚、低耦合"的体现，把高内聚的逻辑封装到一个类里面，把低耦合的逻辑拆散到多个类里面，也就是实现了"高内聚、低耦合"。

而在 23 个设计模式中，如模板方法，就体现了 SOLID 中的 O，模板方法本身不可修改，若要修改，则只能继承、重写其中的抽象方法。

工厂模式很好地体现了 SOLID 中的 S，对象的创建过程与对象的行为，二者职责分离，前者交给工厂，后者交给类本身。

观察者模式很好地体现了 SOLID 中的 D，实现了事件发送方和事件接收方的依赖关系的反转。以前面的 Button 的例子为例，事件发送方是 UI 框架（如 Android/iOS 操作系统），事件接收方是应用程序，本来的调用顺序是：框架先产生事件，然后调用应用程序处理事件，这就需要框架依赖应用程序代码。但依赖反转之后，就变成了应用程序代码依赖框架。因为 Listerner 接口是框架提前定义好的，业务代码只能通过实现这个接口来实现对事件的接收、处理，实现接口的这一方依赖定义接口的这一方，谁定义接口，谁就拥有主动权。

11.4　跨系统、跨团队的建模方法与原则

11.4.1　康威定律

康威定律是马尔文·康威在 1967 年提出的：设计系统的架构受制于产生这些设计的组织的沟通架构。通俗点讲，就是组织架构会约束业务架构、系统架构的设计。理想的情况是：系统遵循"高内聚、低耦合"原则，组织架构也同样需要"高内聚、低耦合"原则，系统和组织架构都遵循这个原则，二者匹配，也就是遵循了康威定律。组织架构违反康威定律的两个典型表现如下。

- 高度耦合的业务逻辑分散在两个甚至多个团队处，无处独立处理，每次实现需求，都会出现"扯皮""踢皮球"情况。
- 高度重叠的功能模块/系统分散在两个甚至多个团队处，团队之间内耗、竞争。然后第三方接入的时候，也不知道应该选择哪个团队接入。

下面列举几个最常见的违反康威定律的案例。

1. 案例 1：重复造轮子

没有统一的基础架构团队会导致各个业务团队做重复的基础组件工作，大到微服务框架、消息中间件、日志采集与搜索、<K,V>存储，小到 JSON 系列化的库、字符串处理的类库、线程池库、网络框架、Web 开发框架。

然后新团队想复用老团队的某个组件，发现有好多个选择，然而每一个都不完善，都不能 100%满足自己的需求，需要选取其中一个进行功能扩展，或者自己再重复开发一个。

2. 案例 2：调用方给被调用方加缓存、限流、调用改拉取

若微服务 A（团队 A）调用微服务 B（团队 B），微服务 B 性能不佳，怎么处理呢？符合康威定律的话，这个问题是微服务 B 的内部问题，微服务 B 内部是加缓存，还是做分库分表，还是做读写分离，还是做各种性能优化，都应该对外屏蔽。

但现实往往出于各种原因，会出现下面这些解决方案。

（1）加缓存。微服务 A 在自己内部加上缓存，减少调用微服务 B 的次数。缓存的过期时间设置多长、缓存多少数据量，不是微服务 A 单方面能决定的，这取决于微服务 B 提供的数据的业务性质，能允许被缓存多长时间需要双方协商。这无疑把一个团队能解决的问题，变成了需要两个团队协调才能解决的问题。

（2）限流。限流本身就是一个"无奈"之举，只有在资源实在缺乏，而流量又很大的情况下才会用这个办法，但实际情况往往是流量并没有那么大，机器资源也足够，这时因为各种系统设计问题，让调用方限流，实际是增大了调用方系统设计的复杂度，也是把一个团队内部的事情，变成了需要两个团队沟通协调才能解决的问题。

（3）调用改拉取。假如微服务 A 向微服务 B 发数据，微服务 A 不再调用，

而是把数据存在某个地方，等待微服务 B 来定时拉取。这彻底改变了微服务 A 和微服务 B 之间的依赖关系，改变了微服务 A 和微服务 B 之间的协作模式。

3．案例 3：Binlog 中间件的滥用

Binlog 中间件提供了一种很有用的技术，可以实现对数据库变更的监听，但这种技术可能会被滥用。团队 A 的微服务有自己的数据库，然后团队 B 需要知道团队 A 的业务数据的变更，会怎么做呢？团队 B 通过 Binlog 中间件，监听团队 A 的数据库，这其实是变相地把团队 A 的数据库绕过了接口，直接暴露出来。如果团队 A 改了数据库的 Schema，没有通知团队 B，那么团队 B 的系统就可能会出现故障。合理的方法是，两个团队通过接口或者消息交互屏蔽底层的存储，减少两个团队之间的耦合度。

4．案例 4：两个业务系统之间超过两次以上的交互

一个复杂的业务流程，涉及了两个团队的两个业务系统，在时序图上，能看到这两个系统之间的交互超过了两次。

系统 A 调用系统 B；系统 B 后台处理之后，再回调系统 A；系统 A 收到系统 B 的回调，做下一步处理；之后再调用系统 B；系统 B 再回调系统 A。

不是说遇到这种情况就说明设计一定不合理，但这种情况反映了系统 A 和系统 B 之间非常高的耦合度，两个系统要非常多次的交互才能完成一个业务流程。一方面要思考的是，这两个系统是不是压根就不应该处在两个团队；另一方面，即使处在两个团队，是不是有办法把交互次数从 N 次变成两次，尽最大可能降低耦合度。

11.4.2　领域的划分：高内聚与低耦合

虽然高内聚、低耦合是一个已经被广泛提及的原则，但其影响力和内涵其实远超最初被提及的时候，因为它放在不同粒度都是适用的：组织架构、系统、微服务、类等。

在笔者看来，高内聚、低耦合的本质是表达了两个事物之间的亲疏关系。越内聚，关系越紧密；耦合度越低，关系越疏远，越独立。如图 11-5 所示，箭头的多少代表事物之间的关系的紧密程度，或者说亲疏远近，同一个公司的两个团队

之间的距离>同一个团队的两个子系统之间的距离>同一个子系统内部两个微服务之间的距离>同一个微服务内部两个类之间的距离。

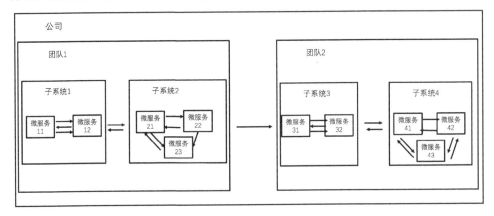

图 11-5　高内聚、低耦合示意图

这就类型于现实世界，你与其他人的距离排序：你与外国陌生人的距离>你与本国陌生人的距离>你与老乡的距离>你与同事的距离>你与朋友的距离>你与亲戚的距离>你与家人的距离。

距离越远，交互越少，耦合度越低；距离越近，交互越多，耦合度越高。如果系统之间的关系，也能这样设计，就遵循了高内聚、低耦合。

高内聚、低耦合的思想作用在所有抽象层次。

- 函数：函数内部是高内聚的，函数与函数之间是低耦合的。
- 类：类里面各个函数是高内聚的，类与类之间是低耦合的。
- 模块：模块里面类与类之间是高内聚的，模块与模块之间是低耦合的。
- 微服务：微服务内部是高内聚的，微服务与微服务之间是低耦合的。
- 系统：系统内部是高内聚的，系统与系统之间是低耦合的。

所以说，高内聚、低耦合不是一个"绝对概念"，而是一个"相对概念"，看在哪个抽象层次来谈这个。A 和 B 关系近，或者关系远，那要看和谁比较。

11.4.3　边界思维：接口的设计比实现重要得多

腾讯公司前 CTO 张志东曾说过，"优雅的接口，龌龊的实现"，可以说是对"边界思维"最好的诠释。

接口就是两个团队或系统之间的边界，边界非常关键，接下来从两个角度来探讨边界思维。

1．接口是团队之间交互的"契约"，是两个团队或系统之间签订的"合同"

一方面不应该经常改变"契约"，另一方面"契约"也应该越简单越好。越简单的"契约"，理解起来越容易，两个团队的沟通也越容易。

"优雅的接口"，是为了方便他人，方便调用方；"龌龊的实现"，是把复杂留给自己，把麻烦留给自己，不要扩散到外边。之所以是"龌龊"的实现，而不是"优雅"的实现，是因为出于开发工作量、时间的考虑，在完美设计和没有设计之间做一个折中。

所以，接口的设计往往比接口的实现更重要。站在使用者的角度来看，并不在意接口如何实现，而更在意接口的定义是否清晰，使用是否方便。

2．边界思维是一种逆向思维方式，是对自身的一个定位

对于开发人员来说，做一个系统往往先想到的是如何实现。而利用边界思维，首先想到的不是如何实现，而是把系统当作一个黑盒，看系统对外提供的接口是什么。

接口反映的不仅是这个系统能做什么，还包括这个系统不能做什么。比如要看一个开源软件的功能，要看的不是它能做什么，而是它不能做什么。"不能做什么"决定了系统的"上限"，或者说"天花板"。

做架构尤其如此，架构强调的不是系统能支持什么，而是系统的"约束"是什么，不管是业务约束，还是技术约束。没有"约束"，就没有架构。一个设计或系统，如果"无所不能"，很可能就意味着"一无所能"。

那么，好的接口设计，包括哪些方面呢？

（1）接口的个数应该尽可能少，接口的参数也应该尽可能少。尽一切可能减少信息冗余、信息干扰。

（2）接口文档的完整描述，包括接口的输入、输出参数分别是什么？哪些参数可选，哪些必选？接口是否幂等？各种异常场景，接口的返回结果都是什么？

（3）接口的典型使用场景。场景是把常用的接口串联起来组合使用，是一个

使用案例。通过这些案例，能让使用方对接口的使用有直观的认识。

（4）接口不要提供超出自身能力的"承诺"。提供了某个接口，却存在各种缺陷，能力不足，最终成为摆设。

其实，不光除了技术，产品同样有边界思维。对于产品，常说的一句话是，"内部实现很复杂，用户界面很简单。把复杂留给自己，把简单留给用户。"尤其现在的 AI 产品，更是把这句话发挥到了极致。AI 算法本身很复杂，但对用户来说，却应该使用越来越"傻瓜化"，以前还有图形界面，现在直接对着系统说句话，它就明白了。

11.4.4　多视角描述同一个架构：架构 4+1/5+1 视图

"横看成岭侧成峰"说的是对于同一个事物，从不同角度去看会呈现出不同的样子。为什么会这样呢？因为事物庞大、复杂，事物与事物之间还彼此关联、相互影响。如果事务很简单、"一览无余"，也就不需要从多个角度去看。

软件系统因为庞大、复杂，往往也需要从多个视角去看，也就是常说的架构 4+1 视图（1995 年，Philippe Kruchten 在 *IEEE* 软件杂志上发表了题为 The 4+1 View Model of Architecture 的论文，引起了业界的极大关注，并最终被 RUP 采纳）。其中，1 指的是功能视图，其他 4 个视图都是围绕该视图展开的，分别是逻辑视图、物理视图（部署视图）、开发视图、运行视图（进程视图）。

下面对这几个视图逐一展开分析。

- 功能视图：对于 B 端复杂业务系统，往往会画用例图，但对于 C 端产品，往往直接看交互设计稿或最终的 UI 原型图。
- 逻辑视图：系统的逻辑模块划分，数据结构、面向对象的设计方法论里面的类图、状态图等。
- 物理视图：整个系统所在的机房、各类机器数目、机器配置和网络带宽等。
- 开发视图：代码所在的工程结构、目录结构、jar 包、动态链接库、静态链接库等。
- 运行视图：系统的多进程、多线程之间的同步。

除了 4+1 视图，还有一个常见的视图叫作数据视图，笔者称之为 5+1 视图。这里涉及一个容易混淆的问题：逻辑视图和数据视图有什么区别？

逻辑视图是一个比数据视图更加宽泛的概念，在传统的以数据库为中心的开发中，数据视图也就是 E-R 模型，也是逻辑视图，即所谓的"贫血模型"；在领域驱动设计（DDD）中，提倡"充血模型"，逻辑视图往往指的是类图，在其他的非数据库的系统中，逻辑模型也可能指内存中的数据结构。

另外，还有一个问题，微服务的拆分是架构的逻辑视图，还是物理视图，或者是开发视图？微服务既反映了一种逻辑上的拆分，也对应了一种部署方式，也是一种开发方式。可以把多个微服务部署在一台机器上，也可以把一个微服务部署到多台机器上。

讨论这些不同的架构视图，是想说明一个关键的问题：视图本身只是一个框、一个形式，引导开发者把系统的架构描述清楚，而重点是把系统面对的关键问题描述清楚，而不是拘泥于形式本身，并且不同类型的系统的侧重点也不同，也未必每个视图都需要很清楚的描述。否则架构就会成为一个"空架子"，虽然有很多的视图，但没有阐释清关键问题。

第 12 章

常用架构模式

所谓"模式",就是解决某类典型问题的一种"套路",这种套路是前辈们解决类似问题形成的一种实践总结,并由此形成了一种系统实现的框架。

这里要重点说明的是,模式并不一定适合,也不一定要套用,要结合自己的业务场景按需取用。

12.1　分层架构模式与"伪分层"

对于分层架构,我们都不陌生。无论业务架构,还是技术架构;无论做 C 端业务,还是 B 端业务;无论做服务器,还是客户端,所有人都会用到。但就是这样一个不能再熟悉的架构,却往往被滥用。

图 12-1 展示了典型的互联网应用系统的分层架构。

但这只是图纸上的示意图,实际的代码、系统是否能按分层架构严格执行呢?如果把所有系统之间的调用关系都梳理出来,把依赖关系图画出来,往往不会是这样一个分层结构,很可能是一个网状结构。

以图 12-1 为例,列举伪分层架构可能具有的一些特征。虽然不绝对,但大多时候会反映出一些问题。

(1)下层调用上层。比如某个基础服务调用上层的业务服务,要怎么解决呢?

办法 1:要思考业务逻辑是否放错了地方?或者业务逻辑是否需要一分为二,一部分放在业务服务,一部分放在基础服务。这也就避免了下层调用上层。

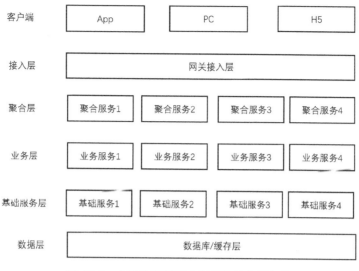

图 12-1　典型的互联网应用系统的分层架构

办法 2：OOD 中的典型办法——DIP（依赖反转）。底层定义接口，上层实现，而不是底层直接调用上层。

（2）同层中，服务之间各种双向调用。如业务服务 1、业务服务 2、业务服务 3 之间都是双向调用。

这时就要思考，业务服务 1、业务服务 2、业务服务 3 之间的职责分配是否有问题，是否出现了服务之间的紧耦合？

是否应该有一个公共服务，让公共服务和业务服务 1、业务服务 2、业务服务 3 交互，而三个业务服务之间相互独立？

（3）层之间没有隔离，参数层层透传，一直穿透到底层，导致底层系统经常变动。

例如，App 一直发版本，为了实现兼容，服务器端有如下的代码：

```
if(version = 1.0)
    xxx
else if (version = 1.1)
    xxx
else if (version = 2.0)
    xxx
```

这个例子比较明显，一看就知道是客户端的东西，所以通常在服务的业务入口层做了拦截，不应该透传到底层。但很多业务层面也会遇到类似的问题，但不容易看出来，需要很好的抽象能力才能发现。

比如客户端要支撑各式各样的业务，因此肯定有类似 businessType 这样的字段用于区分不同业务，或者说区分同一个业务的不同业务场景。businessType 字段一直透传到底层的基础服务，在基础服务里面都能看到 if businessType = xxx 这样的代码，这就是典型的上层的业务多样性透传到了底层。

虽然严格分了层，层层调用，但"底层服务"已经不是底层服务，因为每一次业务变动都会导致从上到下跟着一起改。

（4）聚合层特别多，为了满足客户端需求，各种拼装。遇到这种情况，往往意味着业务层太薄，纯粹从技术角度拆分了业务，而不是从业务角度让服务成为一个完整的闭环，或者说一个领域。

上面列举了分层架构的种种不良特征，而一个优秀的分层架构应该具有的典型特征如下。

（1）越下层的系统越单一、越简单、越固化；越上层的系统花样越多、越容易变化。要做到这一点，需要层与层之间有很好的隔离和抽象。

（2）做到了上面一点，也就容易做到层与层之间严格地遵守上层调用下层的准则。

说到技术的分层，好比一个系统被划分为前端（UI 层）、网关层、服务层、数据存储层。同技术一样，分层思维同样适用于业务。

以电商平台的商品体系为例，一个商品有很多属性：品牌、类目、货号、供应商、标题、描述、图片、颜色、尺码、价格、库存、促销、奢侈品等，这些属性该如何组织呢？按照商品的完整流程，可以划分为这样几个阶段：生产、销售、运营、运输，对应的属性可以分成下面几层。

（1）生产属性：产品从工厂的生产线下来就具有的属性，如品牌、型号、颜色、尺码等。

（2）销售属性：同一个产品，由不同的供应商销售，就变成了不同的商品，具有不同的价格和库存。

（3）运营属性：在销售阶段，会做各种与营销相关的活动，会产生相关的属性。比如奢侈品标签，一个商品是否属于奢侈品与价格有关，而价格又会不断地变化，一个商品本来打有奢侈品标签，后来打了折，奢侈品标签就跟着没有了；再比如促销品，过了某个时间段，促销品就不是促销品了；再比如赠品，买 A 赠

B，B 可能开始是赠品，后来又变成了正常品。

（4）运输属性：比如航空禁运品标签，一个产品是否属于航空禁运品，不是在生产阶段确定的，而是到了运输环节才能确定的。

再进一步，对于生产属性，同一个型号（或货号）的商品，虽然颜色、尺码有多个，但品牌、类目、图片、文字描述等是公用的。所以就有了 SPU 和 SKU 的概念，一个 SPU 下面有多个 SKU，一个 SKU 对应一个颜色的一个尺码，而库存、价格是挂在 SKU 上面的。一个 SPU 对应一个商品详情页，里面呈现多个颜色的多个尺码。

最终，商品的属性分层如图 12-2 所示。

图 12-2　商品的属性分层

这里要说明的是，虽然图 12-2 只是一个示意图，在实际场景中，不同的电商公司会根据自己的业务制定特定的商品体系，但这种分层的思维方式却是通用的。

12.2　管道—过滤器架构模式

在技术领域中，管道—过滤器架构模式非常常见：Linux 系统的管道命令可以把各个命令串联在一起；Java 的 Servlet 规范，即一个标准化的 HttpRequest 和 HttpResponse 对象，流经各式各样的过滤器（Filter），最后到达 Servlet。作为一个开发者，只需要定制自己的过滤器，加入这个管道的链条上面就可以；大数据流行的 Storm 流式计算。

管道—过滤器有一个典型的特征：计算模块本身是无状态的，数据经过一个处理环节，处理的结果或数据的状态携带在数据身上，被数据带入下一个环节。因为计算模块本身是无状态的，这意味着它很容易做水平扩展和高可用。

管道—过滤器或流式计算的这种思路在业务领域同样非常常见。只要一个复杂的业务流程可以被拆分成几个环节，且这些环节是线性的，就可以采用流式计算的思路。

比如电商平台订单的履约，用户下单付钱后，订单开始进入履约系统。在履约的过程中有很多个环节：拆单、库存调整、财务记账、订单下发到仓库、仓库作业、出仓、物流运输等。这些环节的职责由不同的系统承担，这些系统之间就组成了一个管道—过滤器架构模式。

12.3　状态机架构模式

在处理流程方面，管道—过滤器架构模式比较直接，如图 12-3 所示，数据流依次流过系统 1、系统 2、系统 3、系统 4。

系统 3 和系统 4 不会感知到系统 1 的存在，系统 4 不会感知到系统 2 的存在，每个系统最多只和两个系统交互，即自己的上游、自己的下游。整个链条是线性的、单向的。

图 12-3　管道—过滤器架构模式

但随着业务的发展，因为某些迫不得已的原因，系统之间开始了互相调用，最终可能变成如图 12-4 所示的形式。

图 12-4　不合理的管道—过滤器架构模式

到了这个阶段，系统已经变成了"蜘蛛网"，既没有层次结构，也不是一个简单的线性关系。管道—过滤器架构模式已经无法满足了，需要一个新的、更灵活的架构模式，就是状态机架构模式或协调者架构模式。

在设计模式中，有一个典型的模式叫作"中介者"模式，它就是为了解决多个模块之间的双向耦合问题而产生的。把这种思想应用到业务领域，图 12-4 就变成了如图 12-5 所示的状态机架构模式。

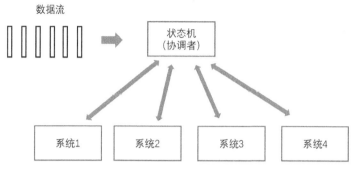

图 12-5 状态机架构模式

在这个模式中，数据首先进入状态机模块或系统中，然后该模块决定把数据交给哪个系统处理。关于这个模式，有以下几点要说明。

（1）四个系统之间没有交互，相互独立。这使得各自的功能非常纯粹，专注地处理好自己的事情即可。

（2）之所以叫作状态机架构模式，是因为状态机模块维护了原始数据流中每条数据的状态。正是基于这些状态，状态机才知道每条数据当前是刚开始处理，还是处理到了中间某个环节，或是已经处理完了。基于状态，状态机可以把数据准确地分发到对应的处理系统中。

（3）在实现层面，状态机和四个系统之间可以是 RPC 同步调用，也可以是基于消息中间件的 Pub-Sub 模式调用，也就是微服务中讲的 Event-Sourcing。

在面向 B 端的复杂业务中，时常会用到工作流引擎：比如公司内部的 OA 审批流程，对于一个报价单，一线商务人员提交之后，可能要经过经理、总监、VP、CEO 审批。不同类型的单据，审批节点还不一样，重要程度不高的可能只需要经理审批；重要程度很高的，要层层审批，直到 CEO。所以整个流程是高度配置化的，还可以随时调整。这时就会用到工作流引擎。

工作流引擎就是一种典型的状态机架构模式，每种不同类型的单据进入工作流引擎；工作流引擎根据单据的类型转发给不同的审批节点，审批节点完成审批之后，把结果反馈给工作流引擎；工作流引擎再根据结果决定下一步将该单据转发给哪个节点。

12.4　业务切面/业务闭环架构模式

在技术领域有面向切面的编程（AOP）：多个类之间没有继承关系，但却需要所有类，在其某个方法里面完成一个共同的操作。比如在某个方法的开始打印一行日志，在方法返回之前再打印一行日志，这时就需要用到 AOP。

同样，在业务领域，可以把公共的业务逻辑抽离出来，做成一个公共的系统，这个系统会横切所有业务系统。下面举几个例子来说明。

1. 例 1：SSO 单点登录

对于大型公司，员工要用自己的工号和密码登录多个内部系统，比如对开发人员来说，要登录代码管理系统、数据库管理系统、运维系统、监控系统、OA 系统等。这些系统是由不同的开发团队来维护的，如果每个系统都要登录一次，会影响工作效率。

在这种场景下，就可以把"登录"功能抽离出来，做成一个 SSO 单点登录系统，所有内部业务系统都不再需要自己做登录功能，而是和 SSO 登录系统做对接。登录第一个内部业务系统，返回 SSO 做登录，之后再进入第二个内部业务系统时，检测到在 SSO 已经处于登录状态，会自动跳过登录页面，进入系统。

2. 例 2：统一权限管理

权限管理也是 B 端系统面临的一个公共问题，同一个系统，由一线从业人员、经理、总监、管理员等不同级别和不同角色的人使用，赋予不同级别、不同角色的人不同的操作权限，如果每个业务系统都做一套权限控制功能，则会重复造轮子。

在这种场景下，就可以把"权限管理"功能抽离出来，做成一个统一的权限系统。每一个业务系统在这个权限系统里面分配一个"业务的 Key"，然后在业务下面可以定义自己业务系统的权限、角色，为组织内部不同层级的人定制角色。

业务系统与通用权限系统的交互可以是纯粹基于配置、完全自动化的，也就是在通用权限系统配置好权限后，业务系统不需要代码开发；也可以是手动的，业务系统与通用权限系统通过 API 进行交互，业务系统通过代码做灵活、复杂的权限控制。

下面以电商平台的客服系统为例说明业务闭环，如图 12-6 所示。

从利益相关者角度来看，首先，对于 C 端用户，客服系统需要接受用户的"售后申请单"，客服人员介入处理；然后，对于某些售后申请，因为客服人员不能直接做出决策，需要把售后申请转给客服经理，还有些种类的售后申请需要与供应商确认，供应商答复之后才能进行下一步处理；最后，客服系统可能调用订单系统修改订单，也可能调用支付系统进行退款。

通过分析，我们可以知道，要完成"客服"这样一个业务，涉及多方的协同。其中，客服人员、客服经理对应的功能肯定要做在客服系统里面；但对于供应商，就涉及客服系统和供应商系统的职责划分问题。

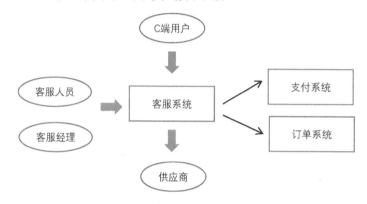

图 12-6　客服系统利益相关者分析

因为供应商系统本来就有很多针对供应商的功能，如采购确认、订单下发、退供，所以客服系统的功能有以下两种选择。

选择 1：客服系统把售后申请的某些单据下发给供应商系统，供应商系统负责和供应商交互，然后把最终结果返回给客服系统。

选择 2：客服系统负责全流程，做一个和供应商交互的界面，这个界面嵌入在供应商系统里。所有业务和开发工作全部在客服系统中完成。

对于选择 2，就是一种业务闭环的做法。在这种场景下，选择 2 要比选择 1 更为合适。因为选择 2 更符合高内聚的原则。

12.5　规则引擎

在大部分观念中，并没有把规则引擎当作一种架构模式，但规则引擎解决的是业务规则灵活多变的配置、管理维护问题，符合本书对"模式"的定义——解决某类特定问题的套路和由此形成的系统框架。

12.5.1　什么是规则

站在业务角度来看，规则其实是一个蛮抽象的词，形式很多样。但站在技术角度来看，抽象出来，规则就是一条条的 if…then 语句，如下所示。

```
if x > 1 and y < 5 then z = 0
if x > 1 and y >= 5 then z = 1
if x < 1 or m = true then z = 0
…
```

一条规则里面包含了两个基本部分：if 后面的表达式和 then 后面的执行动作。其中，表达式本身又是由多个变量的判断条件组成的，执行动作通常就是对一个结果变量进行赋值。

把上面的规则描述语言扩展成面向对象的描述方式：

```
if user.x > 1 and user.y < 5 then user.z = 0
if user.x > 1 and user.y >= 5 then user.z = 1
if user.x < 1 or user.m = true then user.z = 0
…
```

传进去一个 user 对象，x、y、z、m 都是对象 user 的成员变量。

这种规则的表达方式，与复杂的业务逻辑代码相比，少了几个东西：

（1）没有 if…else 的层层嵌套结构，所有规则都是一层 if…then。

（2）没有 for、while 循环。

（3）没有复杂的函数调用，甚至各种 I/O 操作。

12.5.2　业务代码如何抽象成一条条规则

在实际的业务逻辑代码中，并不是像上面的一条条规则那样规整，经常会看到类似下面的代码：

```
if(xxx > 10){
   if(yyy < 5){
      queryDB(…)
      doSomething1(…)
```

```
      }
      else{
          查询缓存
          doSomething
      }
   else{
      if(z > 5 )  doSomething3
   }
```

这样的代码里面，实际上混合了业务规则、数据 I/O（查询数据库或者缓存）、某个操作（生成日志、发消息、调用某个接口等）。

随着业务逻辑越来越复杂，if…else 可能层层嵌套；并且需求频繁变更，需要频繁修改代码，再测试发布上线。

规则引擎的出发点是，想把业务规则集中管理起来，做成可配置化的，这样每次变更需求，只需要改配置，不需要改代码就可以支持。具体怎么做到呢？

对于上面的例子，首先要做的是把业务规则跟 I/O，以及各种操作拆开，代码如下：

```
///第一个段落
Int result = 0
if(xxx > 10){
   if(yyy < 5){
      result = 0
   }
   else{
      result = 1
   }
else{
   if(z > 5 )  result = 2
}


///第二个段落
if(result = 0) doSomething1
else if(resul = 1) doSomething2
else doSomething3
```

把代码拆成了两个段落，第一个段落里面没有任何 I/O、没有任何外部调用、没有 for 循环，剩下纯粹的 if…else 判断和变量赋值，然后这部分可以变成标准化的一条条 if…else 规则，作为配置，放在规则引擎里面。规则引擎解析这段配置，执行业务逻辑。第二个段落，根据规则引擎执行的结果码做各种外部操作（写日志、调接口、发消息等），这个段落与规则引擎无关。

12.5.3 规则描述语言 DSL

既然要把规则做成配置化，就需要一种描述语言 DSL（Domain Specific Language）来描述规则。相比高级语言，DSL 功能简单，可维护性好，理解门槛低，业务人员也可以读懂。

下面就以 Java 中经典的 Drools 规则引擎为例，看看其规则描述语言。

```
rule "name1"
    when
        user(age > 30)
        user(gender = "男")
    then
        result = 1
end
rule "name2"
    when
        user(age) < 30
        user(gender) = "女"
    then
        result = 2
end
```

关于这种规则描述语言，有以下几个关键点要说明。

（1）每条规则夹在 rule、end 这两个关键字之间，每条规则有一个名字，里面的 when…then…，就是高级语言里面的 if(){}，if…else 没有嵌套。

（2）没有 break 关键字，逻辑上可以认为，所有 rule 都要从头到尾执行一遍。

（3）没有 for、while 循环。

（4）when 里面接的是表达式，这里的 user 是一个对象，通常由调用方传入，age、gender 是 user 的两个属性；then 后面接的是动作，一般不会在这执行复杂的函数，仅仅是取得一个错误码，然后根据错误码在规则引擎外执行相应动作。

很显然，这种语言比高级语言的功能要弱很多，它专门用来维护业务中的各种规则。

另外要说明的是，DSL 本身并没有一定之规，本来就是针对特定业务领域而设计的，如果不用 Drools 这种成熟引擎，用 JSON、XML 来描述，然后自己解析 JSON、XML，执行相应逻辑，也是可以实现的。

12.5.4　规则引擎的两种执行方式

理解了规则引擎的基本概念之后，下面来看一下规则引擎究竟是如何执行的。

第一种执行方式：规则引擎本身作为一个系统/微服务，对外提供接口，让业务系统调用。规则引擎启动时，把所有规则加载进去，然后每来一个请求，处理一次。规则引擎本身是无状态的，也不依赖任何外部调用，纯内存计算。规则引擎的第一种执行方式如图 12-7 所示。

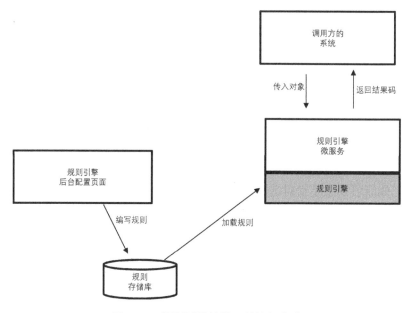

图 12-7　规则引擎的第一种执行方式

第二种执行方式：规则引擎作为一个 SDK，和业务系统的代码运行在同一个进程里面，当 SDK 启动时，加载所有规则。规则引擎也是纯内存计算，不依赖任何外部调用。规则引擎的第二种执行方式如图 12-8 所示。

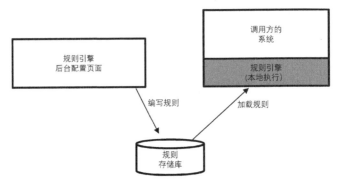

图 12-8 规则引擎的第二种执行方式

12.6 工作流引擎

同规则引擎一样，在大部分观念中，并没有把工作流引擎当作一种架构模式，但工作流引擎是解决"流程类问题"的通用思路。

"流程"几乎无处不在，有很多共性，但又千差万别：用户在 UI 界面上完成一个购物过程，在页面之间来回跳转，是"产品流程"；提交一个请假单，由直属上司、经理审批，是"业务流程"；系统之间相互调用，形成的时序图，是"系统流程"。

而工作流引擎主要针对的是业务流程。业务流程有以下几个典型特点。

（1）执行时间往往很长，可能是几小时、也可能是一两天。不像系统流程那样，时序图调用通常都在毫秒级完成。

（2）流程的执行过程中，不同节点需要不同的人或角色操作，多个角色协同才能完成整个流程。

以请假为例，图 12-9 展示了工作流引擎的原理。

（1）在后台管理页面，以"所见即所得"的方式，像画思维导图一样，画一个流程图，生成一个 XML 文件。XML 文件描述了流程的每个节点，以及节点之间的跳转路径。

（2）这个 XML 被工作流引擎加载、解析。

（3）每次提交一个新的请假单，就会生成一个流程实例。请假单的执行过程就是该流程实例的执行过程。

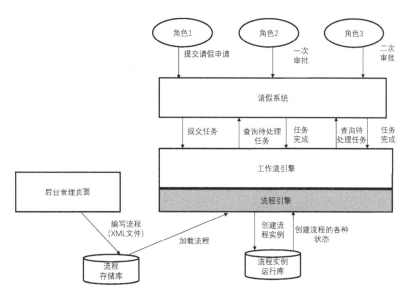

图 12-9　工作流引擎的原理图

（4）业务系统（请假系统）和工作流引擎之间需要很多次的交互。业务系统每次完成一个节点的任务，都会通知工作流引擎。

从图 12-9 可以看出，工作流引擎比规则引擎复杂得多：业务系统和工作流引擎之间不是一个简单的接口交互，而是通过任务通知、查询等一系列接口进行交互。在后面案例实战部分，将对工作流引擎进行细致讨论。

第13章
领域驱动设计

领域驱动设计（DDD）是构建在面向对象建模基础上的另一种建模方法，随着微服务的普及，DDD 也慢慢地被很多人了解，这里单独用两章来讨论 DDD。

DDD 是一个集大成的方法论，可以认为 DDD=面向对象建模+ER 建模+微服务架构。正因为它综合了太多方法论，所以门槛很高。

13.1 传统开发模式：面向数据库表的"面条式"代码

虽然我们用的开发语言是面向对象的，但思维方式却是过程式的。这是因为整个编程是以数据库表为核心的，先设计出表，然后在表上做增加、删除、修改、查询等操作。以一个用户请求的处理过程为例，伪代码大致如下：

```
ProcessRequest{
//第1步：参数校验
//第2步：读数据库的某几张表的数据
//第3步：读某些外部接口，或者缓存服务（可选）
//第4步：在内存中做计算（业务逻辑）
//第5步：写入数据库数据
//第6步：返回用户请求
}
```

这种写代码的思维方式，类似写数据库的存储过程，也被称为"面条式"代码。每个用户接口是一根细面条，整个系统是一根粗面条，各个业务系统就是一根根粗面条，也被称为"烟囱"。

把上面这种伪代码，经过 MVC 模式、分层模式、ORM 模式的加工，就变成图 13-1 的分层架构。虽然代码做了很好的分层，但思维方式仍然是面向数据库表的过程式思维，并没有很好地利用面向对象的特性——抽象、封装、多态。

为什么这么讲呢？以 ORM 框架这层的 Entity 对象为例，虽然 ORM 本身是为了做"对象"和"表"之间的映射，但这里的"对象"是个"贫血对象"，只有数据，没有行为（POJO），对象和表呈 1：1 的关系。所以这里的"对象"本质是一张张表，而不是面向对象里面的真正的对象。

Service 层的思维方式，也是过程式思维，把一个个 Entity 读出来，然后做内存计算，再一个个写回去，本质也是直接对一张张表进行操作。

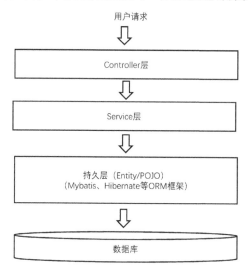

图 13-1　面向过程的分层架构

13.2　DDD 的基本概念

在介绍 DDD 的方法论之前，先看一下 DDD 的几个最基本的概念。

1. 什么是领域

领域是"业务问题空间"，注意是"业务问题"，而不是"技术问题"。所谓业务问题，是指系统如何很好地处理复杂的业务需求、业务流程与业务规则。业务需求一直在增加，并且不断变化着，系统应如何快速地应对？

这里关键是"快速"二字，在系统足够复杂后，每增加一个需求，就可能牵扯到很多系统的改动，不仅开发周期很慢，开发人员很累，还容易改出问题。技术应如何做到不拖业务的后腿？

比如做电商，有 C2C、B2B、B2C、B2B2C 等多种玩法，系统应如何支撑这些场景？

比如做广告，有 CPC、CPM、CPT、搜索、推荐等多种玩法，系统又应如何支撑这些场景？

2. 什么是领域模型

如果说"领域"是"问题"，那么"领域模型"就是为解决这个问题给出的"答案"。"领域模型"是在"模型"前面加了"领域"二字。从字面上来看，领域模型是模型的一种。

领域就是现实世界中的业务，是复杂多变的，我们看到的只是现象；而领域模型就是要找到这些现象背后不变的部分，也就是"本质"。找到了"本质"，也就是"变化"背后的"不变性"，也就找到了"问题"的"答案"。

具体到 DDD 方法论，其引入了一系列概念：实体、值对象、聚合根、领域事件、领域服务。就像任何一门语言，最基本的是单词，DDD 的这些概念就是领域模型这门建模语言的单词。有了单词，就可以组装成句子、段落和文章。

这些概念给了我们一系列的分析工具，有助于分析出"领域"现象背后的"本质"：

你的领域中有哪些核心实体？这些核心实体又由哪些子核心实体组成？

核心实体的生命周期（状态迁移）是什么样的？

核心实体之间是什么关系？

除了核心实体，是否还有某些核心的事件、业务规则和算法？

3. 子域和限界上下文有什么区别

"子域"是"问题空间"的概念，"限界上下文"是"解决方案空间"的概念，很多时候二者是 1 : 1 的关系。

因为二者是 1 : 1 的关系，所以很难分清楚"限界上下文"和"子域"。Martin

Flower 打了个比方，"地板"与"地毯"之间的关系，现在的"问题"是给地板铺上地毯，如果地毯是为这个地板定制的，那么地板与地毯严丝合缝，尺寸完全一样。但如果地毯是从其他房子里拿过来的，那么可能地毯比地板大一点，要把某部分折叠起来，才能让二者一致；或者地毯比地板小一点，只能将就着用。"地板"就是"子域"，"地毯"就是"限界上下文"。

为了简单清晰起见，在大多数时候，我们应该尽量让子域∶限界上下文=1∶1。打破这种映射关系的一个场景是，我们面对一个子域，发现其有些模块是购买的，有些模块是我们自己开发的，这是两个不同的限界上下文，所以此时子域∶限界上下文是 1∶N 的关系。

当然，子域∶限界上下文也可以做成 N∶1 的关系，就是让一个"解决方案"去解决多个不同的"问题子域"，但这样会增加认知门槛，带来的好处可能并不那么明显，所以一般不太会这么用。

13.3　DDD 的方法论

13.3.1　领域模型和数据模型的区别

（1）领域模型：通过类图来表达实体与实体之间的组合、继承关系，还包括聚合根、值对象、领域服务、领域事件。领域模型更关注"行为"。

（2）数据模型：数据库的 ER 图，主要考虑数据库读/写性能、事务一致性、第三范式等问题。数据模型更关注"数据"。

按照 DDD 的思维，首先需要"忘掉数据库"，假设系统可以任意在关系数据库和<K,V>数据库之间切换。这样，思维重心就从如何设计数据库的 ER 图转换到从业务领域出发，设计类的行为、类的抽象、封装、多态，从而实现更好的可复用性、可扩展性。

13.3.2　基于 DDD 的分层架构

把如图 13-1 所示的分层架构图换成 DDD 思维，就得到图 13-2。关于图 13-2，有几个关键要说明。

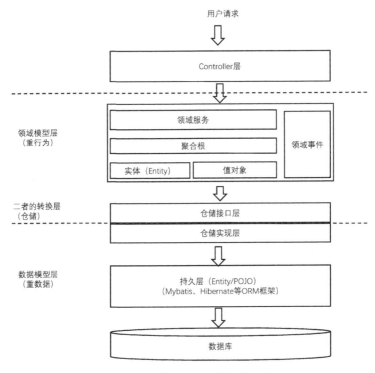

图 13-2　基于 DDD 的分层架构

第一，ORM 框架里面的 Entity 和 DDD 的 Entity 不是一回事。前者是数据持久层的概念，是一张张表，只有数据，没有行为；后者是业务对象，有数据，有自己的行为，数据与行为是绑定的，行为对数据的修改是由业务规则来保证事务一致性的。

第二，仓储这一层实现领域模型到数据模型的转换，也就是对象和表之间的转换。那仓储和 ORM 框架有什么区别呢？仓储的入参、出参，基本都是"聚合根"，少数是 DDD 的实体，而不是 ORM 的 POJO。

第三，因为仓储是二者的转换层，其中仓储接口层属于上半部分的领域模型层；仓储实现层属于下半部分的数据模型层。

13.3.3　领域模型和数据模型如何映射

正如前面所说，数据模型是 ER 图，其出发点是数据库的数据；而领域模型的出发点是业务逻辑，更关注行为，一般用类图表示。这二者的映射关系，反映了两种思维方式的本质差别。二者的映射，也存在着各种不同的场景。

1）领域模型∶数据模型 = N∶1

一张表，对应了领域模型中的 N 个实体。比如一张表有几十个字段，可能其中一批字段是高内聚的集合，另外一批字段又是另外一个高内聚的集合，每次修改的时候，两批字段不会同时修改，是相互独立的。那么在领域模型层面，对应的是 N 个实体，这 N 个实体虽然底层表是同一张，但具备完全不同的行为。

2）领域模型∶数据模型 = 1∶N

假设数据库里面有三张表 A、B、C，A∶B = 1∶N，B∶C = 1∶N；对应到领域模型里面，有三个实体 A、B、C，A 维护了 B 的列表；B 维护了 C 的列表，伪代码大致如下：

```
Class A
{
private:
  List<B> bList;
public:
  Func1(..);
  …
}


Class B
{
private:
  List<C> cList;
public:
  Func1(..);
  …
}


Class C{
…
}
```

A 是三个实体的聚合根，在前文讲的仓库设计模式中，操作的入参、出参只有 A，对 B、C 的修改已经被 A 封装了，对外是屏蔽的。写入 A 时，连带写入 A、B、C 三个表，在一个事务里面完成，这也就是聚合根的一个特性：聚合根是事务一致性的边界，在聚合根里面维护的所有数据，任何时候写入都要保证事务一致性。

站在领域模型角度，只有 A 这一个模型；但在数据库角度，有三张表。

3）领域模型∶数据模型 $= N \colon N$

一个领域模型会修改多张表的多个字段。

13.3.4　DDD 中的读写分离模式

还是以上面这个例子为例，A 是 B、C 的聚合根，对 B、C 的写入包装在了 A 的内部；但是对于查询，有各种复杂的查询方式。例如，要查询 C，则查询方式如下。

- 根据 C 的条件直接查询 C。
- 根据 B 的条件连接 C，得到 C。
- 根据 A 的条件连接 B，再连接 C，得到 C。

......

这么多复杂的查询方式，通过领域模型来实现，性能差，也打破了 A 对 B、C 的封装。在这种情况下，应该使用读写分离（CQRS）的架构模式，读操作不通过领域模型，而是直接查询数据库。

这里所说的读写分离，与分布式架构章节所讲的读写分离有一定区别：在之前，是为了解决高并发问题做的读写分离，读和写用不同的存储介质；而在这里，是从领域模型的设计角度来考虑的，读的和写的是同一个数据库。

第 **14** 章
DDD 的折中与微服务架构

从 Eric Evans 出版《领域驱动设计：软件复杂性核心应对之道》一书到现在，已经有十几年的时间。在这十几年中，DDD 一直是一门"隐学"，直到微服务架构流行起来之后，面临服务如何拆分的问题，DDD 才越来越被重视，因为大家发现 DDD 恰好可以解决这个问题。

但即使如此，在国内也很少有公司会严格遵循 DDD 的方法论进行设计和编码，在笔者看来不仅是 DDD 本身难，而是软件建模这件事本身就难，正如在前文所说的，因为难，所以才有各种各样的方法论。DDD 是在传统"软件建模"方法论基础之上，又加了很难的概念、方法，因此更难。

14.1 软件建模本身的困难

如果系统很简单，则不需要任何建模方法，直接用数据库的 CRUD 即可。对于复杂业务系统，大型团队开发需要遵循某种软件建模的方法论，图 14-1 展示了复杂业务软件开发的生命周期。

第一个阶段，确定业务目标和业务价值。要解决什么人的什么问题，创造什么样的业务价值。这个阶段通常是由公司的高层定义的。

第二个阶段，目标被拆解成一系列核心的功能点。

第三个阶段，围绕这些功能点定义业务流程、业务规则，以及整个过程涉及什么样的业务数据或业务对象。

第四个阶段，领域建模。要实现这样的业务流程、业务规则，需要建立什么样的领域模型。

第五个阶段，基于领域模型做技术架构的设计，如要做读写分离、做微服务拆分，再细化系统之间的交互流程。

软件建模的本质是找到现实世界中的"不变性"。业务需求会一直增加，业务流程会改变，业务规则也能修改，但领域模型却不能随便修改，一修改就会牵一发而动全身。如果找不到"不变性"，领域模型一直改动，就不能起到软件建模的作用，只是打着领域驱动的幌子而已。

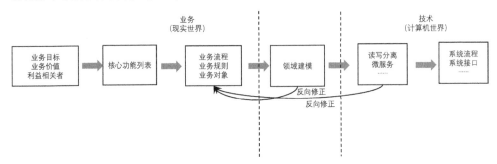

图 14-1　复杂业务软件开发的生命周期

在变化的现实世界中寻找不变性，希望寻找到一个稳定的领域模型，让系统流程可以灵活改变，模型不怎么变。但在实际中却很难做到，这是为什么呢？

（1）意识问题。在用户、产品人员、运营人员眼中，沟通的语言是"流程"，而不是"模型"。开发人员在与他们沟通过程中，慢慢就形成了以"流程"为主导，而不是以"模型"为主导的思维方式。这使得整个开发过程是"流程驱动"的，而不是"领域驱动"的。大家在讨论业务与系统解决方案时，大部分时间都花在了业务流程、业务规则上，而不是在深刻挖掘流程背后的不变因素上。

（2）现实世界的复杂性。业务也就是我们的现实世界，灰度的、模棱两可的东西，比计算机的世界多得多，变化也多得多，导致技术人员往往不懂业务，也不知道如何去分析业务（也就是图 14-1 中的前三步）。前三步做不到，也就很难进入第四步。因为不知道这里有哪些东西是不怎么变的，哪些东西是容易变的，而这恰恰是建模的前提条件。

（3）迭代速度。再稳固的模型，也不可能一成不变，毕竟现实世界一直在变。当现实世界变化到模型不能支撑时，要能马上修改模型才行。但实际情况是，因为开发效率的原因，工期赶不上，然后就会在旧的模型上打补丁，补丁一个接着一个地打，最后整个系统臃肿不堪，开发效率进一步降低，如此恶性循环。

这也是为什么互联网公司一直强调"小步快跑、快速迭代"的原因。既然现实世界变化太快，我们就不要仔细去研究建模了，反正变了可以快速迭代、快速修正。这种方法对于 C 端的产品线，业务流程不复杂、牵扯系统不多的情况很管用。但对于 B 端的大型企业项目，会牵扯到很多系统之间的对接，一次开发，实施完很久也不会再动的情况下，这种方法就不适用了。

（4）火候的掌握。领域模型是要对现实世界建模，既要去寻找不变性，又要为可能变化的地方留出扩展性。什么地方是不变的，要作为基础；什么地方是易变的，要留出扩展性，这其中并没有一个标准原则。另外，各家公司的业务规模、速度不一样，团队实施能力也不一样。所以在实践中，要么会"缺乏设计"，要么会"过渡设计"。对火候的掌握，需要有悟性。只有反复思考，反复推翻自己之前的想法，再重建新的想法，才能在实践中不断找到领域模型、业务发展速度、技术团队能力之间的"最佳平衡点"。

14.2　"无建模"带来的各种问题

也正因为建模本身就很难，现实中最常见的情形是"无建模"，用产品经理写的业务流程直接写代码，把业务流程直接映射成了系统流程。

从图 14 -1 可以看出，领域建模处在业务流程和系统流程之间，如果缺失了领域建模，则直接把业务流程实现成系统流程，而这也正是开发人员经常会遇到的问题。"无建模"会产生很多问题：

第一，业务流程是粗粒度的，是给非开发人员（产品人员、运营人员、用户等）看的，而系统流程需要更细化，比如业务流程说某个"数据"从系统 A 流向系统 B，但并没有说这个"数据"有哪些字段？这种流向是"推模式"还是"拉模式"？是用消息中间件实现，还是用 RPC 或者 HTTP 调用？

站在业务人员的角度，不关注这些技术问题，但技术人员需要关注这些技术问题，因为这些问题会影响系统的可维护性、性能、稳定性等。

第二，数据在多个系统之间复制，维护困难，各种数据不一致。站在领域建模的角度，或者站在服务化的角度来看，一个数据（如业务实体或实体之间的关系数据）在全局应该只存在一份，有的系统因为高并发或性能问题，也仅仅是一个缓存而已。但如果纯粹地从业务流程角度看，会出现数据在多个系统之间传递的情况。这种传递造成同一份数据在多个系统之间复制，然后各系统又可能对数据做了一定的逻辑加工，如加上了其他一些额外字段。合理的方式应该是在系统之间仅传递业务对象的 ID，业务对象本身只在一个系统内管理。

第三，业务流程刚开始简单，可能是瀑布式的，变复杂之后就会变成网状。如果系统流程完全按照业务流程实现，系统也会变成网状，没有分层结构，系统之间全部双向耦合，最后难以维护。

也正因为如此，在业务流程和系统流程之间需要有领域模型，当业务流程变化或新加分支流程后，领域模型不变，基于此实现新的系统流程也会相对简单。

14.3   DDD 的困难

DDD 也是一种软件建模方法，虽然它想极力降低软件建模的难度，但实际还是很难，在笔者看来，有以下几个原因。

（1）DDD 本身只是一套思维方法，而不是要严格执行的规范，所以其本身弹性很大。不同人，对于 DDD 的理解有差异，并且没有一个精确的标准来衡量什么做法是 DDD，什么做法不是 DDD，导致在落地执行时，存在很大分歧。

（2）思维方式的转换很难。早在 DDD 出现之前，面向数据库的建模方法已经深入人心。在大数据时代，各种数据仓库、离线分析是以"表数据"为中心的，而不是以"行为"为中心的。

（3）DDD 的实施需要强大的技术基础实施来保证。这包括微服务架构体系、领域事件的不重不漏地发送与接收、分布式事务框架等。

（4）大量存量的老系统，重构成本大于收益，没有重构动力。

（5）在互联网的快速开发迭代面前，很少有人可以静下心来在软件方法论层面去精雕细琢，更多的是快速堆砌功能，完成业务需求开发。

当 DDD 需要的投入大于其带来的收益时，不要去强推这个方法论。在实践中，人们往往根据自己的业务和团队的情况，选择某种杂糅的方式，可能用 E-R 模型图+UML+DDD 的某些概念+微服务架构。

14.4　折中后的 DDD

折中后的 DDD 就是在宏观层面，遵循 DDD 的方法论；在微观层面，不严格遵循 DDD 的方法论。下面将具体展开来说。

14.4.1　宏观层面：遵循子域、限界上下文、微服务三者的映射关系

通常来说，一个子域对应一个限界上下文，对应一个微服务，如果业务逻辑太复杂，就进一步将其拆成多个微服务。

子域的拆分在笔者看来有以下两种思维方式。

1．方式 1：诸侯制

先把整个领域分成几个子域，即把一个大项目拆分成几个部分，把边界定出来，也就是把子域之间的接口定出来，然后每个团队各自负责子域的领域模型设计和系统实现。如此细化，每个团队内部可以继续拆分，反正对外来说是屏蔽的。

2．方式 2：中央集权制

先对整个业务做全面的分析，做一个全功能的、完整的领域模型，覆盖整个业务。再把这个大而全的领域模型拆分成几块，让不同团队去实现。

这两种方式各有优劣：方式 1 的难度相对较小，容易落地，各个团队各司其职，但容易失去全局视野；方式 2 对整体的思考更多，考虑到了各个部分的相互交叉影响，模型会更系统化，但考虑的信息量太大，容易失控，导致最终无法完全落地。

在微服务大行其道的今天，很多团队选择的是方式 1，拆！拆！拆！反正遇到复杂问题就拆分。当业务复杂到一定程度时，会发现服务很多，然后服务之间各种交叉调用，整个系统到最后很难维护。那应该如何处理呢？

如果领域里面子域的界本本来就比较明显，则可以选择先拆分。比如做电商系统，用户和订单这两个子域的界限分明，可以选择拆分成这两个子域，然后分别设计。

但如果界限不是很明显，比如价格与优惠活动，如果先拆成价格和优惠两个子域，各做各的，请问最终用户看到的价格，是价格这个子域确定的，还是叠加了优惠活动的？叠加的过程又是怎样的？在这种情况下，最好是把价格和优惠作为一个整体建模，在快建好模之后，再清晰地将其拆分成两个子域实施。

同样，比如库存，是将其拆成售卖库存和供应链库存，各做各的？还是把两部分作为整体考虑，再分两部分实施？

最后，就应了大家经常说的那句话，"分久必合，合久必分。"刚开始的时候，业务简单，所有东西都合在一起，看作一个领域；做着做着，某部分越来越复杂，拆出来变成了一个新的领域；当越拆越多，到了一定的时候，发现两个领域之间耦合严重，很多东西类似又有差别，再开始合，如此周而复始。

14.4.2 微观层面：不遵循 DDD 的方法论

在微观层面，也就是在微服务内部的实现上，不严格区分领域模型和数据模型，因为微服务内部的模型层和数据持久层往往都是同一个人或团队开发的，其设计两个模型，然后通过仓储模式实现两个模型之间的映射，这需要开发人员熟知这两个模型的差异，对开发人员的素质要求很高，往往很难保证。

14.5 三个不同层次的读写分离架构

到目前为止，我们实际探讨了三个不同层次的读写分离架构，从小到大依次如下。

（1）DDD 的 CQRS 架构模式。正如 13 章讨论的，读和写都操作的是同一个数据库，但是读操作不经过领域模型，这里的读写分离是从业务角度来设计的，这是因为聚合根的划分依据主要是写的事务一致性边界。

（2）在讨论高并发问题时，我们总结的读写分离架构模式中读、写用的是完全不同的存储介质、数据结构，这里的读写分离主要是从性能角度出发考虑的。在这个层面，"读"和"写"都是计算机的词汇，而不是业务的词汇，所以这里的读写分离是一个纯粹的技术架构。

如果某个子系统的流量很大，需要应对高并发问题，要采取读写分离、加缓存等措施，也只是这个子系统的内部问题，与其他子域没有关系，对外部来讲，应该尽可能屏蔽。从这个角度来讲，读写分离纯粹是一个子领域内部的技术问题。

（3）业务层面的读写分离。

如果"小范围"的读写分离扩展到公司级别的"读写分离"，就会从技术问题上升为业务问题。比如电商网站的搜索系统，很显然它是一个"只读"系统，而"写"的一端包括了商品的发布、价格的发布、库存的发布和库存的扣减，这里的"读"和"写"就变成了两个业务，而不是简单的一个业务内部所做的读写分离。

同样，对于广告平台，B 端的广告主发布广告，里面有一系列复杂的业务流程，如选取广告位、制作广告素材、设置投放人群、查看投放效果等。C 端的用户浏览和点击广告，也不是一个纯粹技术上的"读"和"写"的分离，而是 B 端和 C 端两个子业务。

第 3 部分　案例实战

第 15 章
基础架构案例实战

15.1 分布式锁

15.1.1 分布式锁的使用场景

当单机的多个线程并发更新 DB 的同一行时，可以用线程锁；当多个进程（多台机器）并发更新 DB 的同一行时，可以用 DB 的悲观锁、乐观锁；但当多个进程（多台机器）要并发更新多个 DB，或者同时更新 DB 和 Redis 时，单个 DB 的悲观锁/乐观锁也不够用，需要一个横跨多个 DB 或者 DB 和 Redis 的锁，控制对多个资源的并发更新，也就是分布式锁。

具体来说就是：每个进程先调用分布式锁系统，取得锁，然后访问多个 DB 和 Redis，完成复杂的业务逻辑处理，再释放锁；如果取不到锁，则等待，直到取得锁，再往下执行。

15.1.2 分布式锁的常用实现方式与问题

1. 方案 1：基于 ZooKeeper 实现

最常用的分布式锁是基于 ZooKeeper 实现的，利用 ZooKeeper 的瞬时节点特性。每次加锁都是创建一个瞬时节点，释放锁后删除瞬时节点。因为 ZooKeeper 和客户端之间通过心跳探测客户端是否宕机，如果宕机，则 ZooKeeper 检测到宕机后，自动删除瞬时节点，从而释放锁。

ZooKeeper 用 Zab 协议保证高可用和强一致性，但该方案还有以下两个问题。

（1）性能问题。在高并发场景下，ZooKeeper 的 QPS 不够。

（2）两个进程得到同一把锁。因为用心跳探测客户端是否宕机，当网络超时或客户端发生 Full GC 时会产生误判。本来客户端没有宕机，却误判为宕机了，锁被释放，然后被另外一个进程得到，从而导致两个进程得到同一把锁。

2．方案 2：基于 Redis/MySQL 实现

因为 Redis 的性能比 ZooKeeper 的性能更好，所以它通常用来实现分布式锁，但问题也很明显。

（1）问题 1：Redis 没有 ZooKeeper 强一致性的 Zab 协议，Redis 的主从之间采用的是异步复制，如果主宕机，则切换到从，会导致部分锁的数据丢失，也就是多个进程会得到同一把锁。

（2）问题 2：客户端和 Redis 之间没有心跳，如果客户端在得到锁之后、释放锁之前宕机，锁将永远不能被释放。要解决这个问题，是给锁加一个超时时间，过了一段时间之后，锁将被无条件释放。但这又带来下面第三个问题。

（3）问题 3：如果客户端不是真的宕机，而只是因为 Full GC 发生了阻塞，或业务逻辑的执行时间超出了锁的超时时间，则锁被无条件释放，也会导致两个进程得到同一把锁。

上面这些问题如果不用 Redis，而换作 MySQL 来实现，也是同样的道理。对于 Redis 的这些问题，Redis 的作者设计了一个多机器的分布式锁 RedLock，但也存在诸多争议，此处不再展开论述。

说了这么多，是想说明要实现一个通用的、高可用、强一致性和高性能的分布式锁很难。

15.1.3　用串行化代替分布式锁

既然分布式锁有那么多问题，为什么还有很多人用呢？

（1）代码写起来简单，在代码中新插入一个分布式锁，也不会改变整个系统架构。

（2）抱有一定侥幸心理，在对性能没有那么高要求、并发量不大的情况下，上面说的两个进程得到同一把锁的概率不高。

但在并发量很大、可靠性很高的场景下，还是建议避免用分布式锁，可通过串行化来解决。

1．异步串行化

如果业务逻辑处理是异步的，不需要给调用方立即返回结果，使用异步串行化会比较简单。保证对同一个 Key 或同一行记录的操作，落入在消息中间件的同一个分片里面，然后用单线程消费消息，更新 DB 或缓存。

如果没有可靠的消息中间件，用 DB 也可以做类似的事情。把更新请求放入一个中间 DB，然后用单线程的方式从 DB 中取出请求，再一个个处理。

2．同步串行化

如图 15-1 所示，微服务 A 有很多台机器，微服务 B 也有很多台机器。微服务 A 调用微服务 B，并发更新 DB，或者并发更新 Redis，并且更新结果要同步返回。解决方案如下。

（1）微服务 A 调用微服务 B 要做一致性 Hash，保证同一个 Key（如同一个 user_id）的请求，落入微服务 B 的同一台机器。

（2）微服务 B 在内存中对请求排队，然后单线程更新 DB 或者 Redis，从而避免了对同一个 Key 的并发更新问题。

（3）在队列中请求没有处理之前，微服务 A 会阻塞在那里，等待微服务 B 返回。

可能有人会问了：这样做是不是吞吐量会下降，毕竟是单线程。其实在吞吐量上，同步串行化与分布式锁没有本质区别，因为分布式锁也是对某个资源做串行化访问，虽然有多个线程，它们也是在等待锁释放，没有显式的队列，但是属于"变相排队"。

另外，单线程的吞吐量反而会提升一些，没有了锁争抢，少了多个线程的上下文切换。

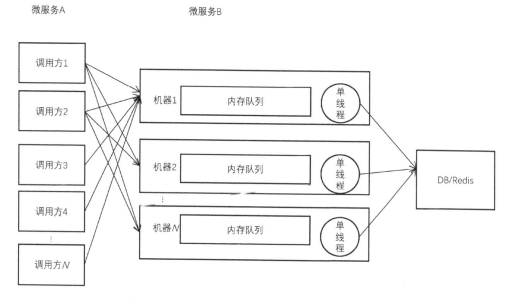

图 15-1　通过串行化控制对 DB/Redis 的并发访问

15.2　服务注册与服务发现中心

在 ZooKeeper 刚面世的时候，因为其高可用、强一致性的特性，很多人认为它适合做服务注册与服务发现中心，但实际上 ZooKeeper 并不那么适合，为什么呢？

15.2.1　服务注册与服务发现中心的基本原理

如图 15-2 所示，假设微服务 A 要调用微服务 B，各自有多台机器。

（1）服务注册与服务发现中心自身有多台机器，以保证高可用。

（2）服务注册：微服务 B 的每台机器把自己的<ip, port>上报给服务注册中心，并且周期性上报。服务注册中心维护了<B 的服务名字,<ip, port>列表>关系。

（3）服务发现：微服务 A 要调用微服务 B，用微服务 B 的服务名字到服务注册中心取微服务 B 的<ip, port>列表。

（4）负载均衡：从列表中挑一台机器，向微服务 B 发起调用。挑选方式，也就是负载均衡，可以是随机、轮询、一致性 Hash 等。

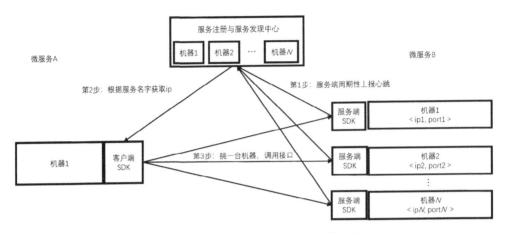

图 15-2　服务注册与服务发现中心的基本原理

15.2.2　服务路由表的数据延迟与解决方案

虽然服务注册中心的多台机器之间是可以做高可用、强一致性的，但服务注册中心维护的<服务名字、<ip, port>>路由表，却并不一定总是最新的数据。

（1）微服务 B 和服务注册中心之间的网络可能出现问题，当微服务 B 扩/缩容时更新的机器，可能无法立即同步到服务注册中心。

（2）即使网络完全没问题，微服务 B 和服务注册中心之间的心跳也是有间隔的，假设心跳周期是 30s。当某台机器宕机之后，最迟可能要 30s 之后，服务注册中心才会发现。

这也意味着微服务 A 从服务注册中心取到的微服务 B 的<ip, port>列表并不一定是最新的，里面某些机器可能已经宕机了。

总结下来就是：服务注册中心虽然可以保证自己内部数据的强一致性，但是无法保证微服务之间的路由信息是最新的。

为了解决这个问题，通常需要客户端摘除机制，如图 15-3 所示。

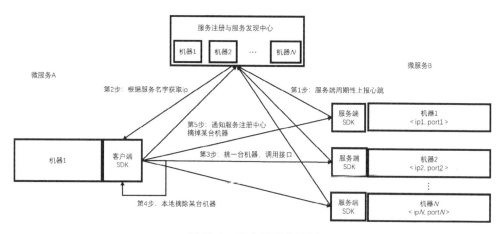

图 15-3 客户端摘除机制

调用方在调用某台机器失败之后，自己在内存中把这台机器的 ip 剔除，同时通知服务注册中心这台机器有问题，从而解决服务路由表延迟问题。

15.2.3 服务注册中心应该是 AP 系统，还是 CP 系统

既然服务路由表总会有延迟，在调用方看来，就是数据不一致。那服务注册中心内部还有必要保证强一致性吗？答案是不需要。这里更进一步分析一下。

（1）服务注册中心被所有微服务依赖，一旦服务注册中心出现故障，则影响所有的微服务，所以高可用是第一位的。在极端情况下，即使服务注册中心的所有机器都宕机，也不能影响服务之间的调用。这就要求服务注册中心的客户端要缓存服务路由表，从而允许服务注册中心在一段时间内不可用。

在这段不可用的时间内，只有新上线的机器无法进行服务注册与服务发现操作，但已有的机器都可以正常访问。

（2）路由信息的延迟不可避免，通过客户端摘除机制可以解决。即使服务注册中心无法保证强一致性，也影响不大。

（3）如果要实现跨机房的微服务调用，那么服务注册中心要跨机房部署，很容易出现网络分区。若此时保证强一致性，会影响服务注册中心的可用性。

所以，服务注册中心更适合用 AP 系统，而不是 CP 系统，因为 A 比 C 重要得多。

15.2.4　配置中心应该是 AP 系统，还是 CP 系统

与服务注册中心相对应的是配置中心，如存储程序运行的各种灰度开关、功能开关，各种程序运行的环境变量等。其特性和服务注册中心有很大不同。

（1）路由数据会随着服务的重新发布，机器的扩/缩容频繁变更，而配置中心数据一旦写入，不会经常变更，大部分可以说就是常量数据。

（2）如果配置数据错了，则会直接影响程序的运行逻辑，所以配置中心对数据一致性的要求非常高。

基于这种考虑，配置中心一般都是 CP 系统。

15.3　分布式 ID 生成系统

分布式 ID 生成是分布式系统中一个基本的需求，比如在数据库分库分表之后，需要一个全局唯一的 ID 来作为每张表的业务主键。"全局唯一"是基本保证，在此基础上，会加上递增的要求。对递增的严格性要求越高，实现难度越大。对递增的要求可以分为以下四个等级。

1．全局唯一，乱序，无递增

这个最简单，直接用 UUID 作为全局 ID 即可。

2．全局唯一，趋势递增

趋势递增是指整体上呈递增趋势，但局部可能下降。

例如：1, 3, 6, 7, 5, 10, 11, 12, 8, 13, 14, …

3．全局唯一，单调递增

单调递增是指后一个一定比前一个大，但不一定连续，中间可以有间隔。

例如：1, 3, 6, 7, 10, 11, 12, 13, 14, …

4．全局唯一，连续递增

连续递增是指后一个一定比前一个大，中间无间隔。

例如：1,2,3,4,5,6,…

接下来逐个讨论实现方案。

15.3.1　全局唯一，趋势递增

1. 方案 1：Snowflake 算法

全局 ID = 本机时间戳（ms） + 本机编号 ID + 本机单调递增序号

关于此方案，做以下几点说明。

（1）为什么需要本机单调递增序号？时间戳只能细到 ms 级别，如果在 1ms 内进入多个请求，则需要通过本机单调递增序号区分。

（2）不同机器时间戳可能一样，加上本机编号 ID，保证全局唯一。

（3）时间戳只能保证全局趋势递增，因为不同机器产生的时间戳会有一定误差。

Snowflake 方案示意图如图 15-4 所示，假设 DB 分库分表，要求一个全局的唯一 ID 做某个表的主键，解决办法就是每个应用服务器生成自己要使用的 ID，从全局来看，就是趋势递增。

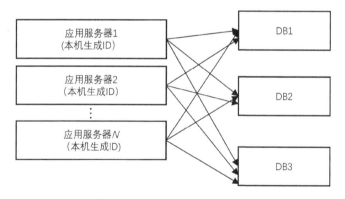

图 15-4　Snowflake 方案示意图

这种方案有三个显著优点。

（1）实现简单。

（1）性能高，没有网络 I/O，应用服务器也能无限地水平扩展。

（2）高可用，不依赖第三方的分布式 ID 生成系统。

但有个小的风险是依赖机器时钟。如果机器时钟回拨，则会导致生成的序列号重复。

2. 方案 2：利用 DB 自增主键发号

DB 自增主键发号示意图如图 15-5 所示。

（1）每个 DB 自增的初始值不同，但偏移量设置相同，确保所有 DB 产生的 ID 号不会重复。

（2）在 DB 集群上搭建一个发号集群，负责发号。

（3）单个 DB 发的号是单调递增的，但所有 DB 发的号合起来是趋势递增的。

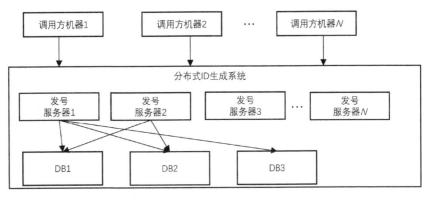

图 15-5 DB 自增主键发号示意图

此方案有以下两个优点。

（1）不受制于本机时钟。

（2）高可用。任何一个 DB 宕机，或者发号服务器宕机，都不会影响发号的全局唯一和趋势递增。

缺点也很明显：每个请求都要访问 DB，性能受限。

3. 方案 3：在 DB 基础上，加上本地缓存

DB+本地缓存的分布式 ID 生成方案如图 15-6 所示。

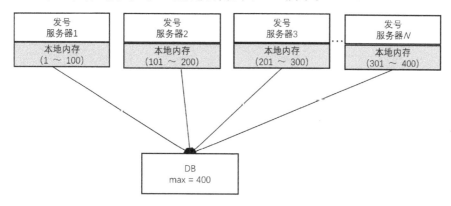

图 15-6　DB+本地缓存的分布式 ID 生成方案

（1）每台机器本机缓存了一个号段，对 DB 的访问量大幅下降，所以不再需要 DB 集群，而只需要单个 DB。

（2）每台发号服务器从 DB 中取一个号段，用完再取。DB 只用存储已经发出的最大编号。

（3）某台发号服务器宕机也没关系，只不过浪费了一批号。

但有个问题：出现 DB 单点宕机怎么办？

办法 1：主备，且主备之间采用同步复制。若采用异步复制，则主备数据有延迟，可能导致发号重复。

办法 2：基于 Paxos/Raft 的强一致性、多副本的存储，如 MGR。

这种方案还有个优点：因为不依赖于 DB 的自增 ID 的特性，所以存储不一定非要用 DB，用<K,V>存储也可以，只要能保证高可用、强一致性。

趋势递增还有些其他方案，都是类似的思路，最终在发号不重复的前提下，做到高性能+高可用。

15.3.2　全局唯一，单调递增

先讨论一个最基本的问题：如图 15-7 所示，多台机器同时发号，能否做到单调递增？

虽然每台机器的号是单调递增的，所有机器上的号也是从小到大排列的，但因为调用方的请求是随机的或者轮询地落到每台机器上，所以最终取到的号的序列不是单调递增的。

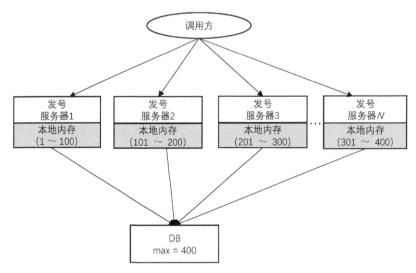

图 15-7　调用方调用多台发号服务器，做不到单调递增

要做到单调递增，任意时刻只能让一台发号服务器发号，如图 15-8 所示。

主机宕机，切到备机，备机从 DB 读取新的号段，开始发号（主机上还未发出去的号浪费了，从新的号段开始）。

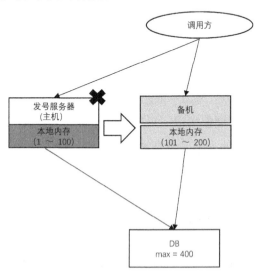

图 15-8　只单台发号服务器发号，主机宕机，切换到备机

上面这个思路，也正是微信的分布式 ID 生成器的思路。下面对微信的分布式 ID 生成器做一个详细的介绍。

业务需求如下。

（1）每个用户收到的消息，全局编号，单调递增，是一个 32 位整数。

（2）不同用户的消息编号可以重复，因为每个用户的编号空间都是[1, 232]。

这里有个关键点：不同用户发的 ID 可以重复，相当于每个用户都是一个业务方，彼此之间相互独立。

整体方案如图 15-9 所示，关于该方案有以下几点要说明。

（1）同一个用户 ID 的请求会路由到同一台发号服务器上，保证发出的号单调递增。

（2）有一个高可用、强一致性的分布式<K,V>存储，存储每个用户 ID 已经发出去的最大号。

因为不同用户 ID 之间是相互独立的，所以很容易分片。

（3）主机宕机，切换到备机。这里的关键问题是：主机宕机，切换到备机，如何避免脑裂？也就是高可用架构方法论的典型问题。在这种场景下，对脑裂是零容忍的，一旦出现主备两台机器同时发号，肯定无法保证单调递增。

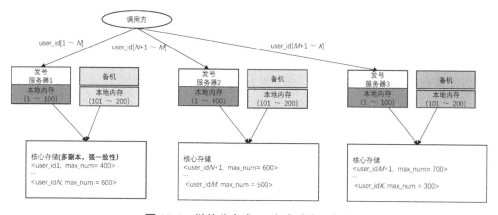

图 15-9 微信分布式 ID 生成系统示意图

解决办法是租约机制。租约的思路是：主机、备机之间约定了一个时间间隔，当备机启动之后，不立即对外提供服务，而是等待一个时间间隔，等主机彻底宕机或者老租约到期，主机主动退出之后，备机再开始对外提供服务，具体实现方式如图 15-10 所示。

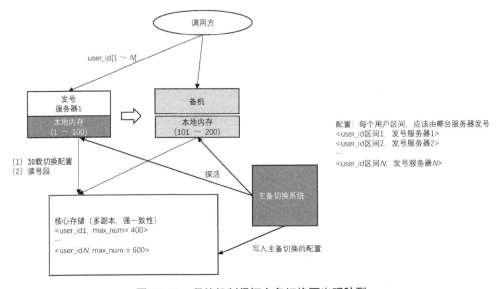

图 15-10　租约机制保证主备切换不出现脑裂

关于该方案，有以下几点要说明。

（1）有一份配置数据，配置了每个用户区间的发号机器应该是主机还是备机。这份配置数据也保存在高可用、强一致性的<K,V>存储里面。

<user_id 区间 1，发号服务器 1>

<user_id 区间 2，发号服务器 2>

……

<user_id 区间 N，发号服务器 N>

（2）有主备切换系统，其自身是无状态的，对主机、备机进行心跳探测。若发现主机宕机，则更改系统的配置；反之，若发现备机宕机，主机是好的，则也更改系统的配置，实现主机、备机的互切。

（3）主机、备机周期地读取这份配置，若发现配置里面 ip 写的是自己，就对外提供服务；若发现配置里面 ip 写的不是自己，就拒绝服务。

（4）若主机在 N 秒内读取不到配置（读出的 ip 不是自己），就退出，不再提供服务。

（5）若备机读取到新的配置，则过 N 秒之后，再开始提供服务。

所以在备机提供服务之前的 N 秒内，主机要么是真的宕机，要么是自己主动退出了，从而保证不会出现脑裂。

这里有点小问题，最差情况是，在 $2N$ 秒的时间内，主机、备机正在发生切换，这个用户区间的发号服务器不可用，但其他用户区间都是好的，只短暂影响少量用户，所以可以接受。

可能有人会问，只有单机发号，性能扛不住怎么处理？

不同用户 ID 是相互独立的，所以可以把 user [1, N]再拆成 user[1, N/2] 和 user[N/2, N]，放到两台机器上，以此类推，不断细拆。最极端的情况是，拆到最后，一台机器只负责一个用户的发号。但实际上，来自同一个用户的流量不可能有这么大。

另外还有一个问题，主备两台机器的高可用性还是不够强，两台机器同时宕机怎么办？

有一个更高阶的办法，让所有机器互为主备，此处不进一步展开，留给读者思考如何实现。

15.3.3　全局唯一，连续递增

连续递增就只能利用单机 DB 的自增特性，对系统高可用性、性能的约束太大，无法做到分布式。通常单调递增已经满足了业务要求，所以一般不会去实现连续递增。

第 16 章
C 端业务系统案例实战

16.1 电商库存系统

16.1.1 业务背景与需求分析

库存记录的是每个商品的数量，从最朴素的想法来看，库存就是 2 个字段 <商品 ID,数量>，用户每购买 1 个商品，数量减 1；订单取消，数量再加回去。但实际过程复杂得多，下面就来由浅入深地分析库存系统的架构到底是什么样的。

1. 需求分析 1：加购物车的时候就扣库存，还是提交订单的时候扣库存

如图 16-1 所示，用户购买商品通常需要 4 步。

第 1 步：浏览商品，把中意的商品加入购物车。对应的是购物车系统，购物车的数据结构类似<user_id,商品 ID 的列表>。

第 2 步：点击"结算"按钮，进入结算页面。所谓结算，就是计算购物车商品的总金额，减掉商品的各种优惠活动（满减、打折、优惠券等），最后得出用户的支付金额。这个过程由结算系统完成，结算系统是一个计算服务，无状态，不需要存储数据。

第 3 步：点击"提交订单"按钮，创建订单。订单里面包含了商品列表、应付金额、收货地址等信息。

第 4 步：点击"支付"按钮，跳转到微信/支付宝，完成支付。支付完成，微信/支付宝会回调电商平台，告知该订单已经支付。

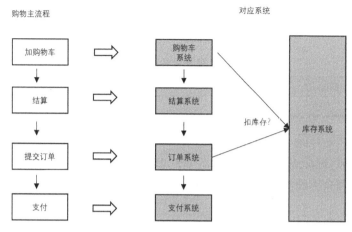

图 16-1　购物主流程及对应系统

那么在这 4 步中，应该是在第 1 步（加购物车），还是第 3 步（提交订单）之后再去扣库存呢？这是一个产品问题，也是一个技术问题。

1）选择 1：提交订单时扣库存

优点：

（1）此时每个商品的数量已经固定，不会再对数量进行来回的加、减操作，会简化库存扣减的业务逻辑，也会减少库存系统的流量（因为很多人只加入购物车，不下单）。

（2）有了订单号后扣库存，库存系统可以依据订单号做幂等运算。

缺点：如果库存不够，此时才告知用户无法下单，不够及时。

2）选择 2：加购物车时扣库存

优点：给用户一种"抢购"的产品体验，加购物车就锁定了库存，不会出现下单时库存不够的问题。

缺点：

（1）用户在购物车里来回点击加号、减号按钮，比如先扣了 1 个，再加 1 个，需要处理部分扣减的业务逻辑。

（2）没有订单号，网络超时，重复扣减，库存系统不容易做幂等运算。

不同的电商系统，两种选择都有，下面将重点讨论选择 2。

2. 需求分析 2：库存的占用与释放，中间状态的维护

表面看来，库存就是一个数字，如表 16-1 所示，直接加减就行，但实际上并不行。

表 16-1　最简单的商品库存表

商品 ID	数　　量
ID1	100

假设最初某商品 ID1 有 100 个。然后用户加了 2 个到购物车，扣 2 个库存，库存马上变成<商品 ID1,98>。但仓库里面此时仍然还是 100 个实物，此时意味着系统的账目和仓库的实物对不上，所以仅 1 个数字没有办法完整地反映库存的各种中间状态。

加 1 个数字（购物车占用数），变成 2 个数字，如表 16-2 所示。

表 16-2　改进后的商品库存表

商品 ID	购物车占用数	剩　余　数
ID1	0	100

从加入购物车到最后商品出仓，商品库存表的变化过程如下。

初始：

<商品 ID1,0,100>

被用户加入购物车 2 个之后，变成：

<商品 ID1,2,98>

此时仓库里面实物仍然是 2+98=100 个。

货物出仓，库存释放 2 个，数据变成：

<商品 ID1,0,98>

此时仓库里面实物=98 个。

进一步会发现，2 个数字还不够，购物过程有很多个中间状态。

- 加了购物车，不下单。
- 下了单，不支付。
- 支付完成，还未出库。
- 订单已出库。

要完整地表达上述过程，就会变成多个数字，如表 16-3 所示。

表 16-3　记录了各个中间状态的商品库存表

商品 ID	购物车占用数	订单占用数	支付占用数	剩余数

其中，购物车占用数表示已经加了购物车，还没有成单的数量；订单占用数表示已经成了单，还未支付的数量；支付占用数表示已经支付，还未出仓的数量；剩余数表示剩余的可以卖的数量。

下面举个例子来演示这个过程。

初始，某个商品 id1：

<sku_id1, 0, 0, 0, 100>

3 个用户，把 3 个商品加入购物车，变成：

<sku_id1, 3, 0, 0, 97>

这 3 个用户中，其中 2 个用户成单，变成：

<sku_id1, 1, 2, 0, 97>

这 2 个用户中，其中 1 个支付了，变成：

<sku_id1, 1, 1, 1, 97>

这 1 个支付的订单，出仓，变成：

<sku_id1, 1,1,0, 97>

总库存数量=购物车占用数+订单占用数+支付占用数+剩余数。会发现，直到 1 个货物出仓，总库存数量才变成 99；在此之前，总库存数量一直是 100，只不过中间状态在变化而已。

3. 需求分析 3：库存占用，超期强制释放

在上面的例子中，最后状态是<sku_id1, 1,1,0, 97>，也就是被购物车和订单分别占用了 1 个。这 2 个库存，用户如果一直不支付，库存占用，其他用户也购买不了，就浪费了销售机会。所以购物车系统、订单系统分别会对商品进行计时，超出一定阈值不支付，就会强制释放库存（如阈值设置为 30min）。

（1）加入购物车但不提交订单的商品在 30min 后，会被购物车系统强制释放库存，清空购物车。

（2）提交订单了但不支付的商品在 30min 后，会被订单系统强制释放库存，取消订单。

4．需求分析 4：库存查询的业务场景

（1）场景 1：在浏览商品列表页时，用户一页页下拉，需要批量展示每个商品的数量。

（2）场景 2：进入商品详情页，可以看到图片、资料、商品的库存数量。

其中，场景 1 的流量比场景 2 要大很多，重点是要支持场景 1。

5．需求分析 5：库存取消的业务场景

（1）场景 1：加了购物车，又手动删除。

（2）场景 2：下了单，不支付，取消订单。

（3）场景 3：上面讨论的场景，不删除，也不取消订单，放在那不操作。需要系统设置一个超时时间，若超期，则强制释放。

基本明白了库存系统的各种业务场景之后，下面看其要解决的核心技术问题。

16.1.2 高并发读与写：中央缓存与本地缓存的权衡

正如前面讨论高并发的章节所说，采用读写分离的架构模式，写操作通过 DB，读操作通过缓存。写的一端按商品 ID 分库分表，读的一端通过缓存实现。读流量一般比写流量要大得多，因为浏览商品的用户比购买商品的用户要多很多。读和写之间是最终一致性，有可能出现用户浏览时有库存，但加入购物车时系统提示无库存。

缓存有中央缓存和本地缓存两种实现方式，如图 16-2 和图 16-3 所示。

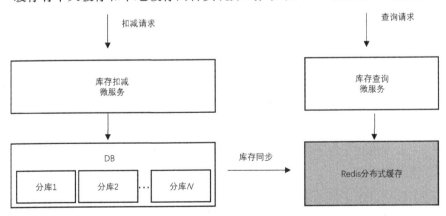

图 16-2　读写分离-中央缓存示意图

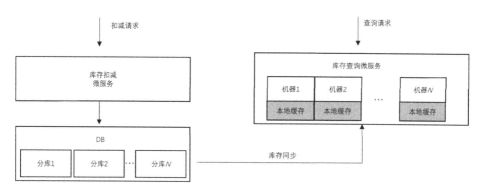

图 16-3　读写分离-本地缓存示意图

1．中央缓存

优点：容量无限大，集群可以很容易地水平扩展。

缺点：

（1）高可用性不够。若缓存宕机，则所有上层的微服务的机器都会受到影响；虽然缓存可以有备机，但主备机切换的时候，暂时不可用，也会影响上游微服务的所有机器。

（2）响应时间还不够短，毕竟有网络传输。

2．本地缓存

优点：

（1）很强的高可用性。所有机器的本地缓存一模一样，存储全量库存数据。任何一台机器宕机，都不影响其他机器正常访问。

（2）性能极致。所有请求都是本地内存读写。

缺点：

（1）容量受限。单机内存一般有几 GB 到几十 GB。达到几十 GB，如果是 Java，JVM 的内存回收也是个问题，所以这种情况会用堆外缓存，而不用 JVM 的堆内缓存。

（2）实现更复杂。库存变更，需要通知每台机器更新；还要保证所有机器的缓存是一致的。

权衡之后，在容量够的情况下，本地缓存具备明显优势，既有高性能，又足够可靠。下面将更细致地讨论本地缓存的实现。

本地缓存最朴素的实现方式如图 16-4 所示。利用消息中间件的 Pub-Sub 特性，每次库存扣减、取消的时候，库存扣减的微服务在操作 DB 之后，都给消息中间件发一条消息，或者通过 Binlog 中间件，监听 DB 的变更，然后给消息中间件发消息；库存查询微服务中的每台机器都是一个消费者，消费消息中间件的消息，然后更新本地缓存。

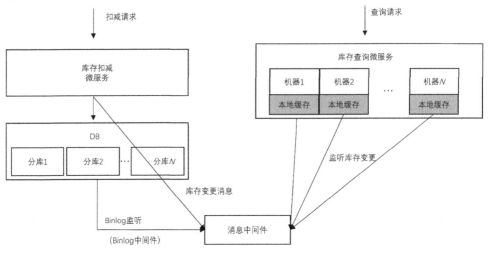

图 16-4　本地缓存最朴素的实现方式

这种方案有下面几个典型问题。

（1）在高并发的场景下，一个 SKU 的库存在极短时间内频繁变更，产生大量的消息到消息中间件，可能产生消息积压。

（2）消息中间件本身并不能保证 100%可靠，用 Binlog 中间件也可能丢消息。

（3）库存扣减微服务先更新 DB，再发消息，也不能保证消息 100%成功。

（4）库存查询微服务的机器宕机之后，本地内存数据全部丢失。重启后，怎么恢复数据？

在这几个问题中，问题（1）是性能问题；问题（2）（3）本质上是一个问题，就是消息中间件可能丢消息；问题（4）是内存持久化的问题。

修改上面的方案，就变成如图 16-5 所示的方案。做一个后台任务，也就是 Consumer，每次取一批消息处理，对消息进行合并之后，再发给每台机器。比如一个 SKU 的库存是 100 个，1s 内变化了 5 次：99、98、97、96、95，共 5 条消息，合并之后就是 SKU＝95 这一条消息，这样就极大降低了每台机器的计算压力。

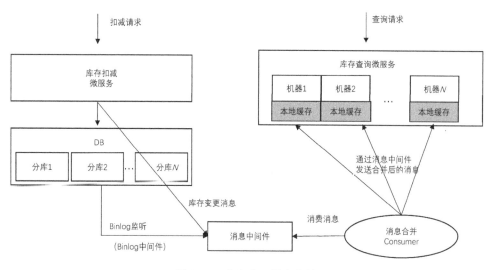

图 16-5　库存变更消息合并

如果没有一个可靠的中间件，则可以把消息通知改为轮询的方式，如图 16-6 所示。

（1）用一个分布式的定时任务，根据 DB 记录的最新修改时间，取 DB 每个分片最近 1~2s 内变更过的数据库记录，把变更的部分存储到一个中间 DB。这是变相做了消息合并，假如每 2s 轮询一次，相当于把 2s 内的多次库存变更合并成 1 次。

（2）库存查询的每台机器上有一个后台线程，也是每 1~2s 查询这个中间 DB，把数据更新到本地缓存。

关于 DB 和缓存数据不一致的问题，要说明以下几点。

（1）消息中间件不可靠，会丢消息。对于高频变更的商品，上一条消息丢了，下一条消息马上又到了，问题还不大；而对于库存变化频率很低的商品，就会有问题。可以在上面的基础上再做一个最后兜底：对 DB 和缓存进行对账。可以在夜里流量小时进行全量对账，或者将当天 DB 发生变更的商品再次刷新到缓存。

（2）缓存中的每条数据，可以加上一个时间戳，记录最新的更新时间。如果收到的消息，其时间小于缓存数据的更新时间，则直接丢弃这条消息。这可以避免老的消息后消费，覆盖最新的数据。

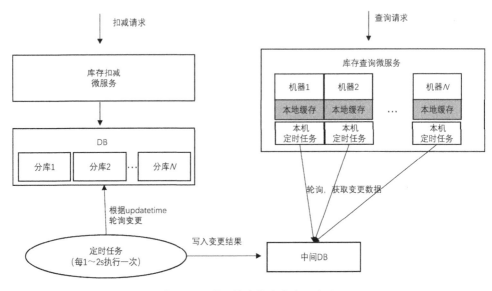

图 16-6　基于轮询的库存变更方法

16.1.3　数据一致性：幂等问题

在前文讲了，库存 DB 表的结构为<商品 ID,购物车占用数,订单占用数,剩余数>。

假设在加购物车时扣库存，购物车系统调用库存系统超时，购物车系统重试，会重复扣减库存，导致库存变少。

库存系统本身是有流水的，流水的数据结构如下：

```
<流水号,用户ID,商品ID,数量,状态>  //状态代表未支付/已支付
```

每一次库存扣减，做一次 DB 的 update 操作+一次 insert 操作。这里有几个关键点要说明。

（1）如果流水号是库存系统内部生成的，每次重试就会生成新的流水号，就做不了幂等运算。只有让购物车系统生成流水号，在库存系统扣减之前，先查询流水号是否已经存在，再做去重。

（2）购物车如果只是在内存中生成这个流水号，只能做到单机去重。碰巧这时机器宕机，用户重试，请求路由到了购物车系统的其他机器，生成新的流水号去扣，还是可能产生重复扣减的情况。如果把这个流水号放入 DB 里面，先做持久化操作，再扣减库存，又增大了购物车的实现复杂度，也增大了两个系统的耦

合逻辑。

无论是库存系统生成流水号，还是购物车生成流水号，都有一定的缺点。解决的终极办法还是：通过库存流水去反向补偿库存数量，具体做法如下。

（1）库存流水至少有三种状态：未支付、已支付和取消。刚开始 insert 进去的时候，流水处于"未支付"状态，订单支付成功之后，订单系统通知库存系统，把流水改成"已支付"状态。

（2）超过一定时间阈值后还处于"未支付"状态的流水，会被强制改成"取消"状态，并把这条流水上对应的库存加回去，归还库存，从而解决了超时重试、多扣的问题。

16.1.4　数据一致性：扣减多个商品的原子性问题

在购物车阶段扣库存，用户一次只能操作一个商品，都是单个商品的扣减；但如果在提交订单阶段扣库存，一个订单包含了多个商品，而库存 DB 是按商品 ID 分库分表的，多个商品可能处在多个分库里，如何保证多个商品的库存扣减全部成功？

另外一个场景是，用户把多个商品加入收藏夹，然后勾选多个商品，一次性加入购物车，也会出现多个商品的原子性问题。

针对这种场景，要在库存系统中实现分布式事务非常复杂，也会有很多性能问题，一般做法是库存系统告诉调用方，部分成功，部分失败；失败的商品，让用户重试，从而变相地解决原子性问题。

16.1.5　数据一致性：并发更新的锁问题

前面讲了，库存扣减的核心是两次 DB 操作：一次 update 操作+一次 insert 操作。insert 操作没有并发更新的问题，但 update 操作有此问题，解决的办法如下。

1．悲观锁

伪代码大致如下，把 update 操作 + insert 操作放在一个事务里面，通过 select…for update 对库存表加锁，然后更新。这种实现方式最安全，但性能并不是最高的。

```
begin transaction
    select count from 库存表 for update
    update 库存表
    insert 库存流水表
end
```

2．乐观锁

给库存表加版本号，select 出来之后，update 回去的时候对比版本号，如果版本号变了，放弃 update 和 insert 操作，然后让调用方重试。

3．不加锁+不加事务+事后的流水补偿

为了做到极致的性能，针对这种场景有一个特定的解决办法，就是直接 update 库存，而不是 select 出来再去 update。利用单条 update 语句自身的原子性，例如：

```
update 库存 set count = count - 1 where 商品 ID = xxx and count > 1
update 成功，再 insert 流水；
update 成功，insert 流水失败，返回失败，调用方重试
```

因为库存是以流水为依据的，若 insert 流水失败，则给调用方返回的就是失败。在 update 成功、insert 流水失败的情况下，库存被多扣了，但通过流水和库存的对账，可以再把多扣的库存补回来。

16.1.6　数据一致性：流水和库存表如何对账

通过前文会发现对账的基本原理。

（1）任何时候库存都是以流水为基准的，用流水反算库存的数量是否正确。

（2）流水本身的状态和外部系统（订单系统、购物车系统）有对应关系。在外部系统的协助下，保证了流水状态是完全正确的。

最终解决了下面几种不一致的场景。

（1）超时重试，导致产生了两条流水，做了两次扣减。

（2）库存扣减成功，流水插入失败。

但这里有个问题：流水日积月累，不可能每次对账都把历史上所有流水全遍历一遍。所以需要对流水做定期 checkpoint。假设一天做一个 checkpoint，那么系统存储的是截止到今天 0 点的 checkpoint+当天的增量流水。checkpoint 本身的数

据结构也与库存表本身类似，基本的三个字段：<商品 ID,总数,截止时间点>。 每天的 checkpoint=昨天的 checkpoint+当天的所有流水累加。

系统计算能力加强，还可以每 1h 做一个 checkpoint，存储的就是前 1h 的 checkpoint +当前这个小时的流水。

16.1.7　业务架构进阶之一：一个库存模型同时支持自营与平台两个商业模式

到目前为止，我们谈论的高并发扣减、数据一致性，都还只是销售端的事情，没有谈到供应链。对于淘宝、天猫这种平台模式，只管销售端，不管采购端；但对于京东、苏宁、唯品会的平台模式，主要以自营为主，需要采购，有自己的仓储、物流，但也有平台模式。后者在库存的业务模型上，比前者要复杂得多，如图 16-7 所示。

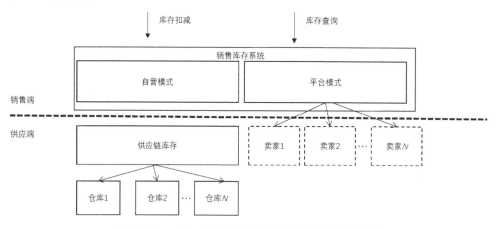

图 16-7　自营模式与平台模式在库存模型上的差异

如果是平台模式，只有上半部分，库存是第三方卖家在商品发布后台手工录入的，DB 里面的数字与实物没有严格的对应关系。

如果是自营模式，库存还包括下半部分，有自己的仓库，仓库还不止一个。先采购入库，形成库存，再上架售卖，DB 里面的数字和实物有严格的对应关系。

在前文我们讲，库存的数据结构是：<商品 ID,购物车占用数,订单占用数,支付占用数,剩余数>。在这里我们先把模型稍微简化一下，变成<商品 ID,订单占用数,剩余数>，并不影响其本质。

这里的订单占用数表示已支付订单的占用数，因为"支付"是一个关键节点，是判断后续是否履约的关键；出仓之后，释放订单占用数。

现在需要支持平台模式，应增加一个维度——卖家 ID，数据结构扩展后如表 16-4 所示。

表 16-4　增加了卖家 ID 维度的商品库存表

卖家 ID	商品 ID	订单占用数	剩 余 数

这里的关键点：把平台自己当成这个平台上最大的卖家，比如卖家 ID = 999999 这个特殊数字，表示这个卖家是平台自己，从而用一个库存模型统一了自营和平台（第三方卖家）两种商业模式。

下面从实物流转的角度进一步来比较一下自营模式与平台模式的差异。如图 16-8 所示，自营模式、平台模式分别对应图中实线、虚线两种流转路径。

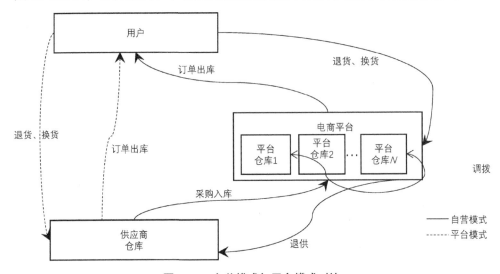

图 16-8　自营模式与平台模式对比

在平台模式下，实物是在供应商仓库与用户之间流转的。用户下单，从供应商仓库发货到用户；用户退货，再退回到供应商仓库。

在自营模式下，平台先采购，实物先流转到平台仓库；然后用户下单，从平台仓库流转到用户手上；最后卖不出去，再从平台仓库退回到供应商仓库。另外，仓库之间还会调拨货物，就类似两个银行账号之间的转账。

所以，在上面的库存数据结构基础上，又要加上一个新的维度——仓库 ID，如表 16-5 所示。

表 16-5　增加了仓库 ID 维度的商品库存表

卖家 ID	商品 ID	仓库 ID	订单占用数	剩余数

对于自营模式，仓库 ID 代表电商平台的一个个真实仓库，库存数字和仓库的实物是要一一对应的；对于平台模式，仓库 ID 代表一个虚拟仓库，因为卖家的货并没有进入平台仓库，库存是卖家在库存后台管理页面手工录入的，和卖家仓库里面的实物并没有一一对应的关系。

16.1.8　业务架构进阶之二：分区售卖问题

有了仓库之后，马上面临一个新的问题：每个仓库都有自己的一个覆盖区域，并不是每个仓库的货都可以卖往全国，这主要出于物流成本的考虑。另外，对于平台模式来说，在库存不多的情况下，第三方卖家为了降低自身的物流成本，也不希望自己的货卖往全国。

那么，每个仓库的覆盖区域怎么表达呢？这涉及了中国的四级行政区划：省—市—区—街道，或者省—市—县—镇。到最细粒度，每个街道、每个镇都有一个地址编码，称为 area_id。这样每个仓库的覆盖区域就是下面这样一个数据结构：

<仓库 ID,area_id 列表>

当用户购买商品时，系统先根据用户的定位地址或者收货地址，查询到用户所在的 area_id，然后根据 area_id 找到覆盖这个区域的仓库列表，用户看到的库存数量等于覆盖这个区域的所有仓库的库存数量的相加。这有点像美团的 LBS 应用，用户只能看到自己周边的餐馆，然后下单点外卖，而不能下单超出一定距离的餐厅。

到目前为止，就有了三张表：

<卖家 ID,商品 ID,仓库 ID,订单占用数,剩余数>

<流水 ID,买家 ID,卖家 ID,商品 ID,仓库 ID,数量,状态>

<仓库 ID,area_id 列表>

查询/扣减的时候，调用方传入的参数是：卖家 ID ＋ 商品 ID ＋ area_id。库存

查询/扣减的业务逻辑变复杂了，在高并发场景下，这给系统的性能也带来了压力。

查询的逻辑：即使同一个商品 ID，不同地区的用户看到的库存数量也不一样，并且这个数量是动态计算出来的。具体来说，就是把<仓库 ID, area_id 列表>也全量同步到本地缓存中，但数据结构要反过来存，就是<area_id,仓库 ID 列表>。根据用户传入的 area_id，先找到仓库 ID 列表，然后查询每个仓库的库存并相加，返回给用户。

扣减的逻辑：也是先查询用户覆盖的仓库，然后挑 1 个距离最近的仓库做扣减。但这会有一个特殊情况：假设用户要买 2 件，然后 2 个仓库都各有 1 件，还要实现分别扣减 1 件的逻辑。

有没有办法提前合并呢？假设在全国有 100 个仓库，分成东、西、南、北、中 5 个区域，每个区域合并成 1 个仓库，每个用户只会落入 1 个仓库，查询、扣减的时候只有 1 条库存记录。这个办法也有明显问题：

（1）仓库的覆盖区域在 5 个大区边界的地方不能重叠。

（2）一旦某个仓库的覆盖区域发生变化，之前合并的数字要拆出来，再合并到其他区域。

所以实际做法是：对于覆盖区域不怎么变化、也不重叠的业务，可以把多个仓库合并成 1 个仓库，供 C 端高并发的扣减；否则还是在 C 端动态计算。

16.1.9　业务架构进阶之三：供应链库存（不光要管售卖，还要管采购）

正如前面所说，自营模式要自己采购、自己管仓库，而采购有采购单，也就是 PO，所以会先有 PO 维度的库存，之后才有总库存。数据模型就会变成下面的形式。

1）库存总表

<卖家 ID,商品 ID,仓库 ID,订单占用数,剩余数>

2）流水表

<流水 ID,user_ID,卖家 ID,商品 ID,仓库 ID,数量,状态>

3）仓库-地址映射表

<仓库 ID,area_id 列表>

4）PO 维度库存表

<PO,商品 ID,仓库 ID,数量>

其中，有个基本的对账公式：一个仓库内部，所有 PO 的采购库存相加=总库存。并且这里有前提条件：一个 PO 的货，只会落入一个仓库，否则情况会变得更复杂。

Sum(PO 维度,仓库,数量) =仓库,数量

这里马上又会有高并发扣减问题：是只扣减 1），还是同时扣减 1）+4）？

若同时扣减 1）+4），分摊逻辑太复杂，比如用户一个订单买了两件，有多个 PO，选哪个 PO 来扣减呢？这涉及了库龄、商品有效期、采购价格等复杂决策逻辑。

只扣减 1），再后台异步分摊到 4），则 1）和 4）之间有时间差，会使对账变得复杂。这个在后面讲对账的时候会进一步讨论。

16.1.10　业务架构进阶之四：以"单据"为中心的库存对账

回顾图 16-8，会发现并不是只下单、采购会造成库存数量的变化，而是任何一个业务流程中，只要实物发生了移动，都会造成库存的变化。因此我们需要用各种单据跟踪实物流转的每个环节，并且形成闭环，才能保证库存数量和实物总是一致的，具体来说，包括下面几种单据。

- 订单。
- 采购单。
- 退货单。
- 换货单。
- 调拨单。
- 退供单。
- 入库单。
- 出库单。

任何一次库存数量的变化，都必须反映到某种"单据"上。这里有必要说明单据和流水的区别。

单据：有状态，也就是有生命周期，对应库存的占用、释放。以订单为例，站在库存角度有两种状态，即订单未出仓、订单已出仓；以采购单为例，站在库

存角度也有两种状态，即采购未入仓、采购已入仓。

流水：类似日志，无状态变更，只能追加。一旦写入，不再变化。

为此，我们把流水表变成单据表，最终的数据模型就会变成：

（1）库存总表（记为 A 表）。

<卖家 ID,商品 ID,仓库 ID,订单占用数,其他单据占用数,剩余数>

（2）库存构成表，PO 维度（记为 B 表）。

<PO 号,商品 ID,仓库 ID,订单占用数,其他单据占用数,剩余数>

（3）库存消耗表（记为 C 表）。

<单据 ID,单据类型,卖家 ID,商品 ID,PO 号,仓库 ID,占用数,释放数,状态>

（4）出入库表（记为 D 表）。

<单据号,出/入库,数量>

（5）仓库-地址映射表。

<仓库 ID,area_id 列表>

关于这个数据模型，做几点额外说明：

（1）库存的单据可以分为两大类：PO 单和其他单据。PO 单负责库存的形成，是库存的来源；其他单据负责库存的消耗。正因为如此，才有了 B 表、PO 维度的库存。

（2）任何一个消耗类的单据，其消耗的库存数量都要摊回到 PO，也就是溯源：任何一个卖出去的订单，都要知道是来自哪个采购的 PO。正因为如此，在 C 表里面，每个消耗类的单据都有对应的 PO 号。举个例子：一位用户下了个订单，某商品买了 3 件，订单的这 3 件必须确定是买的哪个 PO 面的 3 件。因为不同 PO 的采购价不一样，摊到不同 PO，最终会计核算的利润是不一样的，财务报表会有差异。

（3）前文的"其他单据占用数"，指除订单、PO 单这两类单据外的其他所有单据。PO 单排除在外，很好理解。之所以分成两类，是因为订单最重要，订单是前端销售的来源，其他单据大多是后端供应链的单据，不影响销售。当然，也可以把"其他单据占用数"拆成"退供单占用数""调拨单占用数"等多个数字，只是太麻烦，很多时候没有太多好处。

针对同一个商品 ID，库存对账公式如下。

公式 1：从仓库实物进出角度来看，D 表和 A 表的对账。

Sum(D 表,入仓流水) − Sum(D 表,出仓流水) = A 表总数 ＝ A 表(订单占用数+退供单/调拨单占用数+剩余数)

公式 2：从 PO 角度来看，B 表和 A 表的对账。

Sum(B 表,订单占用数)＝A 表订单占用数

Sum(B 表,退供单/调拨单占用数)＝A 表退供单/调拨单占用数

公式 3：从单据角度来看，C 表与 B 表的对账。

Sum(C 表,订单流水,未出仓,占用数) = Sum(B 表,对应 PO,订单占用数)

Sum(C 表,其他单据流水,未出仓,占用数)= Sum(B 表,对应 PO,其他单据占用数)

这里重点说明的是：D 表代表实物流，C 表代表信息流。D 表没有所谓的占用/释放概念，只认实物的出仓/入仓；C 表是单据，单据的流动和实物的流动有时间差，所以才有了占用/释放的概念。

16.1.11　业务架构进阶之五：先采后卖，还是先卖后采

最常规的商业模式是先采购，有了货物，再卖货，也就是先有 PO 单，形成库存之后，再有 SO 单。如图 16-9 所示，虚线是信息流，实线是实物流。

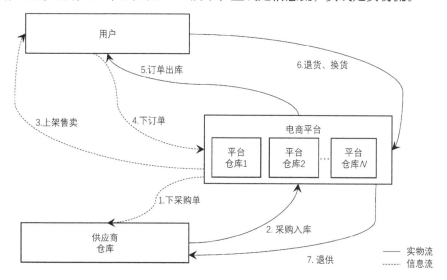

图 16-9　先采后卖模式的信息流与实物流示意图

但如果反过来呢？先卖货，有了订单之后，再去采购，也就是用订单驱动采购，如图 16-10 所示。

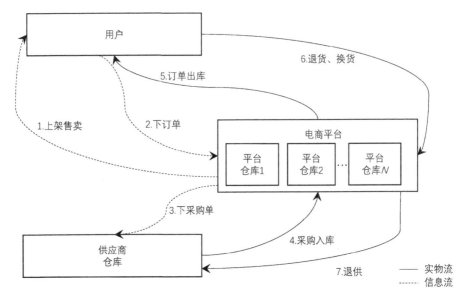

图 16-10　先卖后采模式的信息流与实物流示意图

这种商业模式的优点显而易见，不会积压库存，也不会提前投入资金成本，有多少订单就采购多少货物。但这种模式，会对库存系统的架构带来很大挑战。

（1）货物没有入仓，就开始卖。这时库存挂到哪个仓库上？需要定义一个虚拟的仓库编码。因为这时真正的仓库里面没有实物，不能直接挂到一个实际的仓库上。

（2）等有了订单之后，再去采购，这时有了实物库存。要把虚拟仓库和实物仓库做一个映射。如果在全国就只有一个仓库，这种映射是 1∶1 的，很简单；但如果是分区售卖，并且仓库层级是多层（有大区域的中心仓，还有省、市的前置仓），一个虚拟仓库会映射成一个中心仓+多个前置仓。假设用户下单处于前置仓的覆盖区域，这又涉及采购的模式：是把货物采购到中心仓，然后调拨到前置仓，再从前置仓发货；还是把货物直接采购到前置仓，直接在前置仓发货。这涉及信息流、实物流的管理方式会不一样。

（3）这种模式会出现很多的异常场景，对库存的记账、对账都带来极大复杂度。举几个例子：

① 用户下了订单之后，采购的货物已经从供应商仓库发出，在路上了。这个时候，某个用户把订单取消了，这个货物不可能退回去，再进入仓库之后，账怎么记？本来这个库存已经分配给了订单 A，但现在又挪给订单 B 用了。

② 用户收到了货,整个先卖后买的流程结束。但这个时候,用户要退货,退回来的货,进入仓库,二次售卖,就变成了先买后卖了。账怎么记?对账怎么做?

(4)上面的异常场景(1)(2)积累久了,仓库里面会有很多待售卖的实物。每来一个订单,都要做决策是用仓库里面这些待售卖的实物去"抵",还是发起新的采购?这种决策依赖库存数据的足够准确,否则在库存很紧张的情况下会出现向供应商发起采购,供应商也没货的情况,因为供应商认为他的货在平台仓库里还没卖出去。

通过上面的分析会发现,要设计一个支撑各种商业模式、记账准确、对账准确的库存系统,是一件非常复杂的事情。鉴于时间和篇幅有限,这里就不做进一步的深入分析。

16.2　秒杀系统

16.2.1　需求分析

秒杀通常是电商平台的一种促销活动,在极短的时间内大量用户抢购同一件商品,是典型的高并发写的业务场景。关于秒杀,其实不单单是一个高并发的技术问题,产品的流程设计会对秒杀系统的设计产生关键影响。具体来说,秒杀是做一个单独的购物流程,还是和电商的主购物流程掺在一块?

在前面讨论库存系统的时候,我们基本知道了电商购物的主流程。

(1)用户进入商品详情页,会展示价格、库存等信息。

(2)点击"加入购物车"按钮,进入购物车页面。

(3)点击"结算"按钮,进入结算页面。

(4)点击"提交订单"按钮,进入订单页面。

(5)点击"支付"按钮,去完成支付。

如果秒杀系统单独做一个购物流程,这需要单独的商品详情页,页面上展示的不是"加购物车"按钮,而是"抢购"按钮,然后跳过购物车、结算,直接接入订单页面,然后支付。这样做风险会低很多,因为即使出现大的故障也不影响购物主流程,但这样做产品不利:秒杀商品和普通商品分开支付、下单,不能凑单免运费;秒杀商品对普通商品起不到连带销售的营销作用。

并且，在促销越来越常态化的情况下，可能某个商品的流量处于"绝对的秒杀"和"正常的购物"之间，没有纯粹的秒杀系统流量那么大，也不是一个流量一直平缓、没有突增的普通商品的购物流程。所以接下来将讨论的是，把秒杀系统和普通商品的购物流程合在一块的设计方案。

16.2.2　异步秒杀与同步秒杀

异步秒杀：用户点击了"抢购"按钮之后，系统告诉用户"请求已提交，5分钟后来查看抢购结果"。

同步秒杀：用户点击了"抢购"按钮之后，系统立即出结果，告诉用户是抢到了，还是没抢到。

异步和同步对系统的压力不是一个量级的，用户购物流程、体验也是完全不一样的。

图 16-11 展示了一个异步秒杀系统的设计。

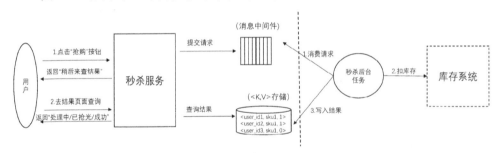

图 16-11　异步秒杀系统示意图

（1）用户点击了"抢购"按钮之后，系统并不是立即扣库存，而是把用户的请求插入队列（可以用消息中间件来实现），然后立即给用户返回"排队抢购中，5分钟后到某页面查看结果"。

（2）一个后台任务不断消费队列，扣库存，然后把抢购结果写入一个<K,V>存储。库存扣完之后，队列中剩下的所有用户写入<K,V>存储为 0。

（3）用户在另外一个单独的页面不断刷新查看抢购结果。如果用户 ID 不在<K,V>存储中，则返回"请稍候，正在处理"。如果用户 ID 在<K,V>存储中，若是 1，则表示返回抢购成功；若是 0，则表示返回抢购失败。

在此基础上，还可以做一些进一步的优化。

1．扣减的限流

（1）秒杀服务有开始时间、结束时间，超过了结束时间，秒杀服务直接返回，不用再访问后端的队列。

（2）秒杀服务本身也可以设置一个最大访问量。比如库存有 1000 个，秒杀服务设置一个比 1000 大得多的数字，如 5000（假设有 50 台机器，每台机器设置 100）。100 被扣完之后，直接返回"已抢光"，不用再访问后端的队列。之所以设置一个比 1000 大的数字，而不是精确的 1000，是因为防止有少量机器宕机造成总名额小于 1000 的情况。

（3）秒杀后台任务在库存扣光之后，也可以给秒杀服务发送一个广播消息。收到这个消息之后，秒杀服务也不用再访问后端的队列。

2．查询的限流

秒杀服务本身可以做单机限流，无论是抢购请求，还是查询请求，都保证流量大不会被压垮。

3．异常情况的处理

消息中间件丢消息、<K,V>存储宕机发生主从切换，怎么处理？最简单的方法是超过某个时间，在<K,V>存储中查询不到结果，返回"已抢光"。因为秒杀本身就是一件大部分人抢购少量商品的事情，只有小部分人可以抢到。

异步秒杀的优点很明显：对库存系统没有任何压力，请求放在队列中，有充分的时间去"慢慢处理"。但缺点也很明显，用户体验不好，还需要单独做一个结果查询页面，让用户几分钟之后去查看结果。

图 16-12 展示了一个同步秒杀系统的设计。

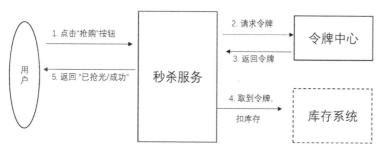

图 16-12　同步秒杀系统示意图

（1）用户的抢购请求进入秒杀服务，秒杀服务先在秒杀活动中心取一个"令牌"，若取到令牌，则与普通商品一样，到库存系统做库存扣减；若取不到令牌，则返回"已抢光"。

（2）取到令牌，扣减库存也成功了；接下来可能是到支付页面直接支付；也可能是加入购物车，跟其他商品合并支付，这取决于产品的设计思路。

16.2.3　同步秒杀系统的设计

通过上面分析可以看到，异步秒杀无法和主购物流程无缝地融合，接下来主要讨论同步秒杀，也就是秒杀活动中心的设计问题。

简单来看，秒杀活动中心用 Redis 存储商品的令牌数目就够了：<商品 ID,数量>。每来一个用户扣减一次，扣到 0，秒杀活动结束。但实际有以下几个核心问题要解决。

1．高并发问题

Redis 的单机 QPS 在 6 万～10 万之间，一个商品 ID 只能保存在一台 Redis 上，存在扣减热点。若 Redis 的性能支撑不住，则该怎么处理呢？

2．高可用问题

（1）Redis 宕机，发生主从切换，因为异步复制会发生多扣，该怎么处理？

（2）在切换期间怎么处理？

（3）如果整个秒杀系统有问题，对主购物流程是否有影响？

3．数据一致性问题

秒杀活动中心还需要记录是哪个用户抢购的，也就是<user_id, 商品 ID,数量>,从而用来限制一个用户最多只能抢一件商品。这个信息虽然库存系统也有(库存流水)，但会极大增加库存系统的压力，所以还是要秒杀活动中心自己维护。那么，这个数据维护在什么地方呢？是 DB 还是 Redis？

针对问题 1，解决办法如下。

（1）数据分片：对商品的数量进行分片，比如 1000 个库存，分到 10 台 Redis 上，每台有 100 个库存，QPS 增大 10 倍。在扣减的时候，可以让秒杀服务器轮询，每次挑其中 1 台 Redis 扣减。

（2）请求的排队与合并：在秒杀服务的单机内存中，对扣减请求排队，多次扣减合并成 1 次后，然后请求 Redis。

（3）单线程模型+无锁+全链路异步 I/O：单机性能的极致提升问题。

如果用现有的微服务框架来做，通常是 $1+N+M$ 的模型，N 个 I/O 线程和 M 个 Worker 线程通过内存队列交互，队列本身存在锁的问题，M 个 Worker 线程也要等待 Redis 返回，存在线程的上下文切换。

如果用类似 Redis 的单线程模型实现，每个 CPU 对应一个线程，有多少个 CPU 就需要多少个线程，没有线程的上下文切换。所有线程并行处理用户请求，扣本地额度，再异步扣 Redis 的额度。

针对问题 2，解决办法如下。

发生少量的多扣没有问题，因为是名额系统。虽然名额发多了，但库存系统扣减时还是会显示没有库存，提示抢购失败。

针对问题 3，解决办法如下。

<user_id,商品 ID,数量> 存储在 DB 里面，因为是插入操作，不是更新操作，不存在热点问题，可以按 user_id 分库分表。

16.2.4　防刷问题

防刷其实不单单是秒杀系统才会遇到的问题，各种"薅羊毛"的场景都可能会刷流量，因此防刷问题是一个普遍的"业务安全"问题。业界的一般做法是，在网关对防刷进行控制，做法如下。

（1）购买第三方厂商，加上自己积累，得到 IP、设备、手机号的黑名单库，当请求的 IP、设备、手机号在黑名单里面时，直接拒绝服务。

（2）限制同一个 IP、同一台设备、同一个用户访问每个接口的频率。频率的阈值需要根据业务场景设置，并且有一个经验积累、调优的过程。

在此基础上，秒杀系统可以做进一步的业务限制：限制同一个用户 ID 只能抢购一次。在具体做法上，可以做二级过滤。先抢购服务的每台机器，本地内存记录已经抢购过的用户 ID，再在中央<K,V>缓存记录已经抢购过的用户 ID；在用户抢购之前，先查询本地缓存，再查询中央缓存，若用户 ID 存在，则直接返回"已抢购过"。

16.2.5　名额归还问题

与前面讲的库存系统一样，用户有可能秒杀到了商品，但是不去支付，那就浪费了额度，使其他用户不能买。

与库存系统归还库存的逻辑类似：商品放在购物车里，若超过一定时间用户还不下单，则系统清空购物车，归还额度；若用户下了单，但超过一定时间不支付，则系统取消订单，归还额度。

但额度的归还，可能有半个小时的延迟，会导致这半个小时内的用户看到商品抢光了，半个小时后名额又有了，被其他人买走了，导致用户不满。所以还有一个办法是，不归还额度，浪费一定的销售机会，这是一个产品体验的权衡问题。

16.2.6　同步与异步的相结合

秒杀主要是一种营销活动，有一个明确的开始时间、截止时间，在这段时间内流量突增；但对于 12306 网站这种常态售卖，同一个车次，日常流量低，节假日流量高，很难有一个精确的时间范围，提前知道哪个时间段流量突增。针对这种场景，可以采用同步和异步相结合的方法。

（1）凡是通过限流中心的请求，说明其没有超出库存系统的承载能力，直接去扣库存（买票），同步给用户返回买票结果。

（2）被限流中心拦截的请求，不是被立即拒绝，而是被放入一个后端队列，告知用户请求正在排队，多少分钟以后来查结果。在这种情况下，可以创建一个"待处理"的订单，和正常的已经买到票的订单在一个列表里面，用户可以在订单里面看到"正在排队处理"。

（3）超过一定时间之后，这个订单要么买到票，提示用户支付；要么票卖光，订单取消。

16.2.7　层层限流，保护最终的核心系统

经过上面的分析可以看出，秒杀系统的本质就是层层限流、层层拦截：库存只有 1000 个，但有 10 万人抢，无论怎么抢，最终都只能 1000 人抢到商品。这样就最终降低了访问库存系统的流量，保护了核心系统。

接下来总结层层限流的方式。

（1）微服务接口层面的限流：限制每个接口的 QPS。

（2）防刷：黑名单控制；限制每个 IP、每台设备、每个用户访问某个接口的频率。

（3）单机额度限流：比如库存有 1000 个，秒杀服务设置一个比 1000 大得多的数字，如 5000，分摊到每台机器上（假设有 50 台机器，每台机器设置 100）。100 被扣完之后，直接返回"已抢光"，这样保证最多 5000 个用户能进入后面的流程。

（4）中央额度限流：比如库存有 1000 个，通过分片，提升 Redis 的吞吐。

（5）每个用户额度限制：每个用户只能抢购成功 1 个商品。

（6）前端：库存抢光之后，按钮置灰。

通过这样层层限流，最后流入库存系统的流量已经很小，从而解决秒杀问题。

16.3　Feeds 流

16.3.1　需求分析

无论是微博、朋友圈，还是各种图片社交网站，其首页都是一个 Feeds 流，一个可以无限下拉的列表，涉及的数据主要包括以下两个。

（1）表 1：<发布者 user_id,feed_id,feed_detail,发布时间>，其中，每个 feed 有一个全局唯一 ID（feed_id），feed_detail 是 feed 本身的内容（文字、图片或短视频），图片/短视频存储在 CDN，这里只是存储图片/短视频的 URL 链接。

（2）表 2：<user_id_a, user_id_b>，即社交关系表，如果用的是微信，则是朋友关系；如果用的是微博，则是关注与被关注的关系。

无论是查看朋友圈，还是查看微博首页，都遵循以下类似的逻辑。

第 1 步：查询表 2，获取所有好友或者所有关注者。

第 2 步：以这个好友列表为过滤条件，去表 1 中获取所有的 feed，然后按发布时间排序、输出。

16.3.2　无限长列表的实现

在高并发的场景下，对于表 1，无法按发布者 user_id 分片，也无法按 feed_id 分片，也不能按发布时间分片，因为这些分片方法都实现不了按 feed 发布时间排序、分页。所以只能把数据模型改成：

（1）<feed_id, feed_detail>，存储每个 feed 的详情，一个简单的<K,V>存储，只按 K 查询，没有排序、分页。

（2）<接受者 user_id,[feed_id1,feed_id2,…]>，存储每个用户接收到的 feed 列表，按时间从旧往新追加。

（3）<user_id_a, user_id_b>，存储社交关系。

每个用户发布 feed 时，写扩散：把自己发布的 feed 的 ID，写入每个粉丝的收件箱列表。每个用户查看自己的 feed 时，只需要按 user_id 查询出自己的 feed_id 列表（按页查询），再用 feed_id 列表批量查询每个 feed_id 对应的 feed_detail，进行展示。

现在的关键问题是：这个 feed_id 列表理论上是无限长的，是按时间从小到大排列的，如何存储？如果用 Redis 的 List 存储，Value 的大小有限制，超出了最大长度，列表就无法再继续追加；用 MySQL 存储，数据量大了之后要分库分表，也会把这个列表拆到多个库、多个表，当不便于查询的时候，用户无限制地一页一页往下翻。

我们的目标是：给定<user_id, offset, count>，快速定位出 count 个 feed_id，然后根据 feed_id 到<K,V>存储里面取出对应的 feed_detail。

1. 实现方案 0：从产品层面对总条数进行限制

假设设置上限为 2000 条，把 2000 个 ID 打包存储在一个<K,V>存储的 Value 里面，<user_id, [feed_id_list]>，在内存里面对这 2000 条进行分页，2000 条以外的丢弃。因为按常识，手机屏幕一屏通常显示 4～6 条，2000 条意味着用户可以翻 500 屏，一般的用户根本翻不到这么多。而这实际上也是 Twitter 的做法，据公开的资料显示，Twitter 实际限制为 800 条。

这个办法还是局限太大，需要在技术层面进一步考虑如何支持无限长列表的排序和分页。

2. 实现方案 1：分库分表+MySQL 的二级索引表

在数据库中，没有办法在一个字段中存储一个列表，肯定是平铺开之后存储，也就是如下：

```
<user_id1, feed_id1>
<user_id1, feed_id2>
…
<user_id1, feed_idN>
```

针对这样的表，有两种 UI 交互方式，对应以下两种查询方式。

（1）只能从前往后，一页页下拉，不能跳页。比如当前已经在页面底部，然后点击"更多"，翻到下一页，这种通常用在手机上。

```
select * from user_feed where feed_id > current_feed_id limit N
```

（2）页面上展示了页码，可以直接跳转到某一页，这种交互方式通常用于 PC 网站。

```
select * from user_feed limit offset, N  //其中 offset = ( page - 1)* N
```

第一种查询方式用了 where 语句，可以利用 feed_id 索引字段。

第二种查询方式没有 where 语句，虽然只查第 M 页内容，但要把 $M-1$ 页之前的所有内容都扫一遍。

所以，我们需要把 <user_id,offset,count> 查询方式，转换成 <user_id, current_feed_id, count> 查询方式，并利用索引。

当一张表装不下时，需要把同一个 user_id 的所有 feed_id 分散到多个表，那怎么分呢？

一种是按 user_id 分片，一种是按时间范围分片（如每个月存储一张表）。

如果只按 user_id 分片，显然不能完全满足需求。因为数据会随着时间一直增长，并且增长得还很快，用户在频繁地发布微博。

如果只按时间范围分片，就会冷热不均。假设每个月存储一张表，则绝大部分读和写的请求都发生在当前月份里，历史月份的读请求很少，写请求则没有。

所以需要同时按 user_id 和时间范围分片。但分完之后，如何快速地查看某个 user_id 从某个 offset 开始收到的 feed 呢？比如一页有 100 个，现在要显示第 50 页，也就是 offset = 5000 的位置之后的微博。如何快速地定位到 5000 所属的库呢？

这就需要 2 级索引表：count 是 user_id 收到的存储在该库的所有 feed 的数目；min_id、max_id 分别是 feed_id 的最小值、最大值。有了这份数据，基于 2 分查找，就可以快速定位出某个 offset，或者某个 current_feed_id 对应的库。

```
<user_id1, count, min_id, max_id, 库名（user_id + 月份）>
<user_id1, count, min_id, max_id, 库名（user_id + 月份）>
…
```

3. 实现方案 2：Key 可排序的<K,V>存储-LSM 树原理

通常的 Hash 表或者 Redis 等<K,V>存储，只能按 Key 查询，无法按 Key 排序，进行范围查询。而 RocksDB 引擎不仅能实现按 Key 的点查，还可以实现按 Key 的范围查询。而列表的查询恰恰可以利用这种特性：把 user_id 和 feed_id 拼接在一块作为 Key，并且能做到从小到大排序，也就是按时间从旧到新排序（保证 feed_id 是递增的），上面的结构可改为：

```
<user_id_feed1, null>
<user_id_feed2, null>
…
<user_id_feedN, null>
```

这种存储方式不受 Value 大小限制的约束，Key 可以无限地增加。因为磁盘存储的容量足够大，理论上可以存无限长的列表，也不用自己考虑二级索引、分片问题。

16.3.3　写扩散和读扩散相结合

解决了读的高并发问题，但又带来一个新问题：假设一个用户的粉丝很多，给每个粉丝的收件箱都复制一份，计算量和延迟都很大。比如某个大 V 的粉丝有 8000 万，如果复制 8000 万份，对系统来说是一个沉重负担，无法保证微博及时地传播给所有粉丝。

这就又回到了最初的思路，也就是读的时候实时聚合，或者叫作"拉"。

具体应该怎么做呢？

在写的一端，对于粉丝数少的用户（假设定个阈值为 5000），发布一条微博之后推送给 5000 个粉丝；对于粉丝数多的用户，只推送给在线的粉丝们（系统要维护一个全局的、在线的用户列表）。

有一点要注意，实际上，一个用户的粉丝数会波动，这里不一定是一个阈值，可以设定一个范围，比如[4500,5500]。

对于读的一端，一个用户的关注的人中，有的人是推给他的（粉丝数小于5000），有的人是需要他去拉的（粉丝数大于 5000），需要把两者聚合起来，再按时间排序，然后分页显示，这就是"推拉结合"。

推拉结合的方式比单纯的推模式要复杂得多，所以在实际中并不是一定要使用。对于微信朋友圈这种场景，每个人的好友数量并不会太多，直接用推模式就可以；而对于微博这种存在大 V 的场景，就不得不考虑这个问题了。

16.3.4　评论的实现

通过上面的分析，我们得出了两个最基本的<K, V>存储结构。

（1）<feed_id,feed_detail>，feed_detail 里面包含了发布时间、作者、文字内容、图片等信息。

（2）<user_id_feed_id, null>，每个用户的发件箱、收件箱的 feed_id 列表。

通过这两个基本的数据结构，完成了海量用户并发下的发 feed、查看 feed 列表的功能，接下来一个最基本的功能就是"评论"功能。那么评论的数据结构应该是什么样的呢？

理论上，一个 feed 的评论也是无限长的，如果每个评论存储一行数据，数据结构就是下面的数据结构（3）。

（3）<comment_id,feed_id,comment_detail>，其中 comment_id 指评论 ID，comment_detail 里面包括了评论时间、内容、发布人等评论的描述信息。

查询 feed 列表的时候，先查询上面的数据结构（2）得到 feed_id 列表，再根据 feed_id 查询数据结构（3），得到每个 feed_id 对应的评论的列表。如果数据结构（3）存储在 MySQL 里面，也面临分库分表的问题，如果存储在<K,V>存储里面，数据结构就需要改成下面的数据结构（4）。

（4）<feed_id_comment_id, comment_detail>，其中 comment_id 按照发布时间从小到大递增。

按照数据结构（4）虽然可以实现功能，但开销还是很大，当展示 feed_id 列表时，要扫描每个 feed_id 的 comment_id 列表。考虑到需求本身，虽然一个 feed_id 的评论个数理论上是无限的，但实际上并不会，一个 feed 的评论的个数远小于发布的 feed 的个数，所以我们可以考虑用一个定长的数据结构把一个 feed 的所有评论打包存储，数据结构就是下面的数据结构（5）。

（5）<feed_id#comment,[comment_detail1,comment_detail2,…]>，其中 Key 就是 feed_id，但为了和上面的数据结构（1）的 Key 做区分，加了一个固定字符串后缀#comment，Value 就是这个 feed 的所有评论的打包，是一个列表结构，列表的长度有最大限制（可以在产品层面设定）。这样，每次查询一个 feed_id 的所有评论只需要一次查询。

第 17 章
B 端业务系统案例实战

相比于 C 端系统，B 端系统很少有海量用户的高并发或高性能压力，在没有高并发压力的前提下，数据一致性、高可用问题也会好处理很多。所以 B 端系统更多要关注的是可维护性、可复用性和可扩展性。

要达到这几个目标，一方面是在业务建模、领域划分、接口设计等方面加强设计；另一方面，有一些成熟的架构模式可以借鉴。

17.1　规则引擎平台

在前面架构模式章节，已经介绍了"规则引擎"模式，这里进一步把"规则引擎"扩展成"规则引擎平台"。之所以叫作平台，是因为基于以下两点考虑。

（1）前者是要服务于多个业务，对接多个业务系统；后者只服务于某个特定业务，可以针对某个业务做很多定制。

（2）相比只做引擎，做平台多了很多外围的事情，包括平台的易用性、长期运营、测试、发布上线流程等。

17.1.1　规则引擎的典型应用场景

第一类典型应用场景主要是各种"自动化"，也就是过去是人干的事情，把人的经验沉淀到系统，变成一条条规则，然后让系统自己干，不再需要人干预。

1．例子 1：电商的自动化选品

前面提到秒杀系统，如果秒杀系统变成一个常态化的促销手段，比如每半个月办一次，那么秒杀的商品怎么挑选？最原始的方法是，运营人员每半个月从全量商品池中手工挑选秒杀商品。

比如电商首页有一个频道叫作"今日爆款"，用户进入这个版块可以看到当天的爆款商品，如果运营人员每天从全量商品池中手工挑选商品，工作量大也非常低效。何况还不止一个频道、一个版块，每个版块都有自己挑选商品的规则。把这个选品过程自动化，就会用到规则引擎。基于规则引擎的自动化选品如图 17-1 所示。

（1）商品本身有很多的特征，或者说维度，也就是筛选条件。

（2）每个频道沉淀出对应的挑选规则，基于这些商品特征，进行自动化挑选。

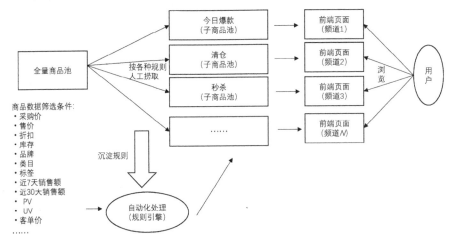

图 17-1　基于规则引擎的自动化选品

2．例子 2：客服工单的自动化处理

以电商系统为例，在最初的时候，收到用户投诉之后，录入一个客服工单。后续这个工单的处理，可能经过一线客服人员、客服经理等多个人员，最终确定处理结果。

随着客服经验的积累，最终可能把工单分成了几个类别或模式，针对某些类别的工单，沉淀出了标准化的处理规则，这时就可以引入规则引擎，进行自动化处理。

如图 17-2 所示，工单本身可以挖掘出很多特征，如用户年龄、用户退货次数等；基于这些特征进行自动化处理，省去某些人工处理。这个过程无法完全自动化，随着经验的沉淀，自动化比例越来越高，人工越来越少。

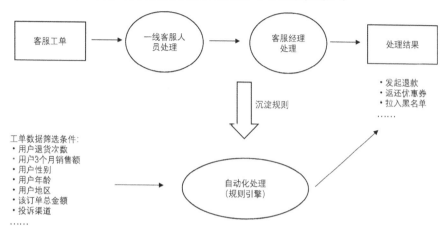

图 17-2　基于规则引擎的客服工单的自动化处理

第二类典型应用场景与"智能""机器学习"相关。说到"机器学习"，现在主要是基于统计学的方法，如逻辑回归、决策树及其各种变种、贝叶斯、神经网络等；但还有一类，是"专家规则"，或者称为"产生式系统"，这个也是学术界研究 AI 的一个分支，通过成千上万条规则加上大量的知识（知识也就是传入规则引擎的数据），从知识中发现新的知识，然后把这些新的知识输入规则引擎，再产生新的知识，如此迭代，最终让机器产生"智能"。

但对于日常的大部分场景，并没有那么多规则，也没有复杂的规则推导，虽然被称为"智能"，但其实就是第一类的"自动化"场景。

17.1.2　四种技术选型

因为规则引擎并没有一个业界统一的规则描述语言（DSL），业务场景有很简单的，也有很复杂的，所以在实现规则引擎时，也有很多种选择。

1. XML/JSON（定义规则）+ 自己实现解析、执行

这种方式最灵活，实现起来也最麻烦。在 XML/JSON 里面定义规则，然后用 C++、Java 等任何一种高级语言，加载 XML/JSON，解析，然后执行。

因为完全是自定义的，XML/JSON 的格式每个人实现时，写法都会不一样；也因为灵活，可以根据自己的业务场景做很多定制化的操作，如自定义各种函数。

2. 脚本语言（定义规则）＋ 脚本引擎（解析、执行规则）

相比第一种方式，这种实现方式同样可以定义非常灵活的规则，同时实现难度更小，这是因为利用了脚本引擎的加载、解析和执行能力。

3. 表达式求值引擎

所谓表达式求值引擎，就是传一个"表达式"进去，也就是一个字符串，它计算出结果，如 Java 中的 Aviator。最简单的例子是算各种加减乘除。

```
public class SimpleExample {
    public static void main(String[] args) {
        Long result = (Long) AviatorEvaluator.execute("1+(2+3)*4");
        System.out.println(result);
    }
}
```

表达式求值引擎相当于做了 if…then…的前半部分，也就是 if 后面跟的表达式的求值，以及 then 后面跟的动作，自己写代码实现。通过这种方式，变相地实现了规则引擎。

4. 标准的规则引擎

Drools、URule、ILog 等引擎实现 Rete 算法，做了规则执行的优化、规则推导等。

下面对四种技术选型的优缺点做对比，如表 17-1 所示。

表 17-1　四种技术选型对比

技 术 选 型	优 点	缺 点
XML/JSON（定义规则）+自己实现解析、执行	非常灵活，所有东西都自己实现，完全自主可控	实现复杂
脚本语言（定义规则）+脚本引擎（解析、执行规则）	1. 充分利用脚本引擎本身的解析、执行能力； 2. 定义规则非常灵活	没有约束，太过灵活，规则、非规则都能用脚本实现，导致规则引擎的逻辑和其他业务逻辑可能耦合在一块

续表

技 术 选 型	优 点	缺 点
表达式求值引擎	轻量、简单，学习、使用门槛低	功能受限
标准的规则引擎（Drools、URule、ILog 等）	1. 有相对标准的规则描述语言； 2. 有完善的周边配套体系可以采纳、借鉴，如便利的图形化编辑界面； 3. 适合管理大量的规则，基于 Rete 算法做了执行优化	性能无法满足 C 端海量并发场景

结论如下。

- 如果对性能，主要是响应时间没有很高的要求，建议用第四种选型，其中，Drools 生态已经比较完善，有很多经验可以借鉴。
- 对性能有要求，同时又需要灵活的规则表达能力，可以考虑第二种选型。
- 第三种选型不建议用，因为功能太弱，除非业务场景本身很简单；第一种选型也不建议用，因为需要自己从头到尾实现很多东西，功能还不够强大。

因为针对的是 B 端业务场景，接下来以 Drools 为基础展开讨论。

17.1.3　规则的存储与版本管理

对于 Drools 来说，规则描述是.drl 文件，一个业务可以有多个.drl 文件。同时每个.drl 文件里会用到对象，也称为 Fact，对象对应的类还需要 Java Class 文件描述。可以把这些文件打包，或者用一个目录存储在分布式文件系统里，然后在 DB 里只需要存储对应的文件名字。

如果业务简单的话，一个业务就只需要一个.drl 文件＋一个.class 文件，数据量也不大，可以直接用 MySQL 的 text 类型的字段存储，不需要分布式文件系统。

每一次规则的修改、发布上线，如果直接覆盖之前的，不利于问题回溯和排查，因此需要加版本号。版本号并不需要针对每一个文件，而是针对整个文件目录，只要其中任何一个地方修改了，就需要复制全量数据，形成一个新的版本。

17.1.4　可视化规则编辑

虽然 .drl 文件已经比较直观，但直接让业务人员手写 .drl 文件还不够方便，所以需要开发可视化的图形界面，更直观地表达、编写规则。

图形界面一般有如下几种表现形式。

1．决策树

如图 17-3 所示，假设要定义筛选爆款的规则，result = 0 表示非爆款，result = 1 表示爆款。

图 17-3 展示了类目、近三天销售额、折扣、库存四个特征（四个变量），可以无限制地往后加新的维度，树的深度一直增加，每条边表示该特征的一个取值范围。这种规则的表达方式跟人的思考方式很类似，编写起来比较直观。

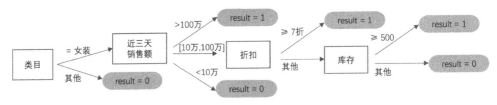

图 17-3　筛选爆款的决策树

把这种决策树转换成 .drl 文件之后，类似下面的一条条规则。

```
rule "rule1"
when
  类目 = 女装
  近三天销售额 > 100 万
then
  result = 1
end

rule "rule2"
when
  类目 = 其他
then
  result = 0
end

rule "rule3"
```

```
when
    类目 = 女装
    近三天销售额 < 100 万
    近三天销售额 >= 10 万
    折扣 >= 7
then
    result = 1
end
...
```

从根节点到叶子节点的每条遍历路径，都会形成一条规则。很显然，用决策树比直接手写一条条规则方便得多。

2．决策表

决策表就是决策树的另一种展示形式，表达的意思是一样的。可以在 Excel 中编写，然后直接导入引擎，引擎会把.xlsx 文件自动转换成.drl 文件，如表 17-2 所示。

表 17-2　决策表

类目	近三天销售额/元	折扣	库存/件	是否爆款
女装	≥100 万			1
	[10 万, 100 万]	>7 折		1
		≤7 折	≥500	1
			<500	0
	<10 万			0
其他				0

3．交叉决策表

把类目、近三天销售额两个维度竖起来，放在左侧，折扣、库存放在上面，四个维度组成一个类似矩阵的形式，是否爆款填在矩阵中间，这种形式也能表达同样的意思，如表 17-3 所示。

表 17-3　交叉决策表

	X	Y
A	0	1
B	1	0

4．评分卡

评分卡在金融征信领域用得比较多，用于给每位客户的信用打分。也是一个 Excel 表格，给每个维度的每个取值一个分数，最后将所有分数累加起来，作为该客户的分数。

同前面一样，这个表格也很容易转换成 .drl 文件的规则样式，如表 17-4 所示。

表 17-4　评分卡

维　　度	取　　值	分　　数
类目	女装	100
	其他	0
近三天销售额	>100 万	100
	[10 万，100 万]	50
	<10 万	0
折扣	≥7 折	50
	<7 折	0
求和		200

Drools 本身已经提供了类似上面这些图形化的界面，但要把它们和自己的业务系统整合在一起，通常还是无法直接复用界面，需要重新开发。原因如下：

（1）其 UI 风格和自己的业务系统的 UI 不匹配。

（2）要在现有 Drools UI 基础上加权限管控、规则发布的审批流程，很难实现。

（3）要做版本管理、测试、发布和上线流程，也需要根据自己的业务定制。

17.1.5　特征库和动作库管理

要实现可视化的规则编辑，首先需要新建或者导入规则所用到的特征和动作。特征就是 if…then 中 if 后面用到的变量，动作是 then 后面用到的动作编码，也就是前面例子中 result = 0、result = 1 这种枚举值的定义。

特征库就类似数据库中表 Schema 的定义，以自动化选爆款为例，特征就是商品的特征，如表 17-5 所示。

表 17-5　特征库

商品（Goods）			
特征（变量）英文名	中　文　名	数 据 类 型	取 值 范 围
category_id	类目	枚举	0,1,2,…
sales_recent_3d	近三天销售额	浮点型	[0,无穷]
discount	折扣	浮点型	[0,10]
stock	库存	整型	[0,无穷]

基于这份特征库，就可以从以下几个方面提升编辑规则、查看规则的可读性。

（1）在编辑决策树的每个节点时，可以用下拉列表，从所有特征中选择特征。

（2）选好节点之后，特征的数据类型就决定了接下来的决策树的边上面的操作符的类型，比如：

- 枚举类型，就不能有>,< 操作符，只能是 =,!= 操作符。
- 浮点/整型，可以>,<,>=,<= 比较。
- 布尔类型，只能 = true,= false。
- 字符串，可以 length() == , subString() =。

（3）为每个特征取一个中文名，非常有利于提高编辑规则、查看规则时的可读性。

基于这份 Schema 定义，就可以自动生成一个 Java Class，即商品这个 POJO 类，被用在.drl 文件里面作为数据对象，也就是规则引擎里的 Fact 的类型。

动作库就比较简单，就是动作 Code 的描述，如表 17-6 所示。

表 17-6　动作库

动作　（Action）	
动作值的编码	中文名
0	非爆款
1	爆款

17.1.6　特征数据库

特征数据库不同于特征库，特征库描述的是 Schema，也就是元数据；而特征数据库描述的是每个实体在每个特征上的特征值，是数据。

前面所讲的都是把规则引擎当作一个无状态的服务，整个 Fact 对象（也就是所有特征）都是由调用方通过参数传入的。但规则引擎平台可以在这个基础上再扩展一步，也就是把常用的特征定义和特征数据管理起来，这样业务方可以直接使用，而不用传入。

还是以自动化选爆款为例，特征数据库存储了商品常用的特征，如表 17-7 所示。

表 17-7　特征数据库

商品 ID	类目	近三天销售额	近七天销售额	PV	UV	其他特征

特征会不断增加，所以用结构化的关系数据库存储不太合适，可以选用一个 <K,V> 数据库，方便不断地加新特征，存储格式如下：Key 为商品 ID，Value 是一个 Hash，用于存储各个特征的特征值。

```
<商品 ID,{类目 ID: xxx;
          近三天销售额: xx,
          近七天销售额: xx,
          PV: xx,
          }
>
```

这些特征的计算，也可以形成通用化的流式计算模块，在规则引擎平台内部完成。这样调用方既不用操心规则的存储与执行过程，也不用操心给规则引擎如何传入数据的问题。

17.1.7　总结

最终一个完整的基于 Drools 的规则引擎平台大致如图 17-4 所示。

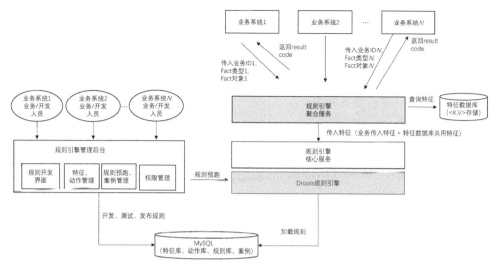

图 17-4　基于 Drools 的规则引擎平台

17.2　工作流引擎平台

17.2.1　没有工作流引擎，如何做业务开发

如图 17-5 所示，以一个员工的采购申请流程为例，假设要采购笔记本电脑，需要经过直属上级、IT 管理人员的二级审批，每一级都有通过、拒绝两个操作。

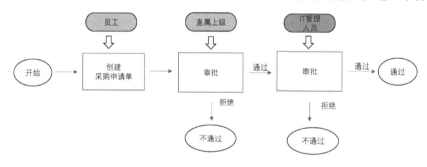

图 17-5　采购申请流程的案例

对于采购申请单这个单据，状态的设计大致如表 17-8 所示。

表 17-8　状态的设计

采购单ID	创 建 人	创 建 时 间	其 他 字 段	state
ID1	张三	……	……	0/1/2/3/4

总共五种状态，含义如下。

```
0: //已创建，待一审
1: //一审通过，待二审
2: // 一审不通过
3: //二审通过
4: //二审不通过
```

除了单据状态表，另外还需要一张审批流程的日志表，如表 17-9 所示。

表 17-9　审批流程的日志表

采购单ID	处 理 人	处 理 时 间	备 注
ID1	张三	……	
ID1	直属上级	……	
ID2	IT 管理人员	……	

在这个基础上，假设又多了一个"不通过，修改申请单然后重新提交"的环节，如图 17-6 所示。

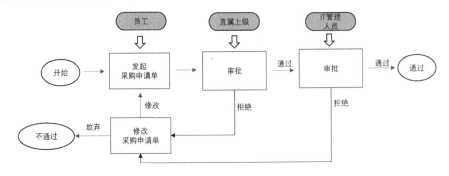

图 17-6　采购申请流程的增加环节

则 state 枚举值的设计又要改，假设改成如下所示。

```
0: //已创建，待一审
1: //一审通过，待二审
2: //一审不通过，驳回重新修改
3: //修改完，已重新提交
4: //放弃修改，单据终结
5: //二审通过
6: //二审不通过，驳回重新修改
```

```
7: //二审不通过，修改完，重新提交
8: //二审不通过，放弃修改
9: //二审不通过，修改完，重新提交，一审完
10: //一审不通过，第二次驳回重新修改
11: //二审不通过，第三次驳回重新修改
...
```

这里会发现，因为这是个环状的流程，理论上可以无限地驳回，不限地重审，如果要用 state 枚举值表达每次流转状态，state 枚举值将是无穷尽的。

要想完整地表达语义，只能用日志表里面的日志序列，这里的 state 枚举值只能表达一些主要的状态。

在上面的案例中，把场景再复杂一步，如图 17-7 所示。假设采购的金额小于某个阈值，还走原来的流程；金额大于某个阈值，再多一级审批流程。这意味着小金额单据和大金额单据的 state 枚举值的个数将不一样，若要统一，则只能按 state 枚举值多的大金额单据设计系统。对于小金额单据，某些 state 枚举值会永远达不到。

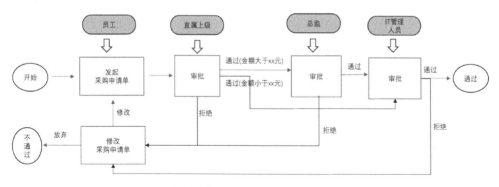

图 17-7　再次增加业务复杂度

17.2.2　工作流引擎的基本思路

通过前面例子可以看出，每次添加了新的处理节点，state 枚举值都要增加，到最后枚举值太多，不堪重负。而枚举值决定了整个业务流程的流转，稍微考虑不周，就会出现流程 Bug，走到一个意料之外的分支上。

而工作流引擎就是为了让业务人员从这种复杂的状态设计、流程控制中解脱出来，既提高开发效率，又能减少流程 Bug，具体思路如图 17-8 所示。

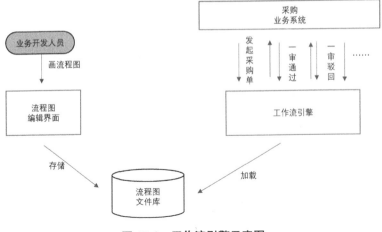

图 17-8 工作流引擎示意图

（1）业务开发人员或者业务人员，通过一个流程图编辑器把业务流程图画出来，并将这个流程图保存为一个 XML 文件。

（2）XML 文件在工作流引擎启动时被加载。

（3）每来一个新的采购单，就会触发这个流程创建一个新的"流程实例"。所谓一个流程实例，就是这个单据走完整个审批流程所经过的完整运行过程。

（4）每一步执行完成之后，都通知工作流引擎已完成，并告知结果是通过还是驳回。工作流引擎根据流程图告诉业务系统下一步走哪个分支。

（5）工作流引擎告诉业务系统下一步走哪个分支，有两种不同的实现方式。一个是工作流引擎给业务系统发消息、发事件，告诉业务系统下一步走哪个分支；也可以是业务系统主动查询。以 activiti 为例，是后一种方式，也就是每个角色，即员工、经理、IT 管理人员登录业务系统之后，可以查询到自己有哪些未处理的单据。这个单据的列表就是查询工作流引擎返回的。

17.2.3 工作流引擎与微服务编排引擎、分布式事务的 Saga 模式的区别与联系

除了工作流引擎，还有另外两个技术领域：微服务编排引擎、分布式事务的 Saga 模式，它们也是类似的原理，很容易混淆，在这里做一个专门讨论。

在没有引入"微服务编排引擎"之前，先来看微服务之间是如何协作的。

1. 同步协作，也即同步调用模式

假设微服务 A、微服务 B、微服务 C 要协作完成某个流程，微服务 A 调用微服务 B，微服务 B 调用微服务 C，伪代码写法大致如下：

```
Service A{
   public f1(){
     doSomeThingOfA().   //做微服务 A 自身的业务逻辑
     serviceB.f2()        //调用微服务 B
   }
   }

   Service B{
   public f2(){
     doSomeThingOfB().   //做微服务 B 自身的业务逻辑
     serviceC.f3()        //调用微服务 C
   }
   }

   Service C{
   public f3(){
     doSomeThingOfC().   //做微服务 C 自身的业务逻辑
   }
   }
```

当微服务 A 调用微服务 B 时，会出现各种异常；当微服务 B 调用微服务 C 时，也会出现各种异常；加上异常处理逻辑，代码可能就变成了：

```
Service A{
   public f1(){
     doSomeThingOfA().                     //做微服务 A 自身的业务逻辑
     if(serviceB.f2() != success)          //调用微服务 B
       {
         serviceD.xxx()                    //调用微服务 D
       }
   }
   }

   Service B{
   public f2()
   {
     doSomeThingOfB().                     //做微服务 B 自身的业务逻辑
```

```
    if(service.f3() != success)        //调用微服务 C
      {
        serviceD.xxx()                 //调用微服务 D
      }
  }
}


Service C{
public f3()
{
  doSomeThingOfC().                    //做微服务 C 自身的业务逻辑
}
}
```

随着业务逻辑越来越复杂，正常的业务分支越来越多，异常处理分支也越来越多，代码中到处充斥着 if…else 语句，流程暗含在微服务之间的互相调用关系中，调用关系本身也可能会变成网状关系。

2. 异步协作方式：消息通信

如图 17-9 所示，各个微服务之间通过消息通信协作（基于消息中间件），任何一方都可以给其他方发消息，任何一方也可以消费其他方的消息，这种协作关系隐含在多个生产者-消费者的关系之中，互相也会形成网状关系。这种模式在微服务编排中叫作编舞模式（Choreography Pattern），也叫作分布式模式。

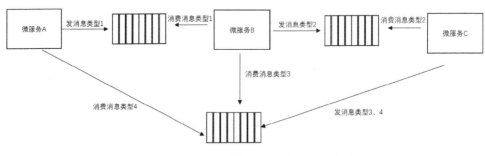

图 17-9 微服务编排的消息通信方式

3. 微服务编排引擎

微服务编排引擎的引入把分布式模式变成了中控模式，也被称为编排模式（Orchestration Pattern）。

如图 17-10 所示，微服务之间不相互通信，只和中控服务通信。各个微服务负责了一个任务（一个单元）的执行，中控服务负责串起整个流程。这种模式也就是前面架构模式章节所讲的"状态机模式"。

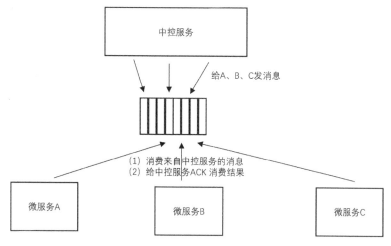

中控服务

给A、B、C发消息

(1) 消费来自中控服务的消息
(2) 给中控服务ACK 消费结果

微服务A　　微服务B　　微服务C

图 17-10　微服务编排的中控模式

微服务编排引擎和工作流引擎有非常多的相似之处。

（1）它们都遵循 BPMN 标准。

（2）从逻辑上来说，都是状态机，都是"中控模式"。把流程收拢到一个服务里面，并且做到流程的可配置化。

二者的区别点主要在于：

（1）工作流引擎主要侧重的是多个人（多个角色）之间的协同，每个角色执行了工作流的一个或者多个节点，这些节点是"人工任务"；而微服务编排引擎做的是多个微服务之间的协同，微服务的执行是不需要人参与的，是"自动化任务"。当然，工作流引擎本身也支持"自动化任务"，但这不是主要场景。

（2）相比自动化任务，人工任务有个显著特点是人的操作速度再快，也至少是几秒到几分做一个操作，而自动化任务可以在几毫秒内完成。当微服务非常多，每个任务的执行时间又很短的情况下，对于中控中心的性能、吞吐、可靠性都有很高的要求，而传统的工作流引擎在这方面往往无法满足要求。

另外一个和微服务编排引擎很相似的是解决分布式事务的 Saga 模式。Saga 模式解决的是长事务，一个事务的执行时间是几分钟、几小时、几天，事务的参与者也是多个微服务。Saga 模式也需要一个中控中心，在这个中控中心配置执行的流程图，然后中控中心驱动每个微服务的执行。与微服务编排引擎的区别点是，Saga 模式需要定义每个操作对应的回滚接口，如果执行到一半失败，可以选择重试，直到把正向流程执行完；也可以选择回滚，执行逆向流程。

17.2.4　BPMN 标准

BPMN（Business Process Model and Notation）对于流程如何定义、流程图如何画、如何存储，都做了全面的规范化。目前已经很完善、成熟的是 BPMN 2.0。与 UML 类似，BPMN 定义了各种画流程图的基本组件，让不同类型的业务，都可以画出标准的流程图，并生成标准的 XML 描述文件，然后 XML 文件被工作流引擎加载、解析和执行。

虽然 BPMN 定义了各种概念，包括事件、Activity、Task、网关，但抽象来看，任何一种"图"最终就是由"顶点"和"边"两种元素组成的。

以 BPMN 中的排他网关为例，如图 17-11 所示，一个菱形，节点 1 执行完之后（假设节点 1 是前文的采购审核单中的一审），根据节点 1 的执行结果，判断走节点 2，还是节点 3。这个排他网关可以认为有 1 个顶点+3 条边，顶点就是这个菱形，负责路由决策；3 条边中，最左边这条边是无条件执行，因为从节点 1 到菱形只有 1 条边，1 条路，右边 2 条边分别对应了 2 个条件，哪个条件为通过，就走哪条边。

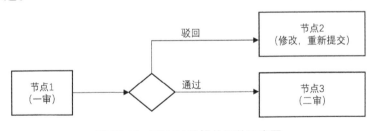

图 17-11　BPMN 的排他网关示意图

下面对 BPMN 中几个最常用、关键的元素逐一说明。

1．Activity 与 Task

Activity 和 Task 两个概念经常混用，按照 BPMN 的定义，Task 是一个原子的 Activity。所有的 Task 都是 Activity，但不是所有的 Activity 都是 Task，比如

Sub-Process（子流程），也算是一个 Activity。Task 分成以下 7 种。

（1）Service Task：自动化执行的 Task 对应一个 Web Service 或者微服务。

（2）Send Task：发送一个事件出去，发出去后这个 Task 就算执行完成了。

（3）Receive Task：等待接收一个事件，事件收到了，Task 就算执行完成。否则一直阻塞在这个节点上。

（4）User Task：用户在 UI 界面手动操作的 Task，如前面提到的提交采购单、采购单审批都是手动操作。

（5）Manual Task：线下 Task，完全没有 IT 系统参与。比如有个节点是让客服打电话给某位用户，做售后回访。Manual Task 其实是 User Task 的一个特例，都是人工操作，只是一个是在业务 IT 系统里面操作，一个是纯线下操作。

（6）Businsess Rule Task：把工作流引擎和规则引擎结合起来，这个 Task 就是把数据传给规则引擎，然后让规则引擎返回结果。

（7）Script Task：执行一段脚本，如 Python。

最常用的 Task 就是 User Task 和 Service Task，前者是 UI 界面上的手动操作，后者是自动化调用某个接口。

2．网关与条件变量

网关是用来做分支决策的，决定前一个 Task 执行完之后，接下来走哪个 Task。因为业务流程可能串行，也可能并行，所以定义了不同的网关。

1）排他网关

如图 17-12 所示，节点 1 执行完后，在节点 2、3、4 中，只有一个节点会执行。具体执行哪个，取决于边上的 Condition，也就是变量的取值。

以前面采购单审批为例，2 条边上的 Condition 的表达形式为：

```
#{approveResult = "true"}, #{approveResult = "false"}
```

approveResult 变量表示一审执行的结果，根据结果的取值决定接下来走哪个分支。

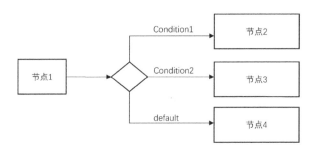

图 17-12　排他网关

2）包含网关

如图 17-13 所示，排他网关只有一个分支会执行，而包含网关凡是 Condition 为 True 的分支都会执行。

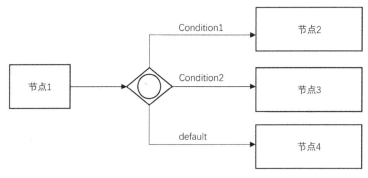

图 17-13　包含网关

3）并行网关

如图 17-14 所示，并行网关的边上面没有条件，节点 1 执行完成之后，节点 2、3、4 无条件地并发执行。

也可以反过来，节点 4 要等待节点 1、2、3 都执行完，才能执行。

3.　泳道

类似 UML 中的时序图，BPMN 中也有泳道的概念。对于人工执行的任务，泳道的所有者是某个角色或某个人；对于自动化执行的任务，泳道的所有者是某个微服务或某个系统。一个完整的业务流程通常是人工任务和自动化任务相结合的，有的节点需要人工执行，有的节点可以自动化执行，所以二者都有。

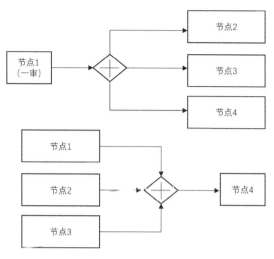

图 17-14　并行网关

4. Sub-Process

当业务流程太复杂之后，节点特别多，边也特别多，事无巨细，无论是编辑，还是看，都很麻烦。

Sub-Process 可以把某一段流程封装起来，折叠之后，看起来就像一个普通的 Task。这就类似于写代码，几千、几万行的代码需要封装成一个个的函数，先看宏观，若有需要，则再深入每个函数的内部。

流程图可以在拖曳式的 UI 界面上绘制，也可以手写 XML。UI 界面上绘制的流程图，最终也是被转换成 XML 文件，然后 XML 文件，也就是.bpmn 文件，被工作流引擎加载、解析，然后就可以实现流程的驱动了。

17.2.5　工作流引擎的技术选型与 Activiti 介绍

商用的工作流引擎非常多，但大的互联网公司一般都不会购买商用的，而是在开源的基础上扩展，这样更可控。常见的三个开源工作流 Activiti、jBPM、Flowable 都很像，因为它们同源同宗。Activiti5 衍生自 jBPM4。Flowable 又是基于 Activiti6 的一个分支衍生出来的，除了支持 BPMN 规范，还增加了对 CMMN、DMN 规范的支持。

对于大部分有研发实力的公司，一方面业务场景不需要 CMMN、DMN 等模式，另一方面也希望工作流引擎本身不要过于复杂和臃肿，要便于扩展和二次开发。从这个角度上来说，Activiti 就够用了。

Activiti 的两种部署模式如图 17-15 所示。

嵌入式部署：把 Activiti 引擎作为一个 jar 包，和业务程序部署在一个进程中，业务程序通过 jar 包提供的 Java 接口访问 Activiti 引擎，引擎会连接数据库，读/写对应的表（引擎在数据库中，预定义了 20 多张表，存储流程、流程实例、Task 运行状态等各种数据）。

独立部署：把 Activiti 引擎部署成一个单独的 Web 服务，对外提供各种 RESTful API 接口，供业务系统使用。

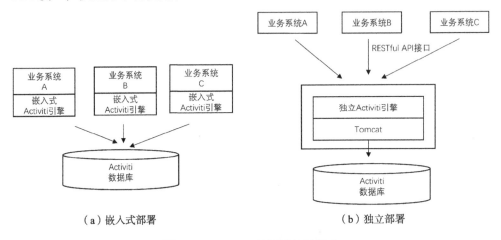

（a）嵌入式部署　　　　　　　　　　（b）独立部署

图 17-15　Activiti 的两种部署模式

Activiti 对外提供的接口有 7 个，每个接口里面有几十种方法，日常使用的最核心的只有几种，还是以采购申请单的审批流程为例说明。

（1）第 1 步：在流程图编辑器里面，采用拖曳式方法画好流程图，然后流程图被转换成了 BPMN 标准的 XML 文件。当然，也可以手写 XML 文件。XML 文件准备好之后，引擎启动时，加载、部署 XML 文件。在部署的同时，给这个流程起一个名字，也就是 Key，即这个流程模板的唯一标示。

```
RepositoryService.createDeployment().key("purchase").addInputStream(
filename, is).deploy()
```

（2）第 2 步：员工提交一个请假单，会开启一个该流程模板的一个流程实例。

第 1 个参数：流程模板的唯一标示。

第 2 个参数：创建的这个采购申请单的主键 ID。

第 3 个参数：可选参数。创建的采购申请单的其他各字段，打包成一个 Map 并传入。

```
ProcessInstance instance = Runtimeservice.startProcessInstanceByKey
("purchase",businesskey , Map variables);
```

这里要特别说明的是，采购申请单本身存储在业务系统中，这个是工作流引擎以外的部分。另外，第 3 个参数也不是要把采购申请单的所有字段全传入进去，只是可能影响到流程流转的字段。

（3）第 3 步：直属经理登录采购审批的业务系统，查询自己的待审批的采购申请单，也就是一个个待处理 Task。

```
List<Task> tasks=Taskservice.createTaskQuery().taskCandidateGroup("部
门经理").list();
```

这里要特别说明的是，要把公司内部的 OA 系统的用户 ID 和工作流引擎的用户组建立关联关系，工作流引擎并不感知公司内部的 OA 系统，所以这种关联关系是业务系统自己维护的。直属经理通过 OA 系统登录，得到的是 OA 的用户 ID，根据用户 ID，找到所在的工作流引擎的用户组，然后查询这个用户组名下所有待处理的任务。

另外，对于待处理任务列表的展示，工作流引擎不管。工作流引擎只返回数据，由业务系统进行数据的渲染。

（4）第 4 步：直属经理针对其中的每个任务，做"通过"或"驳回"动作，然后把结果告知工作流引擎。

工作流引擎知道这个流程流经到哪个节点。一方面要告知"完成了"，另一方面要把完成的结果（通过/驳回）告知工作流引擎。其中，第 2 个参数就是该任务完成的结果，通过一个 Map 传入。这个 Map 可以被接下来的排他网关或者后续其他节点读取。

```
Taskservice.complete(taskid, variables);
```

（5）第 5 步：IT 部门的人员做与第 3 步和第 4 步同样的事情，查询自己的待处理任务，然后手工执行任务，执行完成后通知工作流引擎结果。

17.2.6　对 Activiti 的裁剪

对于常用的、简单到中等复杂的业务场景，只需要几个接口就能支持，但工作流引擎提供了上百个接口方法，增加认知负担，增加了学习门槛，所以一个实践中的思路是：把工作流引擎的 jar 包封装起来，对外提供一个微服务，只暴露自己的业务场景需要的接口，当其他业务系统接入的时候，做到够用、简洁即可，不用再去关注 Activiti 本身提供的其他接口方法。

17.2.7 Activiti 的性能问题与对 Activiti 的扩展

Activiti 本身关注的是业务架构的可复用、可扩展和快速开发（甚至是零开发，表单也在工作流引擎里面配置），但对于技术架构的高性能、高吞吐、高可用，却关注得很少。它构建在一个单机版的 MySQL 之上，内置了 20 多张表，不能很方便地对 MySQL 水平扩展，无论是性能、吞吐，还是大量流程历史数据的查询，都会是瓶颈。

也正因为如此，有了 Zeebe 这样的微服务流程编排引擎，把单机 MySQL 架构改变成分布式的高可用、强一致性的存储，同时把历史数据导出到外部的诸如 ElasticSearch（ES）这样的搜索引擎，方便业务系统灵活地查询，如图 17-16 所示。

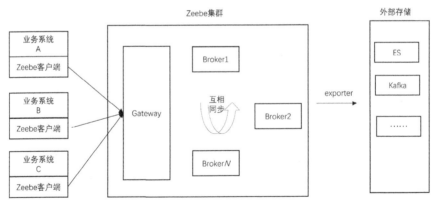

图 17-16 Zeebe 的架构图

（1）用分布式的 Broker 集群代替了 MySQL。Broker 集群的架构类似 Kafka，也就是一个消息队列。消息队列可以分片，然后每个分片有多个副本（一个 Leader，多个 Follower），通过 Raft 协议保证多个副本的高可用、强一致性。

（2）对这个消息队列的消费，也是在 Broker 里面进行的。一个队列的一个分片，只会有一个线程消费，消费的结果也就是流程的状态机，写入了 RocksDB 里面。RocksDB 内嵌在每台 Broker 里面。所以 Broker 集群既是消息的存储者，又是消息的消费者，消费的结果形成流程实例的状态机。

（3）Broker 集群前面的 Gateway 是无状态的代理集群，负责将各种事件转发到各个 Broker。

（4）Zeebe 客户端和业务系统的微服务集成在一起，Zeebe 客户端内部有一个周期性调度的线程池，负责拉取 Broker 集群发出的调度事件，然后调用业务系统的微服务。再把执行结果通过 Gateway 向 Broker 集群发事件。

（5）历史数据通过标准化的 exporter 接口，导出到诸如 ES 等搜索引擎，也可以自定义导出到其他外部存储，只需要实现不同的 exporter。

Zeebee 的理念很先进：分布式、完全的事件驱动，与外部搜索引擎协作。但 Zeebee 还太年轻，不成熟，对 BPMN 的支持还很不完善，所以一个可行的思路是对 Activiti 进行扩展，具体做法如下。

（1）按流程实例 ID 对 Activiti 的运行期表分库分表，实现水平扩展。

（2）不用 Activiti 里面的所有历史表，历史数据都写入 ES，历史数据的查询都在 ES 上完成。

当然，要实现这个，需要深入理解 Activiti 的表结构，并要更改源码。

17.2.8　工作流引擎与微服务/DDD 方法论的冲突

工作流引擎在传统的 OA、ERP、CRM 等大型 B 端软件中用得比较多，但在互联网公司中并没有很好地普及，在笔者看来，有以下几种原因。

（1）太复杂，接口太多，认知负担重，这和互联网公司一直追求的简洁文化相悖。

（2）之所以复杂，是因为工作流引擎想把事情全部包揽，甚至想做到零开发，让业务人员画一画流程图，整个流程就能运行起来了。这注定会把很多非工作流引擎的核心东西耦合进去，包括表单的存储和渲染等，不利于对其进行二次开发（正如上面的例子中所展示的，完成一个常规的流程，其实只需要用到有限的几个接口）。

（3）也是因为想全部包揽，所以工作流引擎与微服务/DDD 方法论有冲突，具体又体现在以下两个方面。

① 集中式思维和分布式思维的差异。

DDD 方法论和微服务相对应，强调的是构建分布式系统，把一个大的领域划分成多个子域，各个子域自治；而工作流引擎是集中式思维，当把所有业务流程都集中于工作流引擎内部时，整个业务系统会变成一个巨大的单体应用。

② 思考重心的差异：是先有流程，还是先有领域模型？

按照 DDD 方法论，是先有领域模型，领域模型本身是稳定的，不易变的，领域模型上的流程是灵活的、易变的；而工作流引擎是以流程为主导的，认为一切皆可变，流程可以灵活配置，这很容易产生"过程式代码""面条式代码"，违背 DDD 面向对象的思维方式。

比如表单，按照工作流引擎的思维，表单只是业务流程上传输的数据而已，表单的格式并不重要，通过 Map 就能做任意表单的存储、渲染；但按照面向对象的思维，表单其实是一个非常重要的业务实体/业务对象，除了数据，表单本身还有很多行为，这些行为和数据合并在一起，独立在工作流引擎外部，以微服务的形式存在。

在笔者看来，解决这个问题的办法是：对工作流引擎的使用要尽可能"薄"。

先基于领域的划分，用微服务封装复杂的业务逻辑；然后用工作流引擎串联跨多个微服务、跨多个角色的流程，避免把所有业务逻辑都构建在工作流引擎之上，和工作流引擎形成了强耦合。

具体来说，就是明确区分领域服务和流程服务，前者感知不到工作流引擎的存在，是一个单独的业务模块；后者构建在工作流引擎之上，不做业务逻辑，只专注于流程控制。

表单的存储、查询、展示，与工作流引擎解耦，在业务系统中完成。工作流引擎不管各种 UI 展示问题。

17.3 权限管理系统

17.3.1 权限管理系统的由来

各种各样的信息管理系统都有类似下面这种需求。

- 管理员登录后，能操作所有功能；普通员工登录后，只能操作某些功能。
- 对于同一个系统，不同用户登录后，能看到不同的菜单。

这些权限访问控制，如果没有一个统一的权限管理系统支撑，那么类似的业务逻辑就会在每个信息管理系统中重复做一遍，因此就抽象出了统一的权限管理系统。

17.3.2　权限如何抽象：权限 Code

"权限"本身是一个很抽象的词，具体到 UI 界面上，会呈现不同的表现形式，诸如：

- 不同用户能看到和使用不同的菜单。
- 不同用户能看到和使用不同的按钮。
- 同一个下拉列表，用户 A 有 3 个选项，用户 B 只能有 2 个选项。
- 同一个表格，用户 A 能看到所有列，用户 B 只能看到其中某些列。
- 同一个表格，当表格中某一行的数据状态为"待处理"时，在行的末尾，给用户 A 展示"处理"按钮，因为用户 A 有处理权限，给用户 B 只展示"处理中"的方案，没有"处理"按钮，因为用户 B 只有查看权限。
- 同一个表格，表格中有个字段叫作"数据安全等级"，取值 1、2、3，等级 =1 的数据，所有用户可展示；等级=2 的数据，某些用户可展示；等级=3 的数据，只有少数几个用户可展示。

对于权限管理系统来说，不可能感知到这么多五花八门的具体权限形式，必须有一个抽象的东西，也就是"权限 Code"，或者称为权限点。具体运作模式如图 17-17 所示。

在权限管理系统中定义了一个个抽象的权限 Code，并且定义了每个用户 ID 能使用的权限 Code 的列表。

业务系统里面的菜单权限、按钮权限、下拉列表权限、表格的列权限、表格的行权限，都被映射到某个权限 Code。这种映射关系是业务系统自己维护的，通常在业务代码中暗含了这种映射关系，权限管理系统感知不到这种映射关系。

当某个用户要点击某个按钮时，业务系统把用户 ID 和该按钮对应的权限 Code 传给权限管理系统，权限管理系统返回 true/false，业务系统做相应的访问控制。

当某个用户要下拉某个下拉列表时，业务系统把用户 ID 和该下拉列表的所有下拉选项对应的权限 Code 的列表传给权限管理系统，权限管理系统返回每个下拉选项 true/false，业务系统过滤掉 false 的下拉选项，只展示 true 的下拉选项。

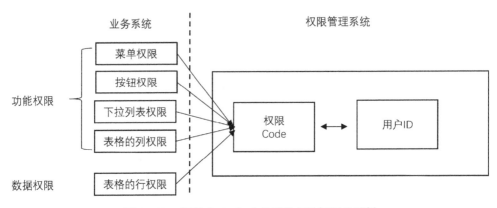

图 17-17　权限 Code 与业务系统各种权限的映射

17.3.3　权限的进一步抽象

这些不同的权限方式可以归为以下两类。

（1）功能权限：对于不同功能点，用户的权限不一样，功能点体现为菜单、按钮和下拉列表等。

（2）数据权限：对于不同数据状态，用户的权限不一样。

这两类权限有很大的差别：功能权限是静态的，一个系统总的功能点个数是固定的，在系统运行之前，就已经知道了有多少个功能点，以及每个功能点能被哪些用户访问。

而数据权限是动态的，数据是在系统运行过程中产生的，导致同一个表格的不同行会因为数据的某个字段的状态值不一样，对不同用户反映出不同的展示方式。因此，表格的列权限是功能权限，列的总数是固定的；而表格的行权限是数据权限，行的总数不固定。

除了功能、数据两个维度，还可能有其他维度影响权限的定义，例如：

- 设备维度：同一个功能点，针对同一个用户，在 PC 上不可用，在手机端可用。
- 上下文维度：同一个页面，针对同一个用户，如果是从页面 A 跳转过来的，则该页面不可访问；如果是从页面 B 跳转过来的，则该页面可访问。

把这些所有维度都综合在一起，权限就是下面这样一个函数：

```
F(user_id,功能点,数据项,设备,上下文) = true/false
```

把 user_id 后面的所有维度抽象出来，就变成：

```
F(user_id, 权限Code) = true/false
```

其中，权限 Code 可以指代任何一个影响权限的维度，不仅限于功能、数据。

17.3.4　权限模型

在权限 Code 概念基础之上，又形成了如图 17-18 所示的权限模型。

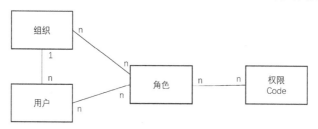

图 17-18　权限模型

（1）角色：一个系统的权限 Code 有几百、上千个，如果给每个用户赋予权限 Code，则不方便管理。所以抽象出"角色"的概念。角色就相当于一个"权限组"，一个角色包含多个权限，一个权限也可以被多个角色包含。

（2）有了角色之后，不再直接给用户赋予权限 Code，而是给用户赋予角色。

（3）组织：一个公司的员工通常会组织成一个树状的组织架构，给一个组织赋予角色，就相当于给这个组织下的所有人赋予角色。这样做非常便利，如果某个新员工入职，加入了某个组织，就自动拥有了这个组织的角色和权限 Code，不需要每个人都配置一遍。

最终，用户的权限 Code 集合=用户所属的多个角色的权限 Code 集合+用户所属组织的权限 Code 集合。

给定 user_id 和权限 Code，权限系统可以计算出 F(user_id, 权限 Code)=true/false。

17.3.5　权限系统的实现方式

权限系统的实现方式会影响业务系统使用的便利性，下面先以一个按钮的权限控制为例介绍权限系统的实现方式。

假设有两个用户 A 和 B，用户 A 对按钮 1 有操作权限，用户 B 对按钮 1 没有操作权限，有以下三种 UI 呈现方式。

（1）用户 A、B 都能看到这个按钮，但对用户 A 展示的是可用状态，对用户 B 展示的是灰色状态，不可点击。

（2）用户 A 能看到这个按钮，用户 B 看不到这个按钮。

（3）用户 A、B 都能看到这个按钮，都可点击，点击之后跳转到新的 URL，对于新的 URL，用户 A 可用，用户 B 无权限操作。

其中，方式（1）（2）需要业务系统自己写代码，控制按钮不可用，或者不展示；方式（3）可以做到业务系统不写代码，由权限管理系统自动拦截。下面看一下实现方式。

1. 自动化实现

权限点通过权限 Code 定义，然后把权限 Code 与系统的菜单、按钮等关联。而在自动化实现的方案中，直接用 URL 表示权限 Code。

若某系统有业务模块 a、业务模块 b 和业务模块 c，每个业务模块下有很多种功能，每个功能对应一个 URL：

```
/a/xxx/yy
/a/xxx/zz

/b/xxx/yy
/b/xxx/zz

/c/xxx/yy
/c/xxx/zz
```

在权限管理系统中，直接配置每个 URL 所属的角色，然后将角色赋给用户，整个运行过程如图 17-19 所示。

在业务系统中有个通用的权限控制的 Filter，拦截用户的所有 URL，把 URL 和该用户的 user_id 传给权限管理系统。

权限管理系统根据配置的 URL 与角色、用户的关系，返回 true/false。

Filter 根据返回的 true/false，决定是进入与 Controller 做业务逻辑，还是拒绝访问。

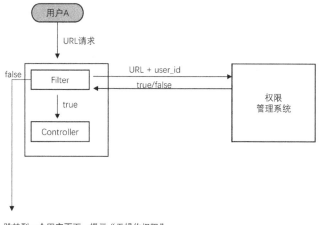

跳转到一个固定页面，提示"无操作权限"

图 17-19　权限的自动化实现

这种方式最大的好处是，业务系统不用写任何权限控制的代码，权限控制完全无侵入，只要在权限管理系统配置好用户的权限 Code，就能实现自动化的拦截。

在此基础上，还可以做 URL 的通配符，URL 太多，一个个地配置权限很麻烦。如果 URL 符合一定的规范，有共同的前缀，可以为这个 URL 通配符设置权限，如/a/*/* 表示所有以/a 开头的 URL 都属于某个角色。

在业务不复杂的情况下，这种配置方式非常快速，简单的几个通配就能实现基本的权限管理，但它也有一些局限。

（1）对于前文例子中的按钮，在完全不写代码的情况下，只能实现第 3 种展示方式，在产品体验上会有一些损失。

（2）主要针对功能权限，因为每个功能点比较容易用一个个的 URL 定义。但对于数据权限，不好转换成 URL。

2. 手写代码实现

要实现 UI 的灵活展示，实现数据权限的灵活控制，只能靠业务系统自己手写代码。同样以前文的按钮的权限控制为例说明。

业务系统传入 user_id 和按钮对应的权限 Code，权限系统返回 true/false。得到 true/false 返回值之后，业务系统可以随意地进行 UI 控制。

（1）可以根据 true/false 控制按钮的展示状态。

（2）可以根据 true/false 控制按钮是否展示。

（3）可以根据 true/false 控制按钮点击之后，是否进行拦截。

至于菜单、表格，也是类似道理，权限管理系统不管 UI 展示问题，只是告诉业务系统某个 user_id 对某个权限 Code 是否能访问，剩下的都由业务系统自己处理。

17.3.6 API 权限与微服务鉴权

前文讲的都是用户权限：用户对某个功能点的权限，对某个数据项的权限。还有一类权限与用户无关，就是微服务之间的鉴权。

举个例子：你开发了一个微服务，里面有接口 A、B、C，希望做到：

- 接口 A 所有调用方都可以调用；
- 接口 B 只有调用方 1、调用方 2 可以调用；
- 接口 C 只有调用方 1 可以调用。

这意味着除了那些公开的接口，其他的所有接口，任何一个调用方要想调用，必须首先登记，得到被调用方的授权，才能调用。

如图 17-20 所示，微服务鉴权中心登记了所有微服务之间的调用许可，就是一份调用方与被调用方的接口的配置表。基于该配置表，调用方可以判断自己能否调用某个微服务的某个接口；被调用方也可以判断自己的某个接口能否被某个调用方调用。

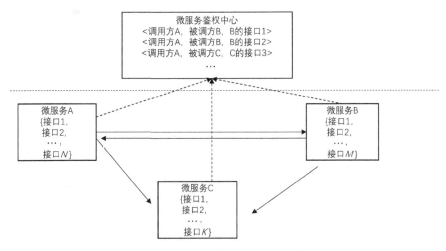

图 17-20　微服务互相鉴权示意图

上面这种权限控制的逻辑非常简单，但关键点其实不是配置表的验证逻辑，而是安全问题。

- 微服务鉴权中心的配置表不能明文存储，否则任何一个微服务都能把这份数据拖过去，缓存并篡改。
- 微服务之间传的各种参数也不能随意篡改。

只有满足这两个前提，才能基于这份权限配置数据进行权限校验。解决思路就是密钥+签名，方案如下（这里假设用对称加密的办法，非对称加密也是类似的原理）。

（1）每个微服务有一个自己的密钥。密钥相当于每个微服务的身份证，防止抵赖。

每个微服务保管好自己的密钥以不被泄露。至于如何保管，这涉及另外一个问题：密钥管理系统（不是本章讨论的范畴）。

（2）微服务鉴权中心保管了所有"应用"的密钥，全部加密存储。同样，微服务鉴权中心也需要一个自己的密钥，密钥的保管也需要借助一个专门的密钥管理系统。

（3）假设微服务 A 要调用微服务 B，则处理过程如下。

第 1 步：微服务鉴权中心动态地生成一个临时的新的签名密钥，用于微服务 A 和微服务 B 之间的通信，这个密钥被微服务 A、微服务 B 的密钥加密之后，在 JWT 里面返回给微服务 A。

第 2 步：微服务 A 得到 JWT 之后，用自己的密钥解密，得到这个临时的新的签名密钥。

第 3 步：微服务 A 对权限配置数据进行签名，发给微服务 B。

第 4 步：微服务 B 得到 JWT 之后，用自己的密钥解密，得到这个临时的新的签名密钥。

第 5 步：微服务 B 用这个临时的新的签名密钥验签。

第 6 步：验签通过之后，说明这份权限配置数据没有被微服务 A 篡改过，基于这份权限配置数据做拦截，或者通过。

这里之所以让微服务鉴权中心生成一个临时的新的签名密钥，是因为一个安全原则：无过期时间的长期密钥不能在网络上用作数据传输的加密密钥。

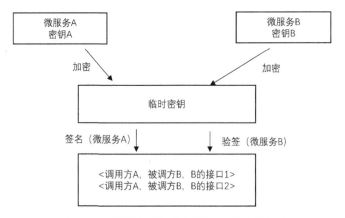

图 17-21　微服务鉴权的加解密、签名原理图

第 **18** 章
大数据与中台案例实战

本章讨论大数据并不是为了介绍大数据的各项底层技术原理，如 HDFS、Yarn、MR、Hive、Spark、Flink，而是从业务开发角度出发，介绍如何合理地利用好大数据平台。很多时候，因为开发人员缺乏对大数据平台的合理使用，把应该在大数据平台解决的问题放在了在线系统，从而影响了在线系统的高并发与高性能。

至于中台，并不是一个单一的 B 端或者 C 端系统，可能杂糅了系统、数据和算法，这点放在最后做综合的论述。

18.1 严格区分在线业务逻辑与离线业务逻辑

在线系统面对 C 端海量用户，要求低延迟、高并发、高可靠；而离线系统是用来做各种内部的数据分析、机器学习训练的，对延迟、可靠性的要求都没 C 端在线系统那么高。因此，应该尽一切可能让在线系统逻辑越简单越好。下面举一些不合理的案例。

1. 案例 1：为订单表增加频道 ID 字段

订单通常用来统计整个公司的销售额，现在有这样一个业务需求：统计各个频道产生的销售额。所谓频道，可以简单理解为商品展示页面里面的一个个的 Tab，一个个的豆腐块，并且一个商品在一个时间点只会出现在一个频道里面。营销系统通过人工或者自动化操作方法，把商品提前选入/选出某个频道，然后展示给用户。

为了给订单打上频道 ID 的标签，解决方案如图 18-1 所示。

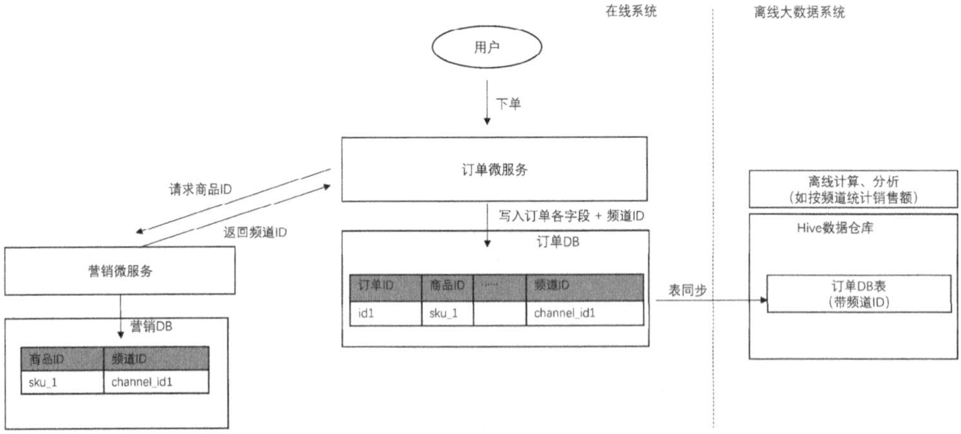

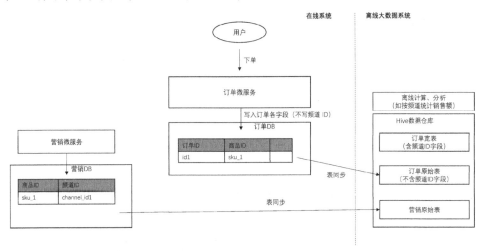

图 18-1　在线系统计算订单所属频道 ID

在用户提交订单时，订单系统查询营销系统，获取该商品 ID 所属的频道 ID，然后写入订单表。之后，订单表被同步到数据仓库，统计数据，计算每个频道产生的销售额。

但这里我们会发现，统计每个频道的销售额是一个离线业务需求，并不需要在 C 端订单系统实现，且可以事后关联，如图 18-2 所示。

图 18-2　离线计算频道 ID

订单表不需要增加频道 ID 字段，订单微服务也不需要调用营销系统的微服务，而是订单系统、营销系统都把自己的 DB 表同步到数据仓库。

在数据仓库中写 SQL 任务，做关联，找到每个订单所属的频道 ID。

但这会存在个问题，从成单到离线 SQL 任务关联有时间差，在这个时间差内，若商品所属的频道 ID 变了，会造成统计误差。这也容易解决：当营销系统每次变更商品 ID 和频道 ID 的关联关系时，都新增一条记录，也就是把历史版本都记录下来。然后，在做离线 SQL 任务关联时，根据订单的成单时间，找到当时那一刻商品 ID 所属的频道 ID 即可。

2．案例 2：用户画像/行为数据的生成

如图 18-3 所示，假设我们要记录用户的"最近一次登录时间""最近一次退出时间"，最直接的办法是首先在用户表里面加两个字段，然后在用户每次登录、退出时，更新这两个字段。

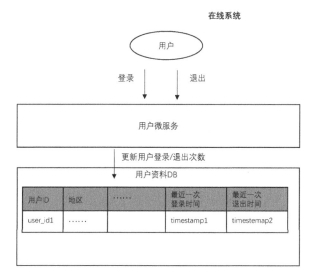

图 18-3　在线系统计算用户行为

但进一步考虑，这两个字段是在线系统自己使用，还是离线系统做用户画像和行为分析使用？

如果是后者，那么应该采取下面的方案，如图 18-4 所示。

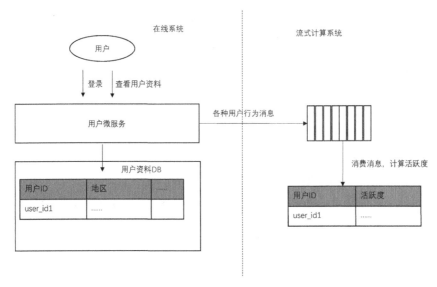

图 18-4   流式系统计算用户行为

在线用户 DB 不记录任何额外的用户行为字段，不做相关的逻辑计算。每一次用户的行为，都作为一个事件发送给消息中间件，然后由流式系统计算消费消息，统计各种用户行为。

18.2   警惕后台离线任务

很多时候，为了完成某个报表展示，或者计算某个中间结果给下游系统使用，都会使用类似下面的架构，如图 18-5 所示。

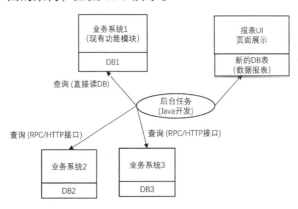

图 18-5   业务系统后台任务

业务系统 1 要做展示报表，但不仅要用到自己 DB 的数据，还要用其他业务系统的数据，一种解决办法是：让其他业务系统提供读取数据的相关接口；在业务系统 1 中做一个定时任务（Java/C++等任何一种高级语言或者脚本语言），读取自己的 DB 和其他业务的接口，做逻辑计算，拼凑数据，然后把结果写入一个新的临时 DB 表；基于新的临时 DB 表，做报表展示。

遇到这种情况，就要思考一个问题：是否可以考虑如图 18-6 所示的替代方案。

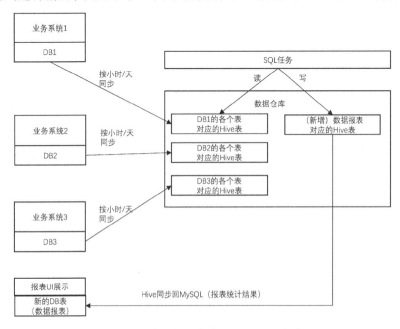

图 18-6　大数据平台的 SQL/Spark 任务

这种方案分为以下 3 步。

（1）业务系统不用提供 HTTP/RPC 接口，各自把相关 DB 表同步到数据仓库中。

（2）在数据仓库中写 SQL 任务，做各种复杂的关联，生成结果数据。

（3）再把结果数据同步回业务 DB。

为什么应该尽可能用上面这种基于大数据的方案呢？

因为该方案是在同构的数据源上处理数据，所有数据都在同一个数据仓库中，写简单的 SQL 任务就可以做各种关联，工作量小；而第 1 种方案是在异构的数据源上处理数据，既有直接读 DB 表、读 RPC 接口，也有读 HTTP 接口。

在数据量很大的情况下，第 1 种方案要自己做数据分片，分片计算完成后还要做合并计算，之后可能再分片，相当于自己实现了一个针对特定业务逻辑的 MapReduce 框架；而第 2 种方案利用了 MapReduce 或者 Spark 等分布式大数据计算框架。

如果业务逻辑太复杂，写 SQL 任务不能满足需求，那么可以改成写 Spark 任务，因为用的是 Java 代码，所以可以很灵活地做各种逻辑计算，也可以访问外部存储和外部接口。

那在什么情况下，考虑用第 1 种方案呢？

（1）对计算的延迟要求非常敏感，需要在很短时间内保证能计算出结果。

（2）对计算任务的可靠性要求非常高，需要单独为其准备机器，为其做各种监控，保证任务不会宕机。

而大数据平台同时调度很多个任务，追求的是整体的吞吐和便利性。

18.3 合理利用大数据交互式查询引擎

在上面的例子中，我们需要把最终计算的结果同步回 DB，然后在界面上进行各种展示、查询。这个链路非常长：DB→数据仓库表→数据仓库新的临时表→DB，导致有以下几个缺点。

（1）过程非常烦琐，要把数据来回传递。

（2）可靠性难以保证，导数据环节越多，越容易出现故障。

（3）延迟通常在小时或天级别。

而如果有大数据交互式查询引擎，就可能把这个过程变成即时查询，在秒级返回结果，而不用离线计算。大数据交互式查询引擎如图 18-7 所示。

相对 HBase 这种简单的、按 Key 查询的系统，大数据交互式查询引擎具备更强大的检索与聚合能力，包括：范围查询；join 操作；排序、分页；聚合操作，即 SQL 里面的 group by，加上各种算子 count、max、min、avg；模糊搜索。

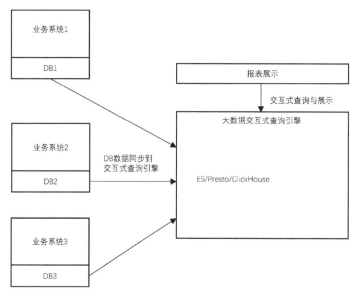

图 18-7　大数据交互式查询引擎

18.4　中台

18.4.1　什么不是中台

自从阿里巴巴把中台概念带火之后，业界出现了各种各样的中台，有些是真的中台，有些只是把老的东西换个概念重新包装一下，还有些是纯粹为了蹭热点。因此，对于中台本身是什么，各家说法不一。但笔者在这里并不想"捣糨糊"，还是希望回归到"中台"最初的本义。

也因为中台本身很"杂"，不是一个单一的系统，也没有一个标准的形式，所以本章不会讨论一个具体的中台实战，而是只讨论建设中台的一些基本原则和框架。

1. 没有所谓的"技术中台"

在笔者看来，"技术中台"只是"基础架构"换了一种说法。

不能说做了消息中间件，给所有业务团队使用，就称为"消息中间件中台"；搭建了一套大数据系统 Hadoop 或 Hive，给所有业务团队使用，就称为"数据中台"；做了一个 MySQL 平台，管理所有 MySQL，就称为"MySQL 中台"；做了一套监控系统，监控所有微服务，就称为"监控中台"。

基础架构和中间件天然就是为了"技术复用性"，不管是电商、广告、社交、长短视频等业务，这些技术都是可复用的。但中台之所以被提出来，往往是因为公司各个业务团队重复造轮子，最后把它们收归到一个团队、变成一个系统，命名为"技术中台"。对于那些最初就有公共的基础架构团队的公司，可以认为其天然就具备了"技术中台"。

2. 中台和 SaaS 平台不是一回事

在没有云的时代，做 ERP 时要给每家公司私有化部署一套。到了云时代，整个系统都在云上，系统只有一套，每家公司是这系统里面的一个租户，称为 SaaS。Office 也是如此，以前本地每个人安装一套 Office，现在在云端，可以多个人协同编辑同一个文档。

SaaS 与中台一样，也实现了系统的集中和复用，一套系统服务所有客户。但它与中台的区别是：中台并不是一个完整的产品，而是一个组件，被其他多个产品集成，这多个产品也就是各种各样的"小前台"；而 SaaS 是一个产品，是前台，它直接面对客户，创造商业价值。

3. 中台和统一运营平台不是一回事

在公司内部，组织大了、团队多了之后，往往会出现这种情况：多个业务团队做着 7 分像、3 分不像的业务模块，然后随着组织架构的调整，可能把多个模块合并到一个团队，变成一个系统。这样一个"集成系统"，它可能直接面向内部运营人员提供操作界面，而不是作为一个组件或一个服务被其他产品集成，所以它也不是中台。

4. 大数据平台和数据中台不是一回事

大数据平台是个纯粹的技术基础设施，而数据中台是要赋能业务的，要懂业务。前者是后者的基础和底座。关于这点，后面会有更详细的讨论。

明白了什么不是中台，接下来看业界最常用的两种中台：业务中台和数据中台。

18.4.2　业务中台

1. 业务中台的基本前提

如果多个业务（游戏、社交、视频、零售）之间没有业务复用性，则谈不上业务中台，顶多是有一个统一的"用户中台"：一个用户 ID 贯穿所有系统，负责统一的注册、登录、密码找回等。

阿里巴巴当初提"中台战略"，也是因为不同的电商业务（淘宝、天猫、聚划算、新零售）之间有非常多的业务复用性，用户、商品、库存、订单、支付、搜索与推荐，这些功能都是每个电商平台需要的，所以可以做中台。

2. 业务中台与 SaaS 的区别

业务中台要做到"复用"，服务于多个业务或客户；SaaS 也要做到"复用"，服务于多个业务或客户，所以很多人把二者混淆。

如图 18-8 所示，SaaS 对外暴露的是 UI 操作界面，是最终产品，不同的客户是这个平台上的不同租户，直接使用 SaaS 的各项功能；而业务中台并不是直接给客户用的，它对外提供的是服务接口、可复用的工具和组件，后者被各个"小前台"集成，客户使用的是"小前台"，不直接使用业务中台。"小前台"是每个业务高度定制的，有自己的 UI、服务、DB 存储和缓存等，是一个完整的系统。

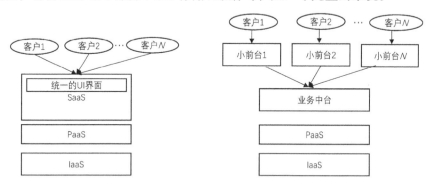

图 18-8　业务中台与 Saas 的区别

3. 业务中台与微服务的关系

微服务是可复用的，业务中台也是可复用的，但前者的粒度比后者小很多。

一个微服务是一个独立部署的、对外提供一系列接口的一个最小复用单元，多个微服务可以组成一个业务子系统，多个业务子系统构成一个业务中台。

但业务中台并不只局限于提供微服务接口，一切可复用的形式都可以成为中台的一部分，包括工具、前台 UI 界面、后台管理页面和流程等。

举个例子：对于支付中台，它提供的有客户端 SDK，这个 SDK 包含了 UI 界面。调用方集成 SDK，从自己的页面跳转到支付中台的页面进行支付，这里复用的是 UI 界面和支付流程。

4. 除了"复用"，更需要灵活的"可配置性"

要想很好地实现"复用"的目的，中台往往需要灵活的可配置性。因为不太可能简单地、100%在所有业务上复用，不同业务有其自己的特殊性，这必定需要一定的定制能力。但这种定制能力不可能是手工开发的，每来一个业务就做一次定制，一定需要可配置化。

这就要提到规则引擎、工作流引擎，其目的就是实现规则的可配置化、流程的可配置化。

以订单中台为例，不同的电商业务（淘宝、天猫、聚划算、飞猪）都需要订单系统，但订单的拆单规则，不同业务不一样，这就需要不同业务为自己定制不同的拆单规则。

5. 中台是"活的"，需要不断"迭代"

说到复用，马上可能想到的就是"稳定""不变"，中台提供的服务接口一直不变，前台直接使用即可。

但实际情况是，业务一直在变化，虽然中台在最初设计时，已经考虑了很多的复用性、扩展性，但也不可能一次成型，以后就不变了。

中台需要不断的业务输入，通过这些输入不断完善、迭代中台，使其复用性、扩展性不断进步。否则，中台不能很好地满足业务需求，逼着业务方重新造轮子，也就失去了中台的作用。

18.4.3　数据中台

在笔者看来，数据中台是传统的数据仓库或 BI 相关的方法论和现代的大数据技术的结合。典型的大数据技术有 Hadoop、Hive、Spark、Flink、Presto、ClickHouse

等，核心原理也是各种分布式系统理论，用来解决海量数据的分布式存储、分布式计算和分布式检索问题；而对于数据仓库/BI，在没有大数据技术之前的大型集中式数据库时代，就已经在各种商业场景中应用，只是当时的数据量规模没有现在大。

1. 大数据技术平台是数据中台的基础

数据中台的最终目的是让所有人都可以方便地利用数据，用数据驱动业务，让整个业务从过去的 IT 时代进入 DT 时代。在数据量不大的情况下，搭建一套完整的 Hadoop 技术栈并不难，但在互联网的海量数据场景下，数据的传输、存储、计算和检索都面临很大的压力，磁盘容量、CPU 资源、网络带宽和内存都可能成为瓶颈。在这种情况下，需要花大量精力和人员优化大数据平台的容量、稳定性、资源利用率，基于这个前提，才能做数据中台。

图 18-9 展示了大数据生态体系技术栈，从图中可以对整个大数据生态体系有宏观的概览。

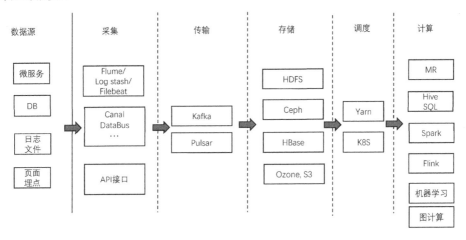

图 18-9　大数据生态体系技术栈

2. 数据治理与数据服务

有了大数据技术平台，业务方可以在上面存储数据、计算数据和查询数据，但只有这些还不能称为数据中台。数据中台不是要解决数据"能不能用"的问题，而是解决"好不好用"的问题。

当一个业务人员或者开发人员要从数据仓库中使用某个表时，可能面临诸多困扰：

- 如何知道我要的每一个指标是应该自己加工，还是仓库里面已经有了？
- 是应该从底层的表去取，还是直接使用某个中间表？
- 同一个指标，在不同的表中看到了不同字段和统计口径，该用哪一个？
- 相同的字段名字在不同表中出现，是不是同一个意思？

......

而做数据中台，就需要懂业务。基于对业务的深刻理解，对业务数据进行全面细致的梳理，包括但不限于：

- 建立数据字典。
- 数据血缘。
- 对数据正确性、完整性进行监控，保证数据质量。
- 基于维度建模理论区分维表和事实表。
- 对于常见数据，建立公共宽表，方便所有业务方使用。
- 建立数据服务，对外提供统一的 API 接口。
- 提供完善的大规模数据导入、导出能力。

......

所有这些可以统称为"数据治理"。如此，才能让其他人员在使用数据时，减少很多困扰，方便地使用数据。

图 18-10 展示了一个典型的数据中台的架构原型。

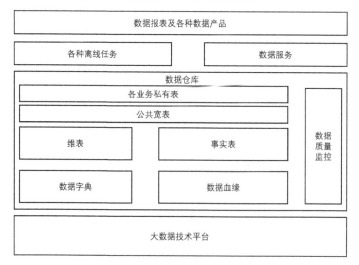

图 18-10　数据中台的架构原型

要说明的是，这只是一个原型，各公司在建设数据中台的思路上不会有太大差异，但因为数据量级不一样、业务形态与组织架构不一样，在具体的实施技术、平台使用方式和任务开发方式上，会有各种小的差异。

另外，图 18-10 只画了最常用的离线计算部分，其他诸如实时数仓、机器学习平台和数据湖等技术领域，也都和离线计算部分有很多的结合点。

18.4.4　中台和组织架构

关于中台，很多人都有一个共识：做中台最难的不是技术，而是组织架构的调整，这意味着要动权力和利益。

中台并不像一个单点的业务创新可以马上见到成效，中台是对企业的组织架构、业务架构和技术架构的整体改造，其收益需要拉长了时间线才能看到，影响的是整个组织的分工、协作关系，也就是改变了"生成关系"。而"生成关系"对"生成力"的促进作用，在短时间内往往看不出来，甚至从短期来看，还会阻碍生产力的发展。对于这种短期见不到大成效、又要动组织架构的事情，如果没有企业高层的坚定推动，基本不可行。

图 18-11 展示了一个"麻雀虽小、五脏俱全"式的组织架构原型。每个业务都有自己完整的职能团队，可以支撑自己业务的发展，但每一块职能都不强，人手少。各个业务团队之间存在着很多的重复工作。

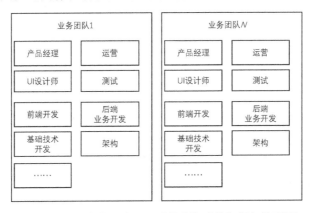

图 18-11　"麻雀虽小、五脏俱全"式的组织架构原型

而中台的组织架构原型如图 18-12 所示，把各个业务团队变小变轻，也就是"小前台"；把公共的业务逻辑都沉淀到中台，变成"大中台"。中台并不是纯技术，也需要运营、UI 设计师等各个职能，提供的不是纯服务接口，也包括各种 UI 界面、产品和工具。

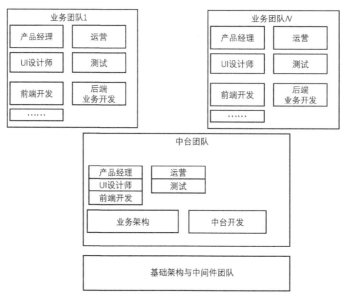

图 18-12　中台的组织架构原型

从图 18-11 的架构变到图 18-12 的架构，一个难点在于怎样划分清晰的边界，哪部分属于中台，哪部分属于前台。

在技术中台（基础架构与中间件）、数据中台和业务中台三者之中，技术中台的复用性最明显，与业务团队的边界最容易划分，最容易实施；数据中台次之；最难的是业务中台。所以一般企业实施步骤都是先收拢技术，再收拢数据，最后收拢业务。

与边界的划分相对应的另外一个问题是：KPI 考核。在没有中台的时代，每个业务就像一个独立的小公司，独立核算，自负盈亏，KPI 很容易定。有了中台之后，各个小前台的 KPI 与业务强挂钩，但是中台服务于多个业务，需要不同的定义维度。比如阿里巴巴的中台会从服务稳定性、业务创新、服务接入数量、客户满意度 4 个维度定义，其中服务稳定性是重中之重。这就需要思维方式的转变，不能所有团队都"向钱看"，都用业务指标衡量，否则就会出现"中台"抱某个业务的大腿，挣钱的业务就很好地服务，不挣钱的业务就不管，最终导致中台变成为某个大业务"定制"的一套系统和产品。

所以，企业高层的坚定推动解决了组织架构和 KPI 考核问题，之后技术才能在中台建设中发挥大作用，这也正是"康威定律"。